■ 高等院校信息技术应用型系列教材

C++程序设计

向志华 张莉敏 主　编

邓怡辰 郭　锐 邵亚丽 副主编

清华大学出版社
北　京

内 容 简 介

本书作为 C++ 语言的基础教材,详细介绍了 C++ 语言的发展历程,深入讲述了面向对象的程序设计方法的步骤,注重理论结合实践,采用循序渐进的方法,全面系统地介绍面向对象的思想和面向对象程序设计方法。全书共 13 章,主要介绍了 C++ 语言的发展历程、C++ 程序设计基础、函数、用户自定义数据类型、类与对象、继承与派生、多态、模板、输入/输出流、字符串、STL 编程、异常处理等内容,每章除了大量的例题外,还深入分析若干综合实例,内容涵盖当前章节的主要知识点。另外,在第 13 章的应用案例中,以学生信息管理系统为例,介绍了 C++ 面向对象开发的具体过程。

本书在编写的过程中力求做到概念清晰、由浅入深、通俗易懂、讲解详尽,适用于应用型本科、高职高专学生使用,也便于读者自学。无论是编程新手,还是具有编程基础的读者,都可从本书中获得新知识。

图书在版编目(CIP)数据

C++ 程序设计/向志华,张莉敏主编. —北京:清华大学出版社,2021.3

高等院校信息技术应用型系列教材

ISBN 978-7-302-57025-7

Ⅰ.①C⋯　Ⅱ.①向⋯ ②张⋯　Ⅲ.①C++ 语言-程序设计-高等学校-教材　Ⅳ.①TP312.8

中国版本图书馆 CIP 数据核字(2020)第 238039 号

责任编辑:刘翰鹏
封面设计:常雪影
责任校对:刘　静
责任印制:沈　露

出版发行:清华大学出版社
　　　　网　　　址:http://www.tup.com.cn,http://www.wqbook.com
　　　　地　　　址:北京清华大学学研大厦 A 座　　邮　　编:100084
　　　　社 总 机:010-62770175　　邮　　购:010-62786544
　　　　投稿与读者服务:010-62776969,c-service@tup.tsinghua.edu.cn
　　　　质量反馈:010-62772015,zhiliang@tup.tsinghua.edu.cn
　　　　课件下载:http://www.tup.com.cn,010-83470410
印 装 者:三河市少明印务有限公司
经　　销:全国新华书店
开　　本:185mm×260mm　　印　张:24　　字　数:610 千字
版　　次:2021 年 5 月第 1 版　　印　次:2021 年 5 月第 1 次印刷
定　　价:68.00 元

产品编号:086228-01

前　言

　　C++语言是在 C 语言基础上继承和发展而来的一种面向对象程序设计语言。C++语言不仅继承了 C 语言高效、灵活、可移植性好等特点,而且引入了面向对象程序设计的思想,实现了类的封装、数据隐藏、继承及多态性,减少代码的维护开销,增强代码的可重用性。

　　本书注重 C++语言的基本概念、基本语法、基本结构,针对每个章节的知识点都有精简的实例讲解,强调这些概念在编程过程中的具体实现方法。本书所涉及的概念、算法、语法包括例题的讲解都强调规范化、结构化,以培养读者良好的编程习惯。此外,本书以学生信息管理系统作为实际案例开发,让读者了解面向对象程序设计的具体过程,通过理论知识的实际应用,加深对理论知识的掌握,同时培养读者对实际问题的分析能力和解决能力,进一步提高读者的实践开发能力。

　　本书共分为两部分,第一部分是 C++语言基础,共 4 章,各章主要内容如下。

　　第 1 章是 C++概述,简单介绍 C++语言的发展历程、特点、开发环境,以及具体的开发步骤。

　　第 2 章是 C++程序设计基础,主要介绍基本数据类型、常量、变量、运算符、表达式、控制结构等。

　　第 3 章是函数,详细介绍函数的定义、函数的调用和声明、函数的参数传递、函数重载、变量的作用域等。

　　第 4 章是用户自定义数据类型,主要介绍数组、指针、引用、枚举、结构体等。

　　第二部分是面向对象程序设计基础,共 9 章,各章主要内容如下。

　　第 5 章是类与对象,详细介绍类的概念和定义、对象创建和使用、构造和析构函数、this 指针、友元等。

　　第 6 章是继承与派生,详细介绍继承和派生的概念、继承方式、派生类的构造和析构、多继承、虚基类等。

　　第 7 章是多态,详细介绍多态的概念、运算符重载、虚函数、纯虚函数、抽象类等。

　　第 8 章是模板,主要介绍模板的概念、函数模板、类模板等。

　　第 9 章是输入/输出流,主要介绍输入/输出流的概念、标准输入/输出流、文件流等。

　　第 10 章是字符串,主要介绍字符串的存储和初始化、字符串的输入/输出、标准的 string 类,以及如何使用 string 类等。

　　第 11 章是 STL 编程,主要介绍 STL 容器的相关概念、STL 算法、STL 迭代器等。

　　第 12 章是异常处理,详细介绍异常处理的概念和机制、异常类、自定义异常、重抛出异常、多重异常的捕获等。

　　第 13 章是应用案例,以学生信息管理系统为例介绍了 C++面向对象开发的具体过程。

　　本书所列举的例题、习题均在 Visual Studio 2015 下调试运行。

　　本书有配套的实验指导书《C++程序设计实验指导书》,内有 12 个章节的上机实验内容,同时与书中的章节相对应,针对学习中的难点,补充了大量的例题讲解和各种典型的习题。

本书由多年从事计算机教学的一线教师编写,由广东理工学院李代平教授主审了教材的内容;由广东理工学院向志华、张莉敏担任主编,广东理工学院邓怡辰、郭锐、邵亚丽担任副主编。第 1 章、第 2 章、第 11 章由向志华负责编写;第 5 章、第 12 章、第 13 章由张莉敏编写;第 6 章、第 7 章、第 8 章由郭锐负责编写;第 4 章、第 9 章、第 10 章由邓怡辰负责编写;第 3 章由邵亚丽负责编写。向志华负责本书的统稿工作。

由于编者水平有限,书中难免存在不足之处,敬请读者给予批评和指正。

编　者

2020 年 12 月

目　录

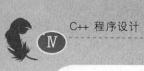

C++ 概 述

C++ 是一门以 C 语言为基础发展而来的面向对象的高级程序设计语言。本章将首先介绍 C++ 语言的发展过程,让读者对 C++ 有一个基本的认识,了解 C++ 的特点和运行机制,接着详细介绍 C++ 开发环境的配置,讲解如何创建 C++ 程序并运行,并对 C++ 开发过程中一些基本的注意事项进行了说明。

学习目标:

- 了解 C++ 与 C 的关系及 C++ 语言的特点。
- 了解 C++ 语言发展历史及应用领域。
- 了解 C++ 常用的开发环境种类。
- 掌握 Visual Studio 的安装及配置过程。
- 能编写并运行简单的 C++ 程序。

1.1 C++ 语言发展

1.1.1 C++ 与 C 语言的关系

1. C 语言

1967 年剑桥大学的 Martin Richards 为编写操作系统软件和编译程序开发了 BCPL 语言。1970 年,Ken Thompson 在继承 BCPL 语言诸多优点的基础上开发了实用的 B 语言。1972 年,贝尔实验室的 Dennis Ritchie 在 B 语言的基础上做了进一步的充实和完善,开发出了 C 语言。

C 语言具有许多优点:语言简洁灵活、运算符和数据类型丰富、具有结构化控制语句、程序执行效率高,同时具有高级语言和汇编语言的优点等。与其他高级语言相比,C 语言可以直接访问物理地址,与汇编语言相比又具有良好的可读性和可移植性。因此 C 语言得到了极为广泛的应用,后来的很多软件都用 C 语言开发,包括 Windows、Linux 等。

C 语言是面向过程的,只能把代码封装到函数,没有类。所谓面向过程,就是通过不断地调用函数来实现预期的功能。在 C 语言中,我们会把重复使用或具有某项功能的代码封装成一个函数,将具有相似功能的函数放在一个源文件,调用函数时,引入对应的头文件即可,如图 1-1 所示。

但是随着 C 语言应用的推广,其存在的缺陷也逐渐暴露出来。例如,C 语言对数据类型检查的机制比较弱,缺少支持代码重用的结构;随着计算机性能的飞速提高,软件工程规模的扩大,很多软件的大小都超过 1GB,如 Flash、Visual Studio 等,用 C 语言开发这些软件就显得非常吃力了。C 语言是一种面向过程的编程语言,不能满足运用面向对象的方法开发软件的需要。为克服 C 语言本身存在的缺点,同时为支持面向对象的程序设计,1980 年贝尔实验室的 Bjarne Stroustrup 在 C 语言基础上创建、开发出了一种通用的程序设计语言——C++。

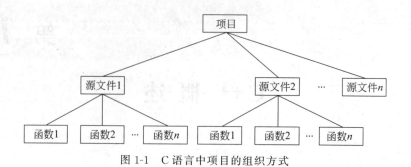

图 1-1　C 语言中项目的组织方式

2. C++ 语言

C++ 读作"C 加加",是 C Plus Plus 的简称。C++ 是在 C 语言的基础上开发的一种集面向对象编程、泛型编程和过程化编程于一体的编程语言。

在 C++ 中,多了一层封装,就是类(Class)。类是一个通用的概念,C++、C♯、Java、PHP 等很多编程语言中都有类,可以通过类来创建对象(Object)。在 C++ 中,可以将一个类或多个类放在一个源文件中,使用时引入对应的类即可。封装让 C++ 多了很多特性,并成为一种面向对象的程序设计语言。C++ 中项目的组织方式如图 1-2 所示。

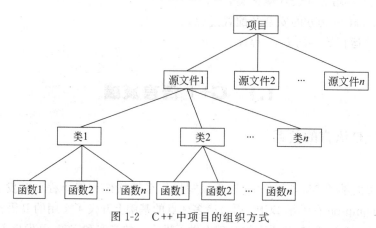

图 1-2　C++ 中项目的组织方式

注意:C 语言和 C++ 的源代码格式的区别如下。

- C 语言源文件后缀为.c。C++ 源文件后缀为.cpp。
- 通常,C++ 集成环境约定当源程序文件的扩展名为.c 时,则为 C 程序;而当源程序文件的扩展名为.cpp 时,则为 C++ 程序。
- .c 源文件会按照 C 语言的方式编译。.cpp 源文件会按照 C++ 的方式编译。C++ 几乎完全兼容 C 语言,它们的关系类似子集(C 语言)和超集(C++)的概念。

1.1.2　C++ 的特点及应用

1. C++ 的特点

(1) 保持与 C 兼容。C++ 既保持了 C 语言的优点,又对 C 的类型进行了改革和扩充,C++ 的编译系统能检查出更多的类型错误。另外,由于 C 语言的广泛使用,因而极大地促进了 C++ 的普及和推广。大多数的 C 程序代码略作修改或不需修改就可在 C++ 的集成环境下调试和运行。这对于继承和开发当前已广泛使用的软件是非常重要的,因为可以节省大量的人力和物力。

(2)C++语法灵活,功能强大。C++设计无须复杂的程序设计环境,语法思路层次分明,语法结构明确,对语法限制比较宽松,给用户编程带来书写上的方便;缺点是由于编译时对语法限制比较宽松,许多逻辑上的错误不容易被发现,给用户编程增加了难度。C++的很多特性都是以库或其他的形式提供的,而没有直接添加到语言本身。

(3)面向对象的机制。C++是一种面向对象的程序设计语言,使开发人机交互类型的应用程序更为简单、快捷。它使程序的各个模块独立性更强,程序的可读性和可移植性更强,程序代码的结构更加合理,程序的扩充性更强,这对于设计、编制和调试一些大型的软件尤为重要。

(4)适合大型系统的开发。C++可以应用于几乎所有的应用程序。从字处理应用程序到科学应用程序,从操作系统组件到计算机游戏等,C++都得到了广泛的应用和发展。

2. C++ 的应用

C++作为一门高效的程序设计语言,具体应用在以下几个领域。

(1)系统编程。在该领域,C是主要的编程语言,但是C++凭借其C的兼容,可以方便嵌入汇编语言,实现底层的调用,适合开发系统级软件,编写驱动程序等。另外还可以开发基础软件和高级语言的运行时环境,如大型数据库软件、Java虚拟机、C♯的CLR、Python编译器和运行时环境,以及目前见到的各种桌面应用软件,如QQ、杀毒类软件等。

(2)网络编程。在多线程、网络通信、分布应用、服务器端、客户端程序方面,C++有着其他语言不可比拟的优势。C++拥有很多成熟的用于网络通信的库,其中最具有代表性的是跨平台的、重量级的ACE库,该库可以说是C++语言最重要的成果之一,在许多重要的企业、部门甚至是军方都有应用。

(3)服务端开发。很多互联网公司的后台服务器程序都是基于C++开发的,而且大部分是Linux,UNIX等类似操作系统,编程者需要熟悉Linux操作系统及其在上面的开发,熟悉数据库开发,精通网络编程。也应熟悉游戏的服务器后台,如魔兽世界的服务器和一些企业内部的应用系统等。

(4)嵌入式开发。由于C++既保持了C语言的优点,又对C的功能进行了扩充,因此具有较高的效率,同时由于它的灵活性,使它在底层开发中被极大地应用。低端嵌入式开发主要是基于汇编语言和C语言,中端嵌入式开发主要是使用C和C++。

(5)游戏工具开发。目前很多游戏客户端都是基于C++开发的。除了一些网页游戏,C++凭借先进的数值计算库、泛型编程等优势,在游戏领域应用非常广泛。

1.2　开发环境

1.2.1　C++开发环境介绍

C++的开发工具很多,而且各有优缺点,初学者往往不知道有哪些常用的开发工具,或者由于面临的选择比较多而产生困惑。下面介绍几款常用的开发工具,帮助初学者了解C++开发工具并做出选择。

1. Turbo C

Turbo C使用了集成的开发环境,采用一系列下拉式菜单,将文本编辑、程序编译、连接以及程序运行一体化,极大地方便了程序的开发。

2. Visual Studio

Visual Studio 是一套完整的开发工具集,用于生成 ASP.NET Web 应用程序、XML Web Services、桌面应用程序和移动应用程序。Visual Basic、Visual C++、Visual C♯和 Visual J♯全都使用相同的集成开发环境(IDE),利用此 IDE 可以共享工具且有助于创建混合语言解决方案。

3. C++ Builder

C++ Builder 具有快速的可视化开发环境,包含一个专业 C++ 开发环境所能提供的全部功能:快速、高效、灵活的编译器优化,逐步连接,CPU 透视,命令行工具等。它实现了可视化的编程环境和功能强大的编程语言(C++)的完美结合。

4. VC++

VC++ 6.0 是 Microsoft 公司推出的运行在 Windows 操作系统中的交互式、可视化集成开发软件,它不仅支持 C++ 语言,也支持 C 语言。VC++ 6.0 集程序的编辑、编译、连接、调试等功能于一体,为编程人员提供了一个既完整又方便的开发平台。

5. Eclipse

Eclipse 是一个开放源代码的、基于 Java 的可扩展开发平台。这个组件主要针对希望扩展 Eclipse 的软件开发人员,因为它允许构建与 Eclipse 环境无缝集成的工具。

1.2.2 Visual Studio 2015 开发环境

Visual Studio 简称为 VS,Visual C++ 简称为 VC。最初 Visual C++ 发布时还没有 Visual Studio,Visual C++ 是一个独立的开发工具,与 Visual Basic 等并列,最后微软将它们整合在一起组成了 Visual Studio。

Visual Studio 是微软开发的一套工具集,它由各种各样的工具组成,Visual C++ 就是 Visual Studio 的一个重要的组成部分。在 Visual Studio 中,除了 VC,还有 Visual C♯,Visual Basic,过去还有 Visual J♯,现在还有 Visual F♯等组件工具。Visual Studio 可以用于生成 Web 应用程序,也可以生成桌面应用程序。

1.3 C++ 程序框架及运行过程

1.3.1 建立 C++ 程序

1. VS2015 下建立相关页面

(1) 打开 VS2015 后会出现主界面,如果没有"解决方案资源管理器",可以从视图里打开,如图 1-3 所示。

(2) 从"文件"中,新建"项目",在弹出对话框左侧"项目类型"中选择 Win32,在"模板"中选择"Win32 控制台应用程序"。然后,在"名称"文本框中输入项目名称 exe1,并在"位置"中输入储存位置,如图 1-4 所示。单击"确定"按钮,选择随后窗口里的"空项目"(其他项不做修改),单击"完成"按钮,如图 1-5 所示。

(3) 做完上一步骤后,"解决方案资源管理器"会

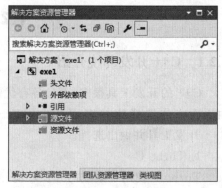

图 1-3 解决方案资源管理器

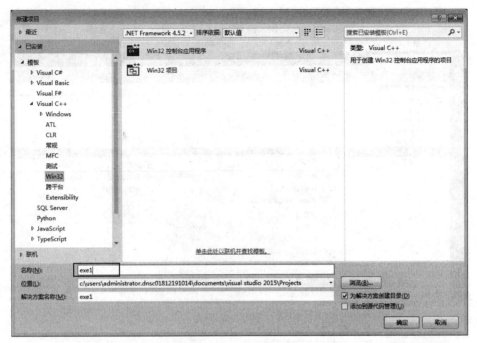

图 1-4　新建项目 1

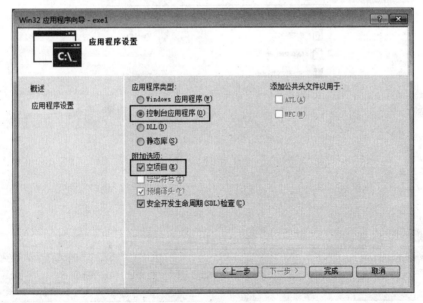

图 1-5　新建项目 2

发生改变,右击其中的"源文件",选择"添加"→"新建项",如图 1-6 所示。随后会出现图 1-7,按图选择各项,并在"名称"中输入程序名 exe1_1.cpp,最后单击"添加"按钮。

2. 输入程序

【例 1-1】 输入如下符合 C++ 语法规范的语句,提示"input your name:",用户输入名字***后,在屏幕输出 welcome!!! ***,代码如下所示。

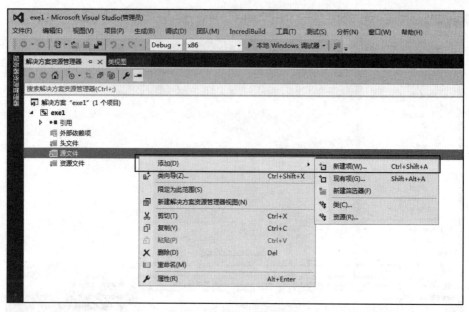

图 1-6　新建.cpp 源文件 1

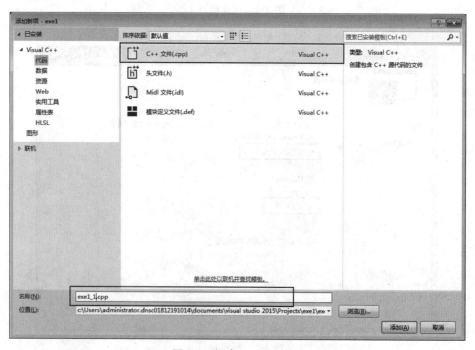

图 1-7　新建.cpp 源文件 2

```
1.  /*程序名:exe1_1*/
2.  #include <iostream>
3.  #include<string>
4.  using namespace std;                    /*预处理文件*/
5.  void main()                             //主函数
```

```
6.  {
7.      string name;
8.      cout<<"input your name:" <<endl;                //提示输入姓名
9.      cin>>name;                                       //输入
10.     cout<<" welcome!!! "<<name<<endl;                //输出
11. }
```

程序输出结果如图 1-8 所示。

3. 程序说明

图 1-8 exel_1.cpp 运行结果图

（1）程序的 1～4 行是多行注释块。注释能够帮助读者理解程序，并为后续测试维护提供明确的指导信息。一般来说，C++ 的注释部分有以下两种编写风格。

- 多行注释：一对符号"/ * "与" * /"之间的内容。这是从 C 语言中继承来的一种注释形式。一般来说，这种方法用在程序及程序模块的开头，对整个程序或模块进行注释；

```
/ * 注释行 1
    ...
    注释行 n * /
```

- 单行注释：一行中符号"//"之后的内容。它只能占一行，是 C++ 语言特有的一种注释形式。注释行一般是用在程序中间，对某一行进行注释。

```
//注释行
```

（2）C++ 的编译预处理命令以"♯"开头，如上述代码中的 ♯include，即为一个编译预处理命令，它是一个文件包含命令。预处理指令通常在编译时由预处理器执行，没有编译成执行指令，通常也称作伪指令，预处理指令以换行结束即可。

（3）main 主函数，程序的入口点。

main 函数的主体内容用{}括起来，形成一个程序块，其中{表示函数开始,}表示函数结束。一个 C++ 程序只能有一个入口，所以如果一个程序含有多个源程序模块，也只能允许其中包含一个 main 函数。

（4）第 7 行"string name;"定义一个字符串类型的变量，必须加入包含语句 ♯include <string>。用";"表示语句结束。如果比较长可以分多行写，多个语句也可以写在一行。

（5）第 8 行"cout<<"input your name:" <<endl;"输出一条提示语句，输出的内容用""引起来。其中 cout 标准输出流设备，通常代表显示设备，一般与插入操作符<<连用，endl 为换行符号。

```
cout<<对象 1<<对象 2<<...<<对象 n;
```

表示将对象 1、对象 2 等插入标准输出流设备中，从而实现对象在显示器中的输出。

（6）第 9 行"cin>>name;"为标准输入流对象，通常代表键盘，与提取操作符>>连用，使用格式为：

```
cin>>对象 1>>对象 2>>...>>对象 n;
```

表示从标准输入流对象键盘中提取 n 个数据分别给对象 1、对象 2……对象 n。

思考：将 #include ＜iostream＞ 改为 #include ＜iostream.h＞ 是否可以运行？有什么不同？

答：不可以。＜iostream＞和＜iostream.h＞格式不一样,两者是两个不同的文件。

(1) C 语言与早期的 C++ 头文件名为＜iostream.h＞。新的 C++ 标准为了对 C 语言以及早期 C++ 文件提供支持,附带了这些头文件。因此,当使用＜iostream.h＞时,相当于在 C 中调用库函数,使用的是全局命名空间,也就是早期的 C++ 实现。

(2)＜iostream＞没有后缀,使用＜iostream＞时,由于该头文件没有定义全局命名空间,必须使用 using namespace std 语句,这样才能正确使用 cout。命名空间 std 封装的是标准程序库的名称,标准程序库为了和以前的头文件区别,一般不加.h。

4. std 和 namespace

std：标准命名空间。C++ 标准程序库中的所有标识符都被定义于名为 std(standard)的 namespace 中。

namespace：命名空间,是标准 C++ 中的一种机制,可以在不同的空间内使用同名字的类或者函数,用来控制不同类库相同名字的冲突问题。库或程序中的每一个 C++ 定义集被封装在一个命名空间中,如果其他的定义中有相同的名字,但它们在不同的命名空间,则不会产生命名冲突。

格式：

```
namespace 命名空间名
    {
        //命名空间成员
    }
```

使用方法如下。

(1) 直接指定标识符。

```
std::cout <<"hello"<<std::endl;
```

(2) 使用 using 关键字。以上程序可以写成：

```
using std::cout;
using std::endl;
cout <<"hello" <<endl;
```

(3) 最方便的就是使用 using namespace std,这样命名空间 std 内定义的所有标识符都有效,可直接使用。

1.3.2　C++ 运行过程

C++ 程序的开发步骤如下,开发过程如图 1-9 所示。

• 分析问题。根据实际问题,分析确定解决方法,选用适当的数学模型,并用自然语言或

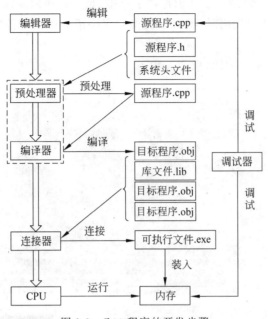

图 1-9　C++ 程序的开发步骤

流程图的方式描述解决问题的逻辑和算法。

- 编辑程序。根据上一步的算法利用编辑器编写 C++ 源程序,建立.cpp 文件。
- 程序预处理。当对一个源文件进行编译时,系统将自动引用预处理程序对源程序中的预处理部分作处理,处理完毕自动进入对源程序的编译。
- 编译程序。编译源程序,产生目标程序。文件的扩展名为.obj。
- 连接程序。将一个或多个目标程序与库函数进行连接后,产生一个可执行文件。文件的扩展名为.exe。
- 运行调试程序。运行可执行文件,分析运行结果。若有错误进行调试修改。

1. 编译预处理

编译预处理是 C++ 的一个重要功能。当对一个源文件进行编译时,系统将自动引用预处理程序对源程序中的预处理部分作处理,处理完毕自动进入对源程序的编译。

现在使用的 C++ 编译系统都包括了预处理、编译和连接等部分。不少用户误认为预处理命令是 C++ 语言的一部分,甚至以为它们是 C++ 语句,这是错误的,必须正确区分预处理命令和 C++ 语句。

C++ 提供的预处理功能主要有宏定义命令、文件包含命令、条件编译命令 3 种,主要处理♯开始的预编译指令,如宏定义(♯define)、文件包含(♯include)、条件编译(♯ifdef)等。这些命令以符号"♯"开头,而且末尾不包含分号。合理使用预处理功能编写的程序便于阅读、修改、移植和调试,也有利于模块化程序设计。下面重点介绍宏定义和文件包含。

(1) 宏定义。宏定义的作用是实现文本替换。有两种格式:不带参数的宏定义和带参数的宏定义。

① 不带参数的宏定义,格式如下:

```
#define 宏名 字符串
```

define 是关键字,"宏名"是一个标识符,"字符串"是字符序列。该语句的意思是"宏名"代表"字符串"。执行该预处理代码时,编译系统将对程序语句中出现的"宏名"全部用"字符串"替代。

【例 1-2】 利用宏表示圆周率,求圆面积。

```
/*程序名:exe1_2*/
#include <iostream>
#define PI 3.14159          //宏定义。宏名是 PI,PI 将用 3.14159 替代
using namespace std;
void main( )
{ double s,r;
  cout<<"input r :";
  cin>>r;
  s=PI*r*r;
  cout<<"the result is :"<<s<<endl;
}
```

程序输出结果如图 1-10 所示。

程序说明:

- 在定义宏时,"宏名"和"字符串"之间要用空格分开。而"字符串"中的内容不要有空格。
- 宏名通常用大写字母定义。
- 宏定义后,可以在本文件各个函数中使用。也可以使用 #undef 取消宏的定义。宏定义可以嵌套,已被定义的宏可以用来定义新的宏。

图 1-10　exe1_2 运行结果图

```
#define  M  3
#define  N  M+2      //宏定义嵌套定义,用已定义的宏 M 来定义新的宏 N
```

② 带参数的宏定义,格式如下:

```
#define  宏名(参数列表)   字符串
```

带参数宏定义不只是简单的文本替换,还要进行参数替换。

【例 1-3】 利用带参数的宏求圆面积。

```
/*程序名:exe1_3*/
#include <iostream>
#define PI 3.14159
#define S(r) PI*r*r
using namespace std;
void main( )
{   double s,r;
    r=3.0;
    s=S(r);
```

```
    cout<<"the result is :"<<s<<endl;
}
```

程序运行结果如图 1-11 所示。

程序说明：

- 在"宏名"和"参数列表"之间不能有空格出现，否则会将空格左边的部分当作宏名，空格右边的部分当作宏名所代表的内容。

图 1-11　exe1_3 运行结果图

- 例如，♯define S　(r)PI＊r＊r 会误将 S 作为宏名，将(r)PI＊r＊r 作为宏 S 的替换文本。

（2）文件包含。文件包含 include 命令的作用是将一个文件的全部内容包含到本文件中，有如下两种形式：

```
#include <文件名>
#include "[路径\]文件名"
```

使用带尖括号的格式时，程序首先到 C++ 的系统目录寻找被包含的文件，若找不到则给出错误信息。

使用带双引号的格式时，文件名前可以带路径，程序首先到指定路径位置寻找被包含的文件（若省略，则默认到程序的当前文件夹寻找）；找不到再到 C++ 系统文件夹寻找，如果两处都不存在该文件，就出错。文件包含的作用可用图 1-12 示意。

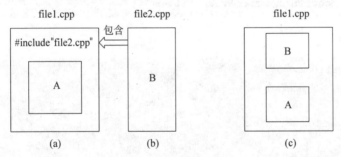

图 1-12　文件包含结构图

2.编译程序

在 VS 系统中，可以利用生成和重新生成进行编译。

- "生成"时只对改动过的文件重新生成，没有改动过的文件不会重新生成，选择生成或生成解决方案，将只编译自上次生成以来更改过的那些项目文件和组件。
- "重新生成"是对所有的文件都重新生成。当只改动某些.cpp 文件时，可以用生成，省了编译没有改动的那些文件的时间；但改动了某些.h 之类的文件最好用重新生成，因为有可能有些文件包含.h 文件也需要重新编译。

3.调试和开始执行（不调试）

- 启动调试：先生成解决方案再执行。需要加载调试符号，允许在运行过程中中断，并单步执行，还可以对某些变量进行监控，甚至改变其代码并重新计算。
- 开始执行（不调试）：直接执行，只得到最终结果。仅仅编译并运行，无法对程序进行调试，仅适合在需要查看运行效果时使用。

4. Debug 和 Release

- Debug 通常称为调试版本，它包含调试信息，并且不作任何优化，便于程序员调试程序。
- Release 称为发布版本，它往往是进行了各种优化，使程序在代码大小和运行速度上都是最优的，以便用户很好地使用。

1.3.3 部分程序错误及解决方案

1. 在源码中遗失";"
- 错误信息：

```
syntax error: missing ';'
```

- 错误示例：

```
int test, number,
test = 12;
```

- 解决思路：找到出错的相应位置，补上";"。
2. 缺少命名空间定义
- 错误信息：

```
error c2065: 'cout': undeclared identifier
```

- 错误示例：

```
# include <iostream>
int main()
{
    cout <<"hello, world"<<endl;
    return 0;
}
```

- 解决思路：在主程序头，添加命名空间使用定义"using namespace std;"。
3. 程序中使用中文标识符
- 错误信息：

```
error c2018: unknown character '0xa3'
```

- 错误示例：

```
int age;      //中文下的分号
```

- 解决思路：如果将英文";"错输入成中文";"，找到标号错误的地方，改成英文的。
4. 变量在赋值之前使用
- 错误信息：

```
warning c4700: local variable 'a' used without having been initialized
```

- 错误示例：

```
int i, j, k;
k = i +j;
cin >>i >>j ;
```

- 解决思路：变量使用前，先初始化，对其进行赋值。

5. 在一个工程中出现多个 main 函数

- 错误信息：

```
error c2556: 'int _cdecl main(void)': overloaded function differs only by return
type from 'void _cdecl  main(void)' e:\tmp\tsing.cpp(4): see declaration of 'main'
e:\tmp\bigd.cpp(15):error c2371: 'main': redifinition; different basic types
```

- 错误示例：

```
//tsing.cpp
...
int main()
{ ... }
//bigd.cpp
...
int main()
{ ... }
```

- 解决思路：删除另外一个 main 函数。一个工程只能有一个 main 函数。

6. 不能打开指定头文件

- 错误信息：

```
fatal error c1083: Cannot open include file: 'R...h' No such file or directory
```

- 错误示例：

```
#include "E;\Test.h"    //Test.h不在 E 目录下,或者名字不对
```

- 解决思路：指定头文件名错误，或者指定路径错误，找到该头文件的正确名字或者路径。

1.4 C++ 程序举例

案例 1-1：简单的图形输出程序

1. 案例要求

创建源文件 lingxing.cpp,编写代码实现一个图形输出的程序,输出内容为：

案例 1-1 实现

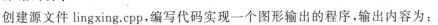

```
                    *
                  * * *
              * * * * *
          * * * * * * *
              * * * * *
                  * * *
                    *
```

2. 案例分析

这是一个简单的 C++ 程序,只需在控制台屏幕中输出如上所示的图形排列即可。

案例 1-2:MFC 应用程序

1. 案例要求

创建 MFC 应用程序,弹出 MFC 对话框程序,提示:"欢迎开始学习——MFC 对话框程序"。

案例 1-2 实现

2. 案例分析

这是一个简单的基于对话框的 MFC 应用程序,单击"确定"按钮后,弹出对话框提示欢迎信息。

第 1 章小结

第 1 章自测题自由练习

第 1 章上机题及参考答案

C++ 程序设计基础

学习 C++ 程序设计,首先要从语法基础开始。本章由浅入深地介绍了进行 C++ 编程所需要的最基础的语言语法知识。

学习目标:

- 掌握数据类型的声明、定义、赋值及引用。
- 掌握变量和常量之间的关系,以及各种常见的常量表示方法。
- 掌握 C++ 运算符的使用。算术运算中的自反、自增(++)、自减(--)运算符的使用;关系表达式和逻辑表达式的使用;条件表达式的使用。
- 掌握不同类型数据之间的转换和赋值方法。能运用运算符、表达式理解语句,学会使用声明语句和赋值语句。
- 理解顺序结构、选择结构、循环结构的流程,并掌握 if/else 语句、switch 语句、while 语句、do_while 语句、for 语句、跳转语句的语法格式和使用方式。

2.1 数据类型

2.1.1 C++ 字符集和标识符

1. 字符集

字符集是构成 C++ 程序语句的最小元素,C++ 程序语句(字符串除外),只能由字符集中的字符构成。C++ 的字符集组成如下。

- 26 个小写字母:a~z。
- 26 个大写字母:A~Z。
- 10 个数字:0~9。
- 标点和特殊字符:+ - * / , . ; ? \ " ' ~ | ! # % & ( ) [ ] { } ^ < > 空格。

2. 标识符

由字母、下画线和数字组成的字符序列,用来命名 C++ 程序中的常量、变量、函数、语句标号及类型定义符等。

标识符的构成规则如下。

- 可以大小写字母或下画线开头,但第 1 个不能是数字。
- 可以由大小写字母、下画线、数字组成。
- 大写字母和小写字母分别代表不同的标识符。
- 不能是 C++ 的关键字。

例如,Aa、ABC、A_Y、ycx11、_name 是合法标识符,而 5xyz、m.x、! abc、x-y 是非法标

识符。

3. 关键字

关键字(keyword)又称保留字,是预先保留的标识符,用户不可再重新定义作为标识符。每个 C++ 关键字都有特殊的含义。经过预处理后,关键字从预处理记号中区别出来,剩下的标识符,用于声明对象、函数、类型、命名空间等。

关键字按字典顺序排列如表 2-1 所示。

表 2-1 关键字表

asm	do	if	return	typedef
auto	double	inline	short	typeid
bool	dynamic_cast	int	signed	typename
break	else	long	sizeof	union
case	enum	mutable	static	unsigned
catch	explicit	namespace	static_cast	using
char	export	new	struct	virtual
class	extern	operator	switch	void
const	false	private	template	volatile
const_cast	float	protected	this	wchar_t
continue	for	public	throw	while
default	friend	register	true	
delete	goto	reinterpret_cast	try	

注意:
- 一般标识符的命名除了要符合定义规则外,最好还要有意义、简洁、易区分,这样可以增强程序的可读性;关键字不用死记硬背,边学习边积累。
- 当程序员使用关键字作为标识符时,编译系统会给出警告。

2.1.2 基本数据类型

数据类型指明变量或表达式的状态和行为,数据类型决定了数的取值范围和允许执行的运算符集。C++ 数据类型可以分为两大类:基本数据类型和非基本数据类型(见图 2-1)。

基本数据类型是指不能再分解的数据类型,非基本数据类型是用基本数据类型构造的用户自定义数据类型来对复杂的数据对象进行描述与处理,通常可以分解为基本数据类型。

表 2-2 显示了各种类型在内存中存储值时需要占用的内存,以及该类型的变量所能存储的最大值

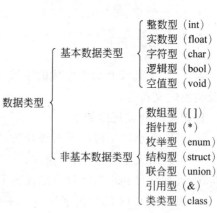

图 2-1 C++ 的数据类型结构图

和最小值。具体如表 2-2 所示。

表 2-2　基本数据类型及取值范围

类别	数据类型	字节数	数据表达范围
bool 布尔型	bool	1	false,true(0,1)
int 整型	基本型(int)	4	−2147483648～2147483647
	短整型(short)	2	−32768～32767
	长整型(long)	4	−2147483648～2147483647
	无符号整型(unsigned [int])	4	0～4294967295
	无符号短整型(unsigned short [int])	2	0～65535
	无符号长整型(unsigned long [int])	4	0～4294967295
	有符号整型(signed [int])	4	−2147483648～2147483647
	有符号短整型([signed] short [int])	2	−32768～32767
	有符号长整型([signed] long [int])	4	−2147483648～2147483647
char 字符型	无符号 unsigned char	1	0～255
	有符号[signed] char	1	−128～127
	wchar_t 宽字符	2	0～65 535
float 实型	单精度浮点型(float)	4	$−3.4×10^{38}～3.4×10^{38}$
	双精度浮点型(double)	8	$−1.7×10^{308}～1.7×10^{308}$
	长双精度浮点型(long double)	10 或 8	$−1.7×10^{308}～1.7×10^{308}$

说明：

（1）表中的[ ]表示默认，代表括号中的内容可选。如 signed [int]，表示如果只有 signed 时，默认是有符号整型数据。

（2）基本数据类型修饰符有四种，即 long（长型符）、short（短型符）、signed（有符号型）、unsigned（无符号型）。可以使用一个或多个类型修饰符进行修饰。

（3）整型数据的长度随着系统的不同而不同，在 16 位系统下，长度与短整型相同，在 32 位系统下，其长度为 32 位。默认 int 型为有符号整型 signed int，可以有长短修饰或符号修饰，int 也可以省略。

- signed int 等价于 int。
- signed short int 等价于 short int。
- signed long int 等价于 long int。

（4）wchar_t 是 C/C++ 的字符类型，是一种扩展的存储方式。wchar_t 类型主要用在国际化程序的实现中，但它不等同于 uni 编码。char 是 8 位字符类型，最多只能包含 256 种字符，许多外文字符集所含的字符数目超过 256 个，char 无法表示。wchar_t 数据类型一般为 16 位或 32 位，但不同的 C 或 C++ 库有不同的规定，总之，wchar_t 所能表示的字符数远超 char 类型。

2.2 常　　量

2.2.1　常量的定义

　　常量通常是指在程序运行过程中不能被改变的量。常量可以是任何的基本数据类型,可以为整型数字、浮点数字、字符、字符串和布尔值。常量包括字面常量、字符常量、符号常量、枚举常量等多种类型。

2.2.2　字面常量

　　程序中直接参加运算的数,被称为字面常量或字面值、常量。字面是指程序中直接用符号表示的数值,而不是机器码。例如,15、-2.2、'a'、"hello"等都是字面常量,类型分别为整型、浮点型、字符型、字符串型,每个字面常量的字面本身就是它的值。

　　1. 整型常量

　　整型常量就是整型常数,简称整数。C++ 中的整型数据除了一般的表示方法之外,还允许给它们添加后缀 u 或 l。

　　整型字面常量通常有十进制、八进制和十六进制三种表示方式。

　　(1) 十进制。十进制数以正号(+)或负号(-)开头,由首位非 0 的一串十进制数字组成。若以正号开头则为正数,若以负号开头则为负数,若省略正负号,则默认为正数。如 123、-46、0 都是十进制常量。

　　(2) 八进制。八进制数以数字 0 开头,后面接若干个八进制数字(0~7)。八进制数前面不带正负号,全部默认为正数。如 0123,转化成八进制和十进制可表示为:$0123=(123)_8=(83)_{10}$。

　　(3) 十六进制。十六进制数以数字 0 和字母 x(不区分大小写)开头,后面接若干个十六进制数字(0~9,字母 A~F 或 a~f)。同八进制数一样,十六进制数也全部为正数,如 0x123、0X23 都是十六进制数。

　　【例 2-1】　输入如下符合 C++ 语法规范的语句,将八进制和十六进制的常量进行输出。

```
/*程序名:exe2_1*/
#include <iostream>
using namespace std;
int main()
{    cout <<"15U 等价的十进制数:" <<15U <<endl;              //(unsigned int)
     cout <<"0567U 等价的十进制数:"<<0567U<<endl;             //无符号八进制整型
     cout <<"0X1abcL 等价的十进制数:"<<0X1abcL<<endl;         //十六进制长整型
     cout <<"1234LU 等价的十进制数:"<<1234LU <<endl;          //无符号长整型
     cout <<"int 类型最大值:" <<INT_MAX <<endl;              //打印 int 类型的最大值
     cout <<"int 类型最小值:" <<INT_MIN <<endl;              //打印 int 类型的最小值
     cout <<"int 类型字节数:" <<sizeof(int);                 //打印 int 所占字节数
     return 0;
}
```

　　程序输出结果如图 2-2 所示。

程序说明：int 占 4 字节（32 位），根据二进制编码的规则，INT_MAX = 2^31−1＝2147483647，INT_MIN＝ −2^31＝ −2147483648。C/C++ 中，所有超过该限值的数，都会出现溢出，出现警告（warning），但是并不会出现错误（error）。

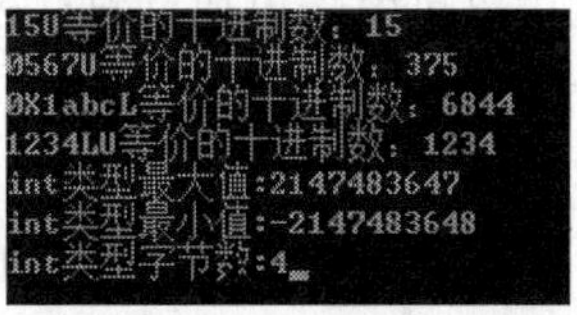

图 2-2　运行结果图

2. 实型常量

实型常量简称实数，对应着数学中的实数概念。实型常量分为单精度（float）、双精度（double）和长双精度（long double）三类。

实型常量有十进制的定点表示和浮点表示两种方法。

（1）定点表示。定点表示的实数简称定点数，通常由一个正号或负号（正号可以省略），后接若干个十进制数字和小数点组成。这个小数点可以处在任何一个数字的前面或后面，它一般由整数部分和小数部分组成，可以省略其中之一。

- 21.456，−7.98：整数部分和小数部分均有。
- 78.：省略小数部分。
- .06，.0：省略整数部分，以小数形式表示实数。

（2）浮点表示。浮点表示的实数由一个十进制整数或定点数，后接一个字母 E（大小写均可），和 1～3 位的十进制整数组成。字母 E 之前的部分称为该浮点数的尾数，之后的部分称为该浮点数的指数。该浮点数的值就是它的尾数乘以 10 的指数幂。

其一般形式为：aEn（a 为十进制数，n 为十进制整数）。

由十进制数，加阶码标志"e"或"E"以及阶码（只能为整数，可以带符号）组成，例如：

- 2.1E5：表示 2.1 * 10 的 5 次方。
- 3.7E−2：表示 3.7 * 10 的 −2 次方。

用字母 e 表示其后的数是以 10 为底的幂，如 e^{12} 表示 10^{12}。由于指数部分的存在，使同一个浮点数可以用不同的指数形式来表示，数字部分中小数点的位置是浮动的。

以下 4 个赋值语句中，用了不同形式的浮点数，但其表示的值都是 3.14159。

```
a=0.314159e1;
a=3.14159e0;
a=31.4159e-1;
```

在程序中不论把浮点数写成小数形式还是指数形式，在内存中都是以指数形式（即浮点形式）存储的。例如，不论在程序中写成 314.159 或 314.159e0，31.4159e1，3.14159e2，0.314159e3 等形式，在内存中都是以规范化的指数形式存放。

3. 字符串常量

字符串是由零个或多个字符组成的有限序列。一般记为 s ＝ "a1 a2...an"(n ＞ ＝0)。字符串常量使用双引号括起来的若干个字符组成的字符序列，如"ABCDEF"，"CHINA"，"a"，" $123.45"，"C language programming"，"a\\n"，"♯123"，" "等都是合法的字符串常量。

任何一个字符串常量都有一个结束符，该结束符是 ASCII 码值为 0 的空字符，表示为'\0'，每个字符串尾会自动加一个 '\0' 作为字符串结束标志。故字符个数为 n 的字符串在内存中应占(n＋1)个字节。

2.2.3　字符常量

字符常量所表示的值是字符型变量所能包含的值。可以是一个普通的字符常量（如 'x'），也可以单引号内加反斜杠表示转义字符（如 '\t'），或者用 ASCII 表达式来表示一个字符型常量（例如 '\x11'）。

1. 普通的字符常量

用一对单引号括起来的一个字符就是字符型常量，如'a'、'T'都是合法的字符常量。

2. 转义字符常量

在 C++ 语言中，有些字符用于控制输出或编译系统本身保留，无法作为字符常量来表示。为了表示这些特殊字符，C++ 中引入了转义字符的概念。C++ 语言规定，采用反斜杠后跟一个字母来代表一个控制字符，反斜杠后的字符不再作原有的字符使用，而转义为具有某种控制功能的字符，称为转义字符。

计算机中常用的 ASCII 字符是字符型常量，ASCII 码值在 0～127，正好落在字符型数据的取值范围之内。ASCII 字符集中的每一个可显示字符（个别字符除外）都可以作为一个字符常量。允许用反斜线引导一个具有 1～3 位八进制整数或一个以字母 x 作为开始标记的具有 1～2 位的十六进制数，以这个整数作为 ASCII 码就得到对应的字符。部分常见 ASCII 码见表 2-3。

表 2-3　部分常见 ASCII 码

ASCII 值	控制字符	ASCII 值	控制字符	ASCII 值	控制字符	ASCII 值	控制字符
0	NUT	32	(space)	64	@	96	、
1	SOH	33	!	65	A	97	a
2	STX	34	"	66	B	98	b
3	ETX	35	#	67	C	99	c
4	EOT	36	$	68	D	100	d
5	ENQ	37	%	69	E	101	e
6	ACK	38	&	70	F	102	f
7	BEL	39	'	71	G	103	g
8	BS	40	(	72	H	104	h
9	HT	41	)	73	I	105	i
10	LF	42	*	74	J	106	j
11	VT	43	+	75	K	107	k

由反斜线字符引导的符合上面规定的字符序列（如 ASCII 码）称为转义序列，转义序列不但可以作为字符常量，也可以同其他字符一样出现在字符串中。如回车、换行等具有控制功能的字符，或像单引号、双引号等作为特殊标记使用的字符，无法直接使用，可以用"\"表示单引号字符。

转义序列及含义具体见表 2-4。

表 2-4　转义序列表

转义序列	含义	ASCII 码值（十六进制/十进制）
\\	反斜杠字符	5CH/092
\'	'字符	27H/039

续表

转 义 序 列	含　义	ASCII 码值(十六进制/十进制)
\"	"字符	22H/034
\?	? 字符	3FH/063
\a	警报铃声	07H/007
\b	退格键	08H/008
\f	换页符	0CH/012
\n	换行符	0AH/010
\r	回车	0DH/013
\t	水平制表符	09H/009
\v	垂直制表符	0BH/011
\ddd	任意字符	三位八进制数
\xhh	任意字符	二位十六进制数

说明:

- 无论字符常量包含一个还是多个字符,每个字符常量只能表示一个字符,当字符常量的一对单引号内多于一个字符时,则将按照一定的规则解释为一个字符。
- 广义地讲,C++ 字符集中的任何一个字符均可用转义字符来表示,使用转义字符\ddd 或者\xhh 可以方便灵活地表示任意字符。\ddd 为斜杠后面跟三位八进制数,该三位八进制数的值即为对应的八进制 ASCII 码值。\x 后面跟两位十六进制数,该两位十六进制数为对应字符的十六进制 ASCII 码值。

2.2.4 符号常量

在 C++ 中,可以用一个标识符来表示一个常量,称为符号常量。符号常量在使用之前必须先进行定义。其一般形式为

```
#define 标识符 常量
```

【例 2-2】 已知商品的单价是 50 元,并将其定义为常量,商品数量为 10,求商品的总价并进行输出。

```
/*程序名:exe2_2*/
#include <iostream>
using namespace std;
#define PRICE 50
int main ()
{ int num,total;                //num代表购货数量,total代表总货款
    cout<<"商品单价为:PRICE="<<PRICE<<endl;
    cout<<"请输入商品数量:"<<endl;
    cin>>num;
```

```
total=num * PRICE;            //PRICE是符号常量,代表50(单价)
cout<<"商品总价为:total="<<total<<endl;
return 0;
}
```

程序输出结果如图 2-3 所示。

图 2-3　运行结果图

注意:习惯上#define定义的符号常量用大写字母表示,末尾不要有分号,是预处理语句。符号常量含义清楚,使用方便,能做到一改全改。

2.3　变　量

2.3.1　变量的定义

变量用于保存程序运算过程中所需要的原始数据、中间运算结果和最终结果,其值是可以改变的量。

变量有类型、名字和值三个要素。通过定义变量,程序给该变量一个标识符作为变量名,指定该变量的数据类型,并根据数据类型分配存储空间的大小。某个变量的值被改变后,将一直保持到下一次被改变。

1. 变量的定义

变量在使用前必须定义。格式如下:

```
数据类型  变量名列表;
```

例如:

```
short len;             //定义了一个短整型变量
float average;         //定义了一个浮点类型变量
bool sex;              //定义了一个布尔型变量
char ch;               //定义了一个字符型变量
```

2. 变量的作用域

在程序中的不同位置定义的变量具有不同的特点。变量一般可有以下三种位置。

1) 在函数体内部

局部变量,不同函数体内部可以定义相同名称的变量,而互不干扰。

2）形式参数

当定义一个有参函数时，函数名后面括号内的变量统称为形式参数。例如：

```
int func(int x, int y)
{   if (x>y)
        return x;
    else
        return y;
}
```

3）全局变量

在所有函数体外部定义的变量，其作用范围是整个程序，并在整个程序运行期间有效。

同名变量：对被隐藏的同名全局变量进行访问。

```
int x;
void f()
{
    {   int x;
        x=1;                //引用局部变量 x
        ::x=2;              //引用全局变量 x
    }
    x=3;                    //引用全局变量 x
}
```

该方法解决了局部变量与全局变量的重名问题，提供了一种在同名局部变量的作用域内访问同名全局变量的方法，扩大了同名全局变量的作用域，使全局变量具有真正意义上的全局作用范围。

2.3.2 变量的赋值

定义变量的同时，也可以赋予它一个初值，说明它代表的数据是什么，即变量的初始化。例如：

```
数据类型  变量名=初始化值；
数据类型  变量名 1[=初始值 1],变量名 2[=初始值 2],…;
```

```
int a=3,b=6 * (3+5);
double sum=0.618;
char c1='a',c2='b'
```

【例 2-3】 利用字符数据与整数进行算术运算，将小写字母转换为大写字母，并查看输出结果。

```
/ * 程序名:exe2_3 * /
#include <iostream>
using namespace std;
int main()
```

```
{   char  i,j;                        //i,j是整型变量
    i='a';                            //将字符常量赋给整型变量
    j='b';
    i=i-32;                           //将字符常量赋给整型变量
    j=j-32;
    cout <<i<<" "<<j<<"\n";           //输出整型变量i、j的值
    return 0;
}
```

程序输出结果如图 2-4 所示。

程序说明：

图 2-4　运行结果图

- 'a'的 ASCII 码为 97,而'A'的 ASCII 码为 65,'b'为 98,'B'为 66。每一个小写字母比它相应的大写字母的 ASCII 代码大 32。
- C++ 符数据与数值直接进行算术运算,'a' 32 得到整数 65,'b'-32 得到整数 66。
- 将 65 和 66 存放在 c1、c2 中,由于 c1、c2 是字符变量,因此用 cout 输出 c1、c2 时,得到字符 A 和 B。

2.3.3　常变量

在定义变量时,如果加上关键字 const,则变量的值在程序运行期间不能改变,这种变量称为常变量。在定义常变量时必须同时对它初始化,此后它的值不能再改变。

常变量定义语句同变量定义语句类似,其语法格式为

```
const 类型名　常变量名=<初值表达式>
```

例如：

```
const int A=3;        //用 const 来声明这种变量的值不能改变,指定其值始终为 3
```

> **注意**：常变量在定义时,必须同时对它初始化。例如上面一行不能写成：
> ```
> const int A;
> A=3;
> ```

【例 2-4】　将长方形的长和宽定义为常变量,并算得面积进行输出。

```
/*程序名:exe2_4*/
#include <iostream>
using namespace std;
int main()
{   const int  LENGTH = 10;
    const int  WIDTH  = 5;
    const char  NEWLINE = '\n';
    int area;
    area = LENGTH * WIDTH;
```

```
        cout <<"长方形的面积为: "<<area;
        cout <<NEWLINE;
        return 0;
}
```

程序输出结果如图 2-5 所示。

程序说明:

图 2-5　运行结果图

- 常变量通常定义为大写字母形式,具有较好的可读性。
  常变量定义后一定要有分号。
- 用 const 定义常变量,默认类型为 int 型,也可以定义
  其他数据类型,将进行严格的类型检查。定义一个常
  量时,const 和 ♯define 都可以达到效果,但是一般采用 const,因为 ♯define 只是简单
  的符号替代,而 const 可以进行类型检查。
- const 定义的位置可以在函数体外或函数体内,作用域不同。♯define 不是常变量,
  因此也没有作用域,如果没有 ♯undef,是一直有效的。而 const 是具有作用域的。

2.4　运算符与表达式

2.4.1　基本运算符

对各种类型的数据进行加工的过程称为运算,表示各种不同运算的符号称为运算符,参与运算的数据称为操作数。表达式是运算符与数据连接起来的表达运算的式子,表达式也称运算式。

(1) 根据参加运算对象的个数分类,C++ 语言中的运算符可分为以下几种。

- 一元运算符,或称"单目算符",即参加运算对象的数目为一个。
- 二元运算符,或称"双目算符",即参加运算对象的数目为两个。
- 三元运算符,或称"三目算符",即参加运算对象的数目为三个。

(2) 根据运算符的功能划分,C++ 中的运算符又分为算术运算符、赋值运算符、关系运算符、逻辑运算符、条件运算符等。

1. 算术运算符

算术运算符见表 2-5。

表 2-5　算术运算符

优　先　级	运　算　符	含　　义	结　合　性
2	＋	正号	从右向左
	－	负号	
4	＊	乘	从左向右
	/	除	
	％	取余	
5	＋	加	
	－	减	

说明:

(1) 算术运算符的意义、优先级与数学中一致。

- +(正号)、-(负号)是一元运算符,优先级高于二元运算运算符。

- *、/、%运算符优先级高于+(加)、-(减)运算。

(2) 求余运算符%。

- 要求两个操作数的值必须是整数或字符型数。

- 当两个操作数都是正数时,结果为正。

- 如果有一个(或两个)操作数为负,余数的符号取决于机器。

```
21%6                          //结果是3
21%-5                         //机器相关:结果为-1或1
```

(3) 当除法运算符/用于两个整数相除时,如果商含有小数部分,将被截掉。

如果要进行通常意义的除法运算,则至少应保证除数或被除数中有一个是浮点数或双精度数。

```
5/4                           //结果是1
5/4.0                         //结果是1.25
```

2. 赋值运算符

C++语言提供了两类赋值运算符:基本赋值运算符和复合赋值运算符。赋值运算符是双目运算符,从右向左进行。例如,sum1=sum2=0 相当于 sum1=(sum2=0),先执行 sum2=0,后执行 sum1=sum2。

基本赋值运算符"=",作用是将一个数据赋给一个变量。复合赋值运算符是在赋值运算符的前面加上其他的运算符组合而成的新运算符。共有十种复合赋值运算符,具体种类和功能见表 2-6。

表 2-6 赋值运算符种类

优先级	运 算 符	含 义	举 例
15	=	赋值运算符	a=3,即 a 的值为 3
	/=	除后赋值	a/=3,即 a=a/3
	*=	乘后赋值	a*=3,即 a=a*3
	%=	取模后赋值	a%=3,即 a=a%3
	+=	加后赋值	a+=3,即 a=a+3
	-=	减后赋值	a-=3,即 a=a-3
	&=	位与赋值	a&=3,即 a=a&3
	^=	位异或赋值	a^=3,即 a=a^3
	<<=	左移赋值	a<<=3,即 a=a<<3
	>>=	右移赋值	a>>=3,即 a=a>>3

说明:

(1) 如果赋值运算符两侧的类型不一致,但都是数值型或字符型时,在赋值时要进行类型转换。如 i 为整型变量,执行 i=3.56 的结果是使 i 的值为 3,以整数形式存储在整型变量中。

(2) 将整型数据赋给单、双精度变量时,数值不变,但以浮点数形式存储到变量中。将 23 赋给 float 变量 f,即执行 f=23,先将 23 转 23.00000,再存储在 f 中。

(3) 复合赋值运算符都是由多个字符组合而成的,其字符之间不允许有空格。

3. 关系运算符

在 C++ 中比较数值数据时可以使用关系运算符,比较字符也可以使用这些运算符,因为字符也被认为是数值。关系运算符 >、>=、<、<= 的优先级大于 == 和 != 的优先级(见表 2-7)。

表 2-7 关系运算符

优 先 级	关系运算符	含 义
7	>	大于
	<	小于
	>=	大于或等于
	<=	小于或等于
8	==	等于
	!=	不等于

关系表达式是布尔表达式,这意味着它的值只能是真(true)或假(false)。如果 x 大于 y,则表达式 $x>y$ 的值将为 true,表达式 $x<y$ 的值则为 false。

(1) >= 运算符:确定左侧的运算项是否大于或等于右侧的运算项。

例如,设 a=4,b=6,观察以下表达式的结果:

```
b >= a;                        //为 true
a >= 5;                        //为 false
```

(2) <= 运算符:确定左侧的运算项是否小于或等于右侧的运算项。

(3) == 运算符:确定运算符左侧的运算项是否等于右侧的运算项。

注意:关系运算符中的等号运算符是两个 = 符号在一起,不要将此 == 与 = 混淆。== 运算符确定变量是否等于另一个值,而 = 运算符是将运算符右侧的值赋给左侧的变量。

由于浮点数在计算机内进行运算和存储时会产生误差,因此在比较两个浮点数时,建议不要直接比较两数是否相等。例如,执行下面语句:

```
double d1 = 3.3333, d2 = 4.4444;
if(d1 +d2  == 7.7777)
    cout<<"相等"<<endl;
else{
    cout<<"不等"<<endl;
    cout<<d1 +d2<<endl;
}
```

程序输出结果如图 2-6 所示。

程序说明：

图 2-6　运行结果图

- 在 if 条件语句中用＝＝来判断浮点数是否相等，结果是不等，但 d1＋d2 输出结果却是 7.7777。两个实型数即便输出结果完全一样，其内部值也可能不一样。判断两个实数是否相等的正确方法是：判断两个实数之差的绝对值是否小于一个给定的允许误差数。例如：

```
fabs(d1 -d2) <= 1e-6                //判断 d1 是否等于 d2 时
fabs(d1 +d2-7.7777) <= 1e-6         //判断 d1 与 d2 的和是否等于 7.7777 时
```

- 其中，fabs 是计算绝对值的一个库函数，使用时要包含头文件 math.h。

（4）！＝运算符。

！＝运算符确定其左侧的运算项是否不同于（即不等于）右侧的运算项，它与＝＝操作符相反。

【例 2-5】 定义两个布尔型逻辑变量，执行相关的关系运算，并进行输出。

```
/*程序名:exe2_5*/
#include <iostream>
using namespace std;
int main()
{   bool trueValue, falseValue;
    int x=5, y = 10;
    trueValue = (x <y);
    falseValue = (y == x);
    cout <<"True is " <<trueValue <<endl;
    cout <<"False is " <<falseValue <<endl;
    return 0;
}
```

图 2-7　运行结果图

程序输出结果如图 2-7 所示。

程序说明：

- "trueValue＝(x＜y);"中，因为 x 小于 y，表达式为 true，于是变量 trueValue 被赋给一个非零值。
- "falseValue＝(y＝＝x);"中，表达式 $y＝＝x$ 为 false，因此变量 falseValue 被设置为 0。
- 大多数程序员将关系表达式括在括号中，以使其更清晰。即使没有括号，在执行赋值操作之前也将先执行关系操作。因为关系运算符优先级高于赋值运算符，算术运算符优先级高于关系运算符。

4. 逻辑运算符

逻辑运算符实现逻辑运算，用于复杂的逻辑判断，一般以关系运算的结果作为操作数。可以将两个或多个关系表达式连接成一个（见表 2-8）。

表 2-8　逻辑运算符

优先级	运算符	含义	效　　　果
12	&&	与	两个表达式必须都为 true,整个表达式才为 true
13	||	或	必须有一个或两个表达式为 true,才能使整个表达式为 true
2	!	非	反转一个表达式的逻辑值

1) && 运算符

&& 运算符被称为逻辑与运算符。它需要两个表达式作为操作数,并创建一个表达式,只有当两个子表达式都为 true 时,该表达式才为 true(见表 2-9)。

表 2-9　逻辑与运算符的真值表

子表达式值所有可能的组合	整体表达式的值
false && false	false(0)
false && true	false(0)
true && false	false(0)
true && true	true(1)

以下是使用 && 运算符的 if 语句示例:

```
if ((temperature>20) && (temperature<30))
    cout <<"The temperature is perfect.";
```

说明:当 temperature 大于 20 且小于 30 时,cout 语句才会执行,只要其中一个表达式的结果为 false,则整个表达式为 false,不执行 cout 语句。

注意:
- 如果 && 运算符左侧的子表达式为 false,则不会检查右侧的表达式。因为只要有一个子表达式为 false,则整个表达式都为 false,所以再检查剩余的表达式会浪费 CPU 时间。这被称为短路评估。
- 要使 && 运算符返回 true 值,则两个子表达式都必须为 true。

2) || 运算符

|| 运算符被称为逻辑或运算符。它需要两个表达式作为操作数,并创建一个表达式,当任何一个子表达式为 true 时,该表达式为 true(见表 2-10)。

表 2-10　逻辑或运算符的真值表

子表达式值所有可能的组合	整体表达式的值
false || false	false(0)
false || true	true(1)
true || false	true(1)
true || true	true(1)

以下是一个使用 || 运算符的 if 语句示例：

```
if ((temperature <20) || (temperature >100))
    cout <<"The temperature is in the danger zone.";
```

说明：

- 如果 temperature 小于 20 或者大于 100,那么 cout 语句将被执行。这两个子表达式只要其中一个为 true,则整个表达式为 true,执行 cout 语句。
- || 运算符也将进行短路评估。如果 || 运算符左侧的子表达式为 true,则右侧的子表达式将不被检查,因为只要有一个子表达式为 true,那么整体表达式就可以被评估为 true。

3) ! 运算符

! 运算符被称为逻辑非运算符,执行逻辑 NOT 操作。它可以反转一个操作数的真值或假值。如果表达式为 true,那么 ! 运算符将返回 false,如果表达式为 false,则返回 true(见表 2-11)。

- if (Data ==true)：可以简写为 if (Data)。
- if (Data ==false)：可以使用逻辑非运算符简写为 if (!Data)。

表 2-11　逻辑非运算符的真值表

表 达 式	表达式的值
! false	true(1)
! true	false(0)

以下是一个使用 ! 运算符的 if 语句示例：

```
if (!(temperature >100)
    cout <<"You are below the maximum temperature. \n";
```

说明：如果表达式(temperature>100)为 true,则 ! 运算符返回 false。如果为 false,则 ! 运算符返回 true。

4) &&、|| 和!的优先级

&&、|| 和!三个符号之间的优先级为!>&&>||。

(1) !运算符比许多运算符具有更高的优先级。

例如,假设 x 被设置为 5,以下表达式的运行结果是多少?

```
! (x >2)
! x >2
```

说明：

- 第一个表达式将! 运算符应用于表达式 $x>2$,结果为 false。
- 第二个表达式是将! 运算符应用于到 x,结果为 false。为了避免错误,最好将 $x>2$ 括在括号中。

(2) && 和|| 的优先级低于关系运算符。这意味着关系表达式先进行计算,然后再通过 && 和|| 运算符进行评估,在 && 和|| 同时使用的情况下,&& 的优先级高于||。

- $a>b$ && $x<y$ 等同于 $(a>b)$ && $(x<y)$

- a＞b||x＜y等同于(a＞b)||(x＜y)
- a||b&&c等同于a||(b&&c)

5. ＋＋、－－运算符

＋＋、－－运算符放置在变量前面或后面都可以使操作数的值增1或减1,但对表达式的值的影响却完全不同(见表2-12)。

表 2-12　＋＋、－－运算符的优先级和结合顺序

优 先 级	运 算 符	含 义	结 合 性
1	＋＋	后置自增	从左向右
	－－	后置自减	
2	＋＋	前置自增	从右向左
	－－	前置自减	

(1) 前缀形式(＋＋i,－－i):先变化后参与运算。运算符在变量前面,对变量先自增或自减,然后再参与其他运算。

```
int i=5;   x=++i; y=i;          //i先加1(增值)后再赋给 x (i=6, x=6,y=6)
```

(2) 后缀形式(i++,i－－):先参与运算后变化。运算符在变量后面,表示变量先参与其他运算,再自增或自减。

```
int i=5;   x=i++; y=i;          //i赋给后再加1(x=5, i=6,y=6)
```

注意:
- 由于＋＋、－－运算符内含了赋值运算,所以运算对象只能赋值,不能作用于常量和表达式。
- 5++、(x+y)++都是不合法的。

【例 2-6】 定义变量 a、b、m、n,赋值进行不同的运算,并进行输出。

```
/*程序名:exe2_6*/
#include<iostream>
using namespace std;
int main(){
    int  a;
    a=7*2+-3%5-4/3;
    float b;
    b=510+3.2e3-5.6/0.03;
    cout<<a<<"\t"<<b<<endl;
    int m(3),n(4);
    a=m++---n;
    cout<<a<<"\t"<<m<<"\t"<<n<<endl;
    return 0;
}
```

程序输出结果如图 2-8 所示。

程序说明：

- b＝510＋3.2e3－5.6/0.03；变量 b 为 float 类型，会将右侧的 double 自动转换为 float 类型；
- a＝m＋＋－ －n；该表达式中 m 先参与运算再自加 1，n 先减 1 再参与运算。

图 2-8　运行结果图

6. 位运算符

位运算符是对其操作数按二进制形式逐位进行运算，参与运算的操作数都应为整型数，不能是实型数。C++ 提供了 6 个位运算符：～（按位求反）、&（按位与）、|（按位或）、^（按位异或）、<<（左移位）、>>（右移位）。

（1）～（按位求反）。按位求反是单目运算符，其作用是对一个二进制数的每一位求反，即 0→1，1→0。

例如，～9 的运算为～(0000000000001001)，结果为 1111111111110110。

（2）&（按位求与）。& 运算符的作用是对两个操作数对应的每一位分别进行逻辑与操作。两个操作数对应位都是 1，则该位运算结果为 1，否则该位运算结果为 0。

例如，9&5 为 1，可写算式如下：

```
    00001001      （9 的二进制补码）
&   00000101      （5 的二进制补码）
    00000001      （1 的二进制补码）
```

（3）|（按位或）。| 运算符的作用是对两个操作数对应的每一位分别进行逻辑或操作。两个操作数对应位中有 1 位是 1，则该位运算结果为 1，否则该位运算结果为 0。

例如，9|5 为 13，可写算式如下：

```
    00001001      （9 的二进制补码）
|   00000101      （5 的二进制补码）
    00001101      （十进制为 13）
```

（4）^（按位异或）。^ 运算符的作用是对两个操作数对应的每一位分别进行逻辑异或操作。两个操作数对应位的值不同，则该位运算结果为 1，否则该位运算结果为 0。

例如，9^5 为 12，可写成算式如下：

```
    00001001
^   00000101
    00001100      （十进制为 12）
```

（5）>>（右移位）。>> 运算符的作用是将左操作数的各二进制位右移，右移位数由右操作数给出。对于有符号数，在右移时，符号位将随同移动。当为正数时，最高位补 0，而为负数时，符号位为 1，最高位是补 0 或是补 1 取决于编译系统的规定。右移 1 位相当于将操作数除以 2。

例如，设 a＝15，a>>2，结果为 3。

表示把 000001111 右移为 00000011（十进制 3）。

（6）<<（左移位）。<< 运算符的作用是将左操作数的各二进制位左移，高位丢弃，低位补 0，左移位数由右操作数给出。左移 1 位相当于将操作数乘以 2。

例如，设 a＝3，a<<4，结果为 48。

a＝00000011（十进制 3），左移 4 位后为 00110000（十进制 48）。

注意:

- 不要尝试对 float 或 double 数据进行移位运算,编译会出错。
- 移动位数 n 应不大于左操作数的位数,如 int 移位应不大于 32。如果 n 大于左操作数位数,实际移动位数要自动按字长取模: n%(sizeof(int))。例如,i<<33 就是 i 左移 1 位。
- 左移位<<与 cout<<可能混淆,右移位>>与 cin>>可能混淆,可用括号消除错误,例如 cout<<(k<<3)。

2.4.2 其他运算符

1. 条件运算符

条件运算符" ?:"是 C++ 中位移的一个三目运算符,其使用的一般形式为:

```
表达式 1?表达式 2:表达式 3
```

该表达式执行时,先计算表达式 1,若其值为真,则表达式 2 的值为条件表达式的值;否则表达式 3 的值为条件表达式的值。

思考:以下语句的功能是什么?

```
x == y ? 'Y' : 'N'
(d = b*b-4*a*c) >= 0 ? sqrt(d) : sqrt(-d)    //sqrt 是开平方函数
ch = ch >= 'A' && ch <= 'Z' ? ch+'a'-'A': ch;  //大写字母转小写
max=((a>b)?a:b)                              //将 a 和 b 二者中较大的一个赋给 max
min=(a<b)?a:b                                //将 a 和 b 二者中较小的一个赋给 min
```

min=(a<b)?a:b 语句中,右侧没有全部用括号括起来,但是由于条件运算符的优先级低于算术运算符,关系运算符和逻辑运算符,高于赋值运算符,所以结合性"从右到左",可以不用加括号。

2. 逗号运算符

由逗号运算符构成的表达式称为逗号表达式,执行规则是从左到右逐个表达式执行,最后一个表达式的值是该逗号表达式的值。逗号运算符的优先级最低。其一般形式为:

```
表达式 1,表达式 2,...,表达式 n
```

思考:假设 $b=2, c=7, d=5$,则下面两个变量 $a1$、$a2$ 各是多少?

```
a1=(++b,c--,d+3);
a2=++b,c--,d+3;
```

- 对于第一行代码,括号中有一个逗号表达式,包含三个部分,用逗号分开,所以最终的值应该是最后一个表达式的值,也就是 d+3,为 8,所以 a1=8。
- 对于第二行代码,由于赋值运算符比逗号运算符优先级高,所以整个看成一个逗号表达式,这时逗号表达式中的三个表达式为 a2=++b,c——,d+3,所以虽然最终整个表达式的值也为 8,但 a2=3。

3. sizeof 运算符

sizeof 运算符用于测试某种数据类型或表达式的类型在内存中所占的字节数,它是一个一元运算符。其语法格式为:

```
sizeof(<类型名>)
```

或

```
sizeof(<表达式>)
```

例如:

```
sizeof (int)              //整数类型占 4 个字节,结果为 4
sizeof (3+3.6)            //3+3.6 的结果为 double 实数,结果为 8
```

2.4.3 运算符的优先级

结合性是指操作数左右两边运算符的优先级相同时,优先和哪个运算符结合起来,就进行哪个运算。运算符的结合顺序有两种:左结合和右结合。

左结合:num1 OP num2 OP num3＝＞(num1 OP num2) OP num3

右结合:num1 OP num2 OP num3＝＞num1 OP (num2 OP num3)

优先级是指表达式中运算符运算的顺序。当一个表达式中包含多个运算符时,先进行优先级高的运算,再进行优先级低的运算。具体可参考表 2-13。

表 2-13　C++ 中运算符的优先级和结合性

优先级	操 作 符	结合性
1	() [] -> . :: 后置自增++ 后置自减−−	从左到右
2	! ~ 前置自增++ 前置自减−− 正+ 负− 解引用 * & 类型转换(type) sizeof	从右到左
3	−>* .*	
4	* / %	
5	＋加 −减	
6	<< >>	
7	< <= > >=	
8	== !=	从左到右
9	&	
10	^	
11	|	
12	&&	
13	||	

续表

优先级	操　作　符	结合性
14	?：三元条件操作	从右到左
15	＝　＋＝　－＝　＊＝　/＝　％＝　＆＝　^＝　|＝　<<＝　>>＝	
16	，	从左到右

各类运算符的优先级按照从高到低的次序排列为：单目运算符＞算术运算符＞关系运算符＞逻辑运算符＞条件运算符＞赋值运算符。

2.4.4　表达式

表达式是由运算符、括号和操作数构成的序列，在运行时能计算出一个值的结果。运算对象包括常量、变量、函数等。

按运算符的不同，可分为算术表达式、赋值表达式、关系表达式、逻辑表达式、逗号表达式等。

按表达式能否放在赋值号的左边还是右边，可分为左值表达式和右值表达式。左值表达式必须能指定一个存放数据的空间，一般是变量，但不能是 const 修饰的变量；右值表达式能放在赋值号的右边。

1. 算术表达式

由算术运算符、位运算符和操作数构成的表达式称为算术表达式。

2. 赋值表达式

由赋值运算符和操作数构成的表达式称为赋值表达式。赋值表达式要求赋值运算符左边必须是左值，其功能就是用右值表达式的值来更改左值。赋值表达式的计算顺序是从右向左，运算结果取左值表达式的值。

3. 关系表达式

由关系运算符和操作数构成的表达式称为关系表达式。关系表达式中的关系成立时，其值为逻辑真(1)，否则其值为逻辑假(0)。关系表达式通常用来构造简单条件表达式，用在程序流程控制语句中。

4. 逻辑表达式

由逻辑运算符和操作数构成的表达式称为逻辑表达式。逻辑表达式的运算结果为逻辑值，一般用来构造比较复杂的条件表达式。

逻辑表达式中包含多个关系表达式时，先计算关系表达式的值，再计算逻辑表达式。但"与"和"或"运算时，根据规则一旦能确定整个表达式的值时，就结束计算，后面的表达式就不再计算。

```
year %4 == 0 && year %100 != 0
```

用 && 来连接两个条件，如果前一个条件 year % 4 == 0 不满足，后一个条件不需要计算，直接不成立。

```
year %400 == 0 || year %4 == 0 && year %100 != 0
```

用‖来连接两个条件,如果 year ％ 400 ＝＝ 0 满足,后一个条件可以不用计算,直接成立。

5. 逗号表达式

由逗号运算符和操作数组成的表达式称为逗号表达式,就是用逗号将多个表达式分隔开,从左向右逐个计算各个表达式,并将最右边的表达式作为逗号表达式的值。例如:

```
int p,w,x=8,y=10,z=12;
w = (x++, y, z+3)-5;            //w 的值为 (z+3)-5, 即 10
p = x+5, y+x, z;               //p 的值为 x+5, 即 15, z 的值 12 作为逗号表达式的值
```

2.4.5 类型转换

当表达式中出现了多种类型数据的混合运算时,首先需要进行类型转换,其次再计算表达式的值。类型转换分为隐式类型转换和显式类型转换两种。

1. 隐式类型转换

对数据类型不一致的两个运算量,系统会进行数据类型转换。即先将其中的一个低级别类型的数据向另一个高级别类型的数据转换(按空间大小和数值范围),然后才进行相应的算术运算,运算的结果为其中高级别类型的数据。这种按照固有的规则自动进行的内部转换称为隐式类型转换。

```
double f=7/3;
int a='a'+3;
```

隐式类型转换的条件如下。

- 隐式类型转换时类型之间必须相容;
- 各整型之间、浮点与整型之间是相容的;
- 整型与指针之间、浮点与指针之间是不相容的。

2. 显式类型转换

显式类型转换(也称强制类型转换)是由程序员用类型转换运算符,明确指明将一个表达式强制转换到某个指定类型的一种转换操作。采用强制类型转换将高级别类型数据(按空间大小和数值范围)转换为低级别类型数据时,可能数据精度会受到损失。

强制类型转换具体有两种形式:

```
(目标类型名) 待转换源数据
 目标类型名 (待转换源数据)
```

例如,将一个 float 型的值转换为 int 型结果,可以利用如下类型转换格式进行转换:

```
float  f=100.23;
int  x=(int)f;     //或 int x=int(f)
```

2.5 程序流程控制结构

顺序结构按照语句出现的先后顺序,自上而下的执行,是 C++ 程序最基本的结构。默认的情况下采取顺序结构,除非特别指明,计算机总是按语句顺序一条一条地执行。

但在现实世界中,在解决问题的过程中,不可避免地遇到需要进行选择,或需要循环工作的情况。控制结构能控制流程码执行顺序,根据判断决定执行哪些语句,不执行哪些语句。所以程序中除了顺序结构以外,通常还有选择结构、循环结构以及转移机制。选择结构和循环结构相对略复杂一些,经常会出现复合语句的使用。C++ 语言中的三种基本结构,如图 2-9 所示。

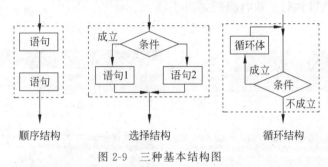

图 2-9 三种基本结构图

C++ 为了支持这些控制结构,提供了丰富、灵活的控制语句。为使程序更清晰、更易调试与修改并且不容易出错,结构化编程要尽量少用或不用 goto 等跳转语句。

2.5.1 顺序结构

顺序结构的程序是指程序中的所有语句都是按书写顺序逐一执行的,只有顺序结构的程序功能有限。

【例 2-7】 已知球的体积公式为 $V = 4\pi R^3/3$,计算球的体积。

```
/* 程序名:exe2_7 */
#include<iostream>
using namespace std;
void  main()
{   float  radius , v ;
    cout <<"球的 radius : " ;
    cin >>radius ;                                      //输入半径
    v= (4 * 3.1416 * radius * radius * radius)/3 ;
    cout <<"球的体积= " <<v <<endl ;                    //输出体积
}
```

程序运行结果如图 2-10 所示。

2.5.2 选择结构

选择类语句包括 if 语句和 switch 语句,用它们来解决实际应用中按不同的情况进行不同处理的问题。C++ 提供三种选择结构,即

图 2-10 运行结果图

if 选择结构、if...else 选择结构和 switch 选择结构。

- if 选择结构称为单分支选择结构,选择或忽略一个分支的操作。
- if...else 选择结构称为双分支选择结构,在两个不同分支中选择。
- switch 选择结构称为多分支(或多项)选择结构,以多种不同的情况选择多个不同的操作。

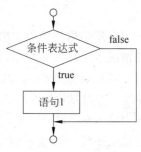

1. if 语句(单分支结构)

如果条件表达式的值为真,即条件成立,语句 1 将被执行。否则,语句 1 将被忽略(不被执行),程序将按顺序从整个选择结构之后的下一条语句继续执行。执行流程如图 2-11 所示。

图 2-11　单分支结构流程图

格式 1:

```
if  (条件表达式)
    语句 1;
```

格式 2:

```
if  (条件表达式)
    {
        语句 1;
        …
    }
```

说明:

- 格式中的"条件表达式"必须用圆括号括起来。如果条件表达式和语句都非常简单,整个 if 语句可以写在一行;否则,最好在条件表达式后换行,而且语句部分要相对 if 缩进两格。
- 若要执行的操作由多个句子构成,必须把这些句子括在一对花括号内。
- 书写复合语句时,左右花括号要对齐,组成语句块的各语句相对花括号缩进一层并对齐。

【例 2-8】　读入 a、b,若 $a>b$,则交换 a、b 的值并输出 a、b。

```
/*程序名:exe2_8*/
#include<iostream>
using namespace std;
int main ( )
{   cout<<"请输入两个数:";
    float a,b,c;
    cin>>a>>b;
    if (a>b)
      {c=a; a=b; b=c;}
    cout<<"a="<<a<<" b="<<b;
    return 0;
}
```

程序运行结果如图 2-12 所示。

2. if…else 语句（双分支结构）

if 单分支选择结构只在条件为 true 时采取操作，条件为 false 时则忽略这个操作。而利用 if…else 双分支选择结构则可以在条件为 true 时和条件为 false 时采取不同操作。

图 2-12　运行结果图

格式 1：

```
if (条件表达式)  语句 1;
else            语句 2;
```

格式 2：

```
if   (条件表达式)  {语句 1;…}
else             {语句 2;…}
```

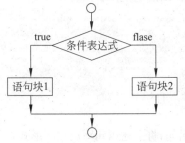

图 2-13　双分支结构流程图

说明：

- 如果（条件表达式）的值为"真"，即条件成立，则执行语句 1，执行完"语句 1"后继续执行整个 if…else 语句的后继语句。
- 如果（条件表达式）的值为"假"，即条件不成立，那么跳过语句 1 选择执行"语句 2"，执行完语句 2 后继续执行整个 if…else 语句的后继语句（见图 2-13）。

【例 2-9】　输入温度 t 的值，判断是否适合晨练（$25 \leqslant t \leqslant 30$，则适合晨练（ok），否则不适合（no））。

```
/*程序名:exe2_9*/
#include<iostream>
using namespace std;
int main()
  {  int t;
     cout<<"请输入温度:";
cin>>t;
     if ((t>=25)&&(t<=30))
        cout<<"ok! 适合晨练!\n";
     else
        cout<<"no! 不适合晨练\n";
     return 0;
  }
```

程序运行结果如图 2-14 所示。

3. if 语句的嵌套

在 if 语句的"if 语句块"和"else 语句块"中还可以包含 if 语句。

图 2-14　运行结果图

```
if   (表达式1)
    if (表达式2)
        {...}
else
    {...}
else
    if (表达式3)
    {...}
else
    {...}
```

C++ 语言规定：当多个 if…else 语句嵌套时，为了防止出现二义性，规定由后向前使每一个 else 都与其前面的最靠近它的 if 配对。如果一个 else 的上面又有一个未经配对的 else，则先处理上面的（内层的）else 的配对。

例如，下例中 else 部分否定的是条件 $b>c$，即它与第二个 if 语句配对。

```
if (a>b)
  if (b>c)
      y=a;
  else
      y=c;
```

若想让 else 部分与第一个 if 语句配对，则要引入一个复合语句，将上述语句写成如下形式：

```
if (a>b)
{
    if (b>c) y=a;
}
else   y=c;
```

4. if…else if…多分支选择结构

if…else if…结构与 switch 结构是多分支选择的两种形式。但是它们的应用环境不同，else if 结构用于对多条件并列测试，从中取一的情形；switch 结构用于单条件测试，从其多种结果中取一种的情形。

```
if   (表达式1)    语句序列1;
else   if   (表达式2)    语句序列2;
else   if   (表达式3)    语句序列3;
        …
else   语句序列n+1;
```

【例 2-10】 求三个数中的最大值并进行输出。

```
/*程序名:exe2_10*/
#include<iostream>
using namespace std;
```

```
void main(void)
{ int a1, a2, a3, max;
  cin>>a1>>a2>>a3;
  if (a1>=a2&&a1>=a3)
      max=a1;
  else  if(a2>=a1&&a2>=a3)
      max=a2;
  else
      max=a3;
  cout<<"The largest number is "<<max<<endl;
}
```

程序运行结果如图 2-15 所示。

【例 2-11】 根据用户输入的成绩,将成绩分成四个等级,90～100 对应等级"优秀",80～90 对应等级"良好",60～79 对应等级"中等",0～59 对应等级"不及格"。

```
/*程序名:exe2_11*/
#include<iostream>
using namespace std;
int main()
{   int c;
    cout<<"请输入一个成绩:";
    cin >>c;
    if (c>=90)
        cout<<"成绩优秀!\n";
    else if (c>=80)
        cout<<"成绩良好!\n";
    else if (c>=70)
        cout<<"成绩中等!\n";
    else
        cout<<"成绩不及格!\n";
    return 0;
}
```

程序运行结果如图 2-16 所示。

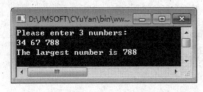

图 2-15 运行结果图

图 2-16 运行结果图

5. switch 多分支选择结构

switch 语句又称为开关语句,其格式如下:

```
switch   (表达式)
{
    case   常量表达式 1:
        语句序列 1;
        break;
    case   常量表达式 2:
        语句序列 2;
        break;
    ...
    case   常量表达式 n:
        语句序列 n;
        break;
    default:
        语句序列 n+1;
        break;
}
```

说明:
- switch 后的表达式类型必须与 case 后面的常量表达式类型一致,而且只能是字符型、整型或枚举型(注意不能是浮点型)。
- case 后面的常量表达式不能含有变量,同一个 switch 中不能有重复的常量表达式。
- 当表达式的值与某一个 case 后面的常量表达式的值相等时,就执行 case 后面的语句,并将流程转移到下一个 case 继续执行,直至 switch 语句结束。
- break 可以跳出当前的 switch 语句。
- 若所有的 case 中的常量表达式的值都没有与表达式的值相匹配,则执行 default 后面的语句。default 语句块可以默认。

【例 2-12】 根据一个代表星期的 0 到 6 之间的整数,在屏幕上显示出它代表的是星期几。

```cpp
/*程序名:exe2_12*/
#include<iostream>
using namespace std;
void  main()
{
    int  w;                       //代表星期的整数
    cout <<"Please enter the number of week : ";
    cin >>w;
    switch (w) {
      case 0:
          cout <<" It's Sunday ." <<endl;  break;
      case 1:
          cout <<" It's Monday ." <<endl; break;
      case 2:
          cout <<" It's Tuesday ." <<endl; break;
      case 3:
```

```
            cout <<" It's Wednesday ." <<endl ; break ;
        case  4 :
            cout <<" It's Thursday ." <<endl ; break ;
        case  5 :
            cout <<" It's Friday ." <<endl ; break ;
    case  6 :
            cout <<" It's Saturday ." <<endl ; break ;
        default : cout <<"Invalid data !" <<endl ;
    }
}
```

程序说明：

- break 语句在 switch 中的作用是跳出整个 switch 语句。在该例中，每个 case 的语句序列后都有一个 break 语句（最后一个 case 或 default 语句的 break 可以省略）。在这种情况下，各个 case 的排列次序可以是任意，不会影响程序的结果。
- 如果没有 break，则执行完该 case 语句的语句序列后，还将接下去执行后面的 case 的语句序列。在这种情况下，各个 case 排列的次序不同，就可能产生不同的结果。

程序运行结果如图 2-17 所示。

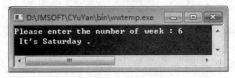

图 2-17　运行结果图

2.5.3　循环结构

C++ 中有三种循环语句可以实现循环结构：while 语句、do_while 语句和 for 语句。这些语句各具特点，而且常常可以互相替代。在编程时应根据题意选择最适合的循环语句。

1. while 语句

while 语句的格式如下：

```
while(条件表达式)
  {
    语句序列；                              //循环体
  }
```

【例 2-13】　利用 while 语句计算 100 之内的奇数之和。

```
/ * 程序名:exe2_13 * /
#include<iostream>
using namespace std;
void  main( )
{ int  n = 1;                               //奇数
    int   sum = 0;                          //奇数的累加和
```

```
    while ( n <100 )  {                   //n 不能超过 100
        sum += n ;                        //累加
        n += 2 ;                          //修改为下一个奇数
    }
    cout <<"The sum is : " <<sum <<endl ;
}
```

程序运行结果如图 2-18 所示。

图 2-18　运行结果图

【例 2-14】　从键盘接收 10 个整数,求它们的平方根。若遇到负数就终止程序。

```
/ *程序名:exe2_14 * /
#include<iostream>
using namespace std;
#include<math.h>
void  main( )
{  int  i = 1 , num ;
    double  root ;
    while  ( i <= 10 )  {
        cout <<"Please enter a number : " ;
        cin >>num ;
        if  ( num <0 )          //若 num 是负数则退出循环
            break ;
        root = sqrt(num) ;
        cout <<root <<endl ;
        i++;
    }
}
```

程序说明:

程序有两个出口。第一个出口:每个输入的数在计算其平方根之前都要判断它的正负,若为负数就退出循环;第二个出口:整型变量被用来实现记数。i 的初值为 1,每执行一次循环体就将它的值加 1,当它的值为 11 时,表示循环体已经执行了 10 次,于是循环终止。

程序运行结果如图 2-19 所示。

2. do…while 循环语句

while 语句的特点是“先判断,后执行”,如果第一次对条件表达式求值时为假,则循环体一次也不被执行。

do…while 语句的特点是“先执行,后判断”,先执行一次

图 2-19　运行结果图

循环体之后,再根据条件表达式的值确定是否还要继续执行体,也即循环体至少会被执行一次。

do...while 语句的格式如下:

```
do{
    语句序列 ;        //循环体
} while (条件表达式) ;
```

注意:条件表达式后面的分号不能少,因为整个 do...while 语句实际上相当于一条语句。

【例 2-15】 用 do...while 语句来求 1~100 以内奇数的和。

```
/ * 程序名:exe2_15 * /
#include<iostream>
using namespace std;
void  main( )
{ int  n = 1 ;                          //奇数
  int   sum = 0 ;                       //奇数的累加和
  do{
     sum += n ;                         //累加
     n += 2 ;                           //修改为下一个奇数
   } while  ( n < 100 ) ;
  cout << "The sum is : " << sum << endl ;
}
```

【例 2-16】 根据公式求 π 的值,计算到最后一项的绝对值小于 10^{-6} 时停止。$\pi/4 = 1 - 1/3 + 1/5 - 1/7$。

```
/ * 程序名:exe2_16 * /
#include<iostream>
using namespace std;
void  main( )
{   double  pi = 0 , x = 1 ;
    int  s = 1 ;
    do  {
       pi = pi + s / x ;
       x += 2 ;
       s = -s ;
    } while ( 1 / x >= 1e-6 ) ;
    pi = pi * 4 ;
    cout << "pi=" << pi << endl ;
}
```

程序运行结果如图 2-20 所示。

3. for 语句

for 语句的格式如下:

图 2-20 运行结果图

```
for (表达式1; 表达式2; 表达式3)
   { 语句序列 }              //循环体
```

- 表达式 1 用于对循环控制变量进行初始化。
- 表达式 2 用于表示循环是否结束的条件。
- 表达式 3 用于对循环控制变量作修改。
- 当循环次数确定时,用 for 语句更为直观。

思考:分析如下程序段,并思考其运行结果。

```
int  i ;
for  ( i = 1 ; i <= 10 ; i++)
     cout <<i <<" ";
```

程序运行结果:

```
1 2 3 4 5 6 7 8 9 10
```

程序说明:

- C++ 中 for 语句也属于"先判断,后执行"的循环语句。
- for 语句的形式很灵活,for 后面的三个表达式均可以省略,但中间的分号不能省略。
  上面的程序段可以改写为:

```
int   i = 1;
for  ( ; i <= 10 ; i++)
    cout <<i <<"  ";
```

或

```
int   i = 1;
for ( ; i <= 10 ; )
{
    cout <<i <<"  ";
    i++;
}
```

【例 2-17】 用 for 语句求 1~100 以内奇数的和。

```
/ * 程序名:exe2_17 * /
#include<iostream>
using namespace std;
void  main( )
{
    int  sum = 0 ;                        //奇数的累加和
    for  ( int  n = 1; n <100 ; n = n +2)
      sum += n ;                         //累加
      cout <<"The sum is : " <<sum <<endl ;
}
```

程序说明：

- 将变量 n 的声明及初始化作为 for 语句的第一个表达式，属于局部变量。
- C++ 的变量可以随时定义，随时使用。定义在不同地方的变量的作用域会有所不同。

4. 多重循环

一个循环的循环体中如果又包含另外的循环，就构成了循环的嵌套。前者称为外循环，后者称为内循环。根据循环嵌套的重数，可以有双重循环、三重循环……统称多重循环。

【例 2-18】 观察双重循环的执行流程，分析下面程序的运行结果。

```
/*程序名:exe2_18*/
#include<iostream>
using namespace std;
void  main()
{    cout<<"行列坐标相加的和为： "<<endl;
     for  ( int  i = 1 ; i <= 4 ; i++)  {
                    for ( int   j = 1 ; j <= 5 ; j++)
                        cout <<i +j <<"  ";
                    cout <<endl ;

     }

}
```

程序运行结果如图 2-21 所示。

图 2-21　运行结果图

2.5.4　break 和 continue 语句

1. break 语句

格式：

```
break;
```

作用：在 switch 语句中用来立即终止执行 switch 语句。在 for、while、do…while 语句中，break 可用来跳出循环体，提前结束循环，不再执行剩余的若干次循环，而转去执行该循环后面的语句。但是若是多重循环，break 语句的作用只能退出离 break 最近的一层循环。

2. continue 语句（结束本次循环）

格式：

```
continue;
```

作用：能使当前正在进行的循环（for、while、do…while）跳过 continue;后的循环体语句，立即开始下一次循环的判断。

3. continue 语句和 break 语句的区别

continue 语句通常用在循环体中，只结束本次循环，忽略循环体中位于它之后的语句，重新回到条件表达式的判断，而不是终止整个循环的执行。

break 语句不仅可用于跳出 switch 语句，还可用于跳出循环。break 语句是结束循环，不再判断执行循环的条件是否成立。但它只能跳出它所在的循环语句或 switch 语句，不能跳出外层的循环语句或 switch 语句（如果有）。若想跳出外层语句，还要在外层中使用 break。

【例 2-19】 结合 while 和 continue 语句，从键盘接收 10 个整数，求它们的平方根。遇到负数则忽略并重新输入下一个数据。

```cpp
/*程序名:exe2_19*/
#include<iostream>
using namespace std;
#include<math.h>
void main()
{
    int  i=1,num;
    double  root;
    while  (i<=10) {
        cout<<"Please enter a number : ";
        cin>>num;
        if  (num<0) {          //若num是负数则回到循环开始处
            cout<<"valid number!";
            continue;
        }
        root=sqrt(num);
        cout<<root<<endl;
        i++;
    }
}
```

程序运行结果如图 2-22 所示。

2.5.5 goto 语句

goto 语句也称为无条件转移语句，当程序执行到 goto 这个语句时，程序就转跳到标号后面的语句。

其一般格式如下：

图 2-22 运行结果图

```
语句标号: 语句;
   ...
goto 语句标号;
```

语句标号必须按标识符命名规则命名，后面必须带冒号，放在某一语句行的前面。语句标号起标识语句的作用，与 goto 语句配合使用。语句标号和 goto 语句必须处于同一个函数内。

例如，分析以下语句流程，并思考其输出结果。

```
int x=1;
biaohao:  x=x+1;
if(x<100)  goto biaohao;
cout<<"x=100"<<endl;
```

说明：

• 当 x 小于 100，执行 if 后面的 goto 语句，于是转跳到 biaohao 处执行 biaohao;后面的

语句 $x=x+1$，接着 if 语句，如此反复……直到 $x=100$ 时，if 语句括号表达式为假，不执行后面的 goto 语句，于是跳过执行 cout 语句，输出 $x=100$ 这几个字符。

- C++ 语言不限制程序中使用标号的次数，但各标号不得重名。
- goto 语句的语义是改变程序流向，转去执行语句标号所标识的语句。可用来实现条件转移、构成循环、跳出循环体等功能。一般不主张使用 goto 语句，以免造成程序流程的混乱。

2.6 应 用 实 例

案例 2-1：多分支选择结构应用

1. 案例要求

某单位向职工按月发放医疗补贴的具体方案如下。

（1）职工工龄在 10 年以下的，医疗补贴为其基本工资的 10%。

（2）工龄在 10 年以上 20 年以下的，医疗补贴为其基本工资的 15%。

（3）工龄在 20 年以上 30 年以下的，医疗补贴为其基本工资的 20%。

（4）工龄在 30 年以上的，医疗补贴为其基本工资的 30%。

案例 2-1 实现

输入某职工的工龄及基本工资，能计算出他每月应得的医疗补贴。要求编写程序完成上述任务。

2. 案例分析

该程序对工龄的判断可以用多分支选择结构完成，即 if...else if 语句或者 switch 语句可以完成上述判断。

案例 2-2：循环结构应用

1. 案例要求

求三位数中的水仙花数。若 abc 是水仙花数，则有 $abc=a^3+b^3+c^3$，例如 $153=1^3+5^3+3^3$。

案例 2-2 实现

2. 案例分析

方案一：采用穷举法，从 $100\sim999$ 中搜索，将每个数的三个数字分解出来，再计算立方和，最后与原数比较，如果相等，则是符合条件的三位数。

方案二：对三位数的三个数字进行穷举，满足水仙花公式的则输出。

- 百位数字：$1\sim9$。
- 十位数字：$0\sim9$。
- 个位数字：$0\sim9$。

第 2 章小结　　　第 2 章自测题自由练习　　第 2 章上机题及参考答案

第 ③ 章

函　　数

C++自带一个大型的标准模板库——STL。但STL不能涵盖实际开发的方方面面,故而要求读者能够自定义函数,以更好地面对实际开发要求。本章首先介绍函数的概念和定义,然后着重介绍如何声明函数并调用函数和函数传递信息过程,最后介绍函数的重载、函数的内联以及变量的作用域与存储类型。

学习目标:
- 了解C++函数的概念、定义、调用和声明。
- 了解C++函数的内联及C++函数的重载。
- 掌握C++变量的作用域与存储类型。
- 掌握C++函数的参数传递。
- 能编写并运行自定义的C++函数。

3.1　函数的概念和定义

1. 函数的概念

"函数"这一词是由英文function翻译而来,function的原意为"功能"。换言之,一个函数等于一个功能。在一个程序文件中,有且仅有一个主函数(main函数),主函数作为程序的入口,在程序运行时调用其他函数模块,其他函数之间也可以相互调用。在实际开发过程中,主函数等同于总调度中心,调动每个函数进行实现所需的功能要求。

软件开发者和开发商通常将一些通用的功能写成函数,将函数放置函数库中供人使用。例如常见的iostream库,该库由多个常见的输入/输出函数构成,开发者只需要调用相应的函数,就能使用其功能。

2. 函数的定义

(1) 定义带参函数的格式如下:

```
返回类型 函数名称(形式参数列表)
{
    语句序列;
}
```

例如:

```
int min(int a, int b)          //函数首部,函数返回值为整型,有两个整型形式参数
{                              //函数体的声明部分
```

```
        int c = 0;
        c = a < b ? a : b;                    //将 a 和 b 中的小者的值赋给整型变量 c
        return c;                             //将 c 的值作为函数值返回给调用点处
}
```

这是一个求 *a* 和 *b* 二者中的较小者的函数。在调用该函数时,主调函数将实际参数的值传递到被调函数的形式参数 *a* 和 *b* 中。花括号内为函数体,函数体的语句功能是求出 *a* 和 *b* 中最小的值并赋值给 *c*,return *c* 的作用是将 *c* 的值返回到主调函数中,*c* 也被称为函数返回值。

(2) 定义无参函数的格式如下:

```
返回类型 函数名称([void])
{
    语句序列;
}
```

例 3-1 中的 transfer 函数是无参函数。类型标识符用来指定函数返回值的类型,也被称为函数的类型。其中,括号中的 void 可被省略,即写成以下形式:

```
返回类型 函数名称()
```

【例 3-1】 主函数调用其他函数模块。

```
1.  / * 程序名:exe3_1 * /
2.  #include<iostream>
3.  using namespace std;
4.  void transfer(void)                        //定义 transfer 函数
5.  {
6.      cout <<"This is the transfer function" <<endl;    //输出一行文字
7.  }
8.  int main()
9.  {
10.     transfer();                            //调用 transfer 函数
11.     cout <<"This is the main function" <<endl;    //输出一行文字
12.     transfer();                            //调用 transfer 函数
13.     return 0;
14. }
```

程序输出结果如图 3-1 所示。

图 3-1　transferFunction 运行结果图

可以看到:

(1) 这个程序只有一个程序模块,其中程序模块包含了两个函数,即 main 函数和 transfer

函数。其中 transfer 函数是开发者自定义的函数,transfer 函数的功能是打印输出 This is the transfer function。

(2) 在定义 transfer 函数时,参数括号内的 void 意思是"无函数参数",换言之,在使用此函数时不用且不能给出参数。如果在编译时,发现调用 transfer 函数时给了实参,就会报错。其中括号中的 void,一般可以省略不写。

(3) 程序的入口是 main 函数,执行是从 main 函数开始。main 函数首先调用了 transfer 函数,开始执行 transfer 函数的语句,执行完毕后返回 main 函数。随后执行 main 函数的输出语句,再次调用 transfer 函数,执行完毕后返回 main 函数,在 main 函数中结束整个程序的运行。

(4) 不同函数是相互独立的,函数的定义不能嵌套,换言之不能在定义一个函数的过程中再次定义另一个函数,其中 main 函数内也不能定义其他函数。

(5) 函数之间是可以相互调用的,像 main 函数调用 transfer 函数,但其他函数不能调用 main 函数。值得注意的是,不同版本的编译器,对语法限制也不一样,有的也会出现调用 main 函数不报错。

(6) 函数调用其他函数时,其他函数需要提前定义或声明。本程序 main 函数调用 transfer 函数,transfer 函数在 main 函数之前定义。如果 transfer 函数在 main 函数之后定义,那么需要提前声明才能调用 transfer 函数。

3. 函数的分类

(1) 从用户使用的角度来看,函数主要分为两类。

① 系统函数,也称为库函数。其由编译系统所提供,用户无须定义这些函数,可以直接调用它们。在前面提到,想要使用自定义函数就必须先对函数进行声明。为何库函数无须声明就可以直接使用呢? 实际上,库函数的声明是在相应头文件里,例如 iostream 库里包含了 cout 函数的定义,当调用该函数时,必须使用♯include 命令进行引用头文件。

② 自定义函数,即用户自己定义的函数,用于解决用户特定的需求。

(2) 从函数的形式角度看,函数分为两种。

① 无参函数。调用函数时无须给出参数。如 transfer 函数就是无参函数。当主调函数无须将数据传送给调用函数时,常常使用无参函数。无参函数常见的操作就像 transfer 函数一样,打印输出一行文本。

② 带参函数。当主调函数需要将数据传递给被调函数时,就要使用带参函数。

3.2 函数的调用和声明

3.2.1 函数调用的形式

1. 函数调用的一般形式

```
函数名称([实参列表])
```

如果调用无参函数,那么"实参列表"可以省略,但括号不能省略。倘若要实参列表有多个实参,那么需要用逗号隔开。实参和形参是相对而言的,主调函数的参数列表称为实参,被调函数的参数列表称为形参。其中实参与形参的个数应当相同,类型应匹配或者隐式转型为相匹配的。实参与形参应按照顺序一对一进行传递。值得注意的是,倘若实参列表存在多个实参,不同编译系统有着不同的求值顺序。假设变量 x 的值为 5,有以下函数调用:

```
fun(x, ++x);
```

如果按照自左至右的求参顺序,则函数调用相当于 fun(5,6),若按照自右至左顺序进行求参,则等同于 fun(6,6)。常见的编译系统是按自右至左进行求参。

2. 函数调用的方式

从函数在语句中的作用角度看,函数调用方式可分为以下三种。

(1) 函数语句。将函数调用作为单独的一个语句,只要求函数完成一系列的操作,不要求返回函数值。例如:

```
transfer();
```

(2) 函数表达式。将函数的返回值参与表示式的运算中,此时要求被调函数需要返回一个确定的值。例如:

```
z = 3 * min(x, y);
```

(3) 函数参数。被调函数作为一个函数的实参。例如:

```
k = 3 * min(z, min(x, y));
```

其中,(x, y)为函数调用,其返回值作为外层 min 函数调用的一个实参。

3.2.2 函数的递归

C++ 允许在调用一个函数的过程中又间接或直接地调用该函数自身,称为递归调用。例如:

```
int fun(int a)
{   int b = 0, c = 0;
    c = fun(b);              //调用函数 fun 的过程中,再次调用 fun 函数本身
    return (2 * c);
}
```

该函数是直接调用本身,如图 3-2 所示即为直接递归调用。

如果是间接调用本函数,如调用 fun1 函数过程中调用 fun2 函数,而且在调用 fun2 函数时再次调用 fun1 函数。过程如图 3-3 所示。

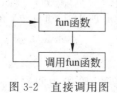

图 3-2　直接调用图

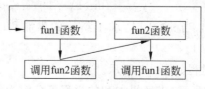

图 3-3　间接调用图

由图 3-2 和图 3-3 所示,两种递归调用都是无限的自身调用。程序中如果出现这种情况,将耗尽内存产生错误信息。递归调用应当是有限次数和终止条件,这就需要增加递归出口条件。此时可以用 if 语句进行控制递归的执行,当满足某一条件时才继续执行递归调用,否则将终止。

下面通过例 3-2 来说明递归函数的概念。

【例 3-2】 用递归函数求 1 到 n 的累加和,代码如下:

```
/ * 程序名:exe3_2 * /
#include<iostream>
using namespace std;
int fun(int a)
{    int b = 0;
     if (a >0)                        //边界条件 a 大于 0 才继续执行回推
         b = a +fun(a -1);            //回推操作
     else
         return 0;
     return b;
}
int main()
{    cout <<fun(3) <<endl;
     return 0;
}
```

程序输出结果如图 3-4 所示。

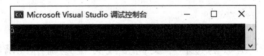

图 3-4   递归函数运行结果图

上面的代码是求 1 到 3 的累加和,并将结果打印输出至屏幕中。显然,这可以通过递归求解。根据累加和概念,欲求 1 到 3 的累加和可以转变为 3 加上 1 到 2 的累加和,欲求 1 到 2 的累加和可以转变为 2 加上 1 到 1 的累加和。即

$$\text{fun}(3) = 3 + \text{fun}(2)$$
$$\text{fun}(2) = 2 + \text{fun}(1)$$
$$\text{fun}(1) = 1$$

如果求 1 到 n 的累加和,递推公式为

$$\text{fun}(n) = n + f(n-1) \quad (n > 1)$$
$$\text{fun}(1) = 1 \qquad\qquad (n = 1)$$

可以看出,当 $n > 1$ 时,求 1 到 n 的累加和可以分解成 n 加上 1 到 $n-1$ 的累加和,其中 fun(1) 的值为 1。

其调用过程如图 3-5 所示。

如图 3-5 所示,求解累加和的过程可分解为两个阶段:第一阶段为回推,将 1 到 n 的累加和求解问题转换为 1 到 $n-1$ 的累加和求解问题。如果 1 到 $n-1$ 的累加和属于未知数,回推

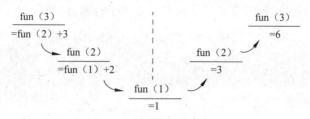

图 3-5　递归求和过程图

将继续下去,问题转化为 1 到 $n-2$ 的累加和求解问题……直到 1 的累加和。此时 fun(1)已知,不必继续回推并进入第二阶段递推。从 fun(1)求解 fun(2),从 fun(2)求解 fun(3)……一直推算回 fun(n),得到问题最终的解。可以看出,递归问题的关键是递归策略和边界条件,并通过回推和递推将问题求解。许多递归问题也可以转化为非递归方法求解,如例 3-2 可转换为非递归方法求解。

【例 3-3】　非递归函数求 1 到 n 的累加和。

```
/*程序名:exe3_3*/
#include<iostream>
using namespace std;
int fun(int n)
{    int sum = 0;
     for (int i = 1; i <= n; i++) {
          sum += i;
     }
     return sum;
}
int main()
{    cout <<fun(3) <<endl;
     return 0;
}
```

程序输出结果如图 3-6 所示。

值得注意的是,递归需要占内存去保存调用函数的信息,递归的深度越深所消耗的内存就越大。为了考虑效率,常常使用非递归方法求解问题。

Microsoft Visual Studio 调试控制台

图 3-6　非递归函数运行结果图

3.2.3　函数的嵌套

在 C++ 语言中不允许函数的嵌套定义,换言之一个函数内不能存在另一个函数的定义,例如:

```
void fun1()                              //函数 fun1 首部
{    ...                                 //函数 fun1 的函数体
     void fun2()                         //定义 fun2 函数,这是非法的
     {
          ...                            //函数 fun2 的函数体
     }
}
```

同一个程序中,不同函数的定义都是相互独立和平行的,例如:

```
int fun1(){...}
double fun2(){...}
float fun3(){...}
long fun4(){...}
```

虽然 C++ 的规定中,函数不能嵌套定义,但是能嵌套调用,即在调用一个函数的过程中,又调用另外一个函数,如图 3-7 所示。

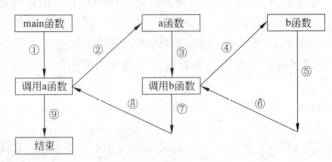

图 3-7　函数嵌套调用图

图 3-7 表示两层嵌套调用(考虑 main 函数共三层函数)执行过程。

① 执行语句首先从入口 main 函数进行。

② 遇到调用函数 a 的语句,程序跳转到函数 a 的定义处。

③ 执行函数 a 的函数体语句。

④ 遇到调用函数 b 的语句,程序跳转到函数 b 的定义处。

⑤ 执行函数 b 的函数体语句,如果函数 b 没有继续嵌套调用函数,则执行完函数 b 的全部操作。

⑥ 返回调用函数 b 处,即返回函数 a 处。

⑦ 执行完函数 a 的剩余部分。

⑧ 返回主函数并执行主函数的剩余部分。

⑨ 程序结束。

在嵌套调用函数时,如果调用函数的定义在主调函数之后,那么需要作出函数声明,反之则无须声明。

【例 3-4】　任意输入三条边长,求解是否能组成直角三角形。

这是一个数学定理证明问题,需要先分析任意两条边相加大于第三条边,再用勾股定理判断是否直角三角形。代码如下:

```
/* 程序名:exe3_4 */
#include<iostream>
using namespace std;
bool isTriangle(int a, int b, int c);          //函数声明
bool rightTriangle(int a, int b, int c);       //函数声明
int main()
{    int a = 0, b = 0, c = 0;
```

```
    cout <<"请输入边长 a,b,c:" <<endl;
    cin >>a >>b >>c;
    if (rightTriangle(a, b, c) == true)    //调用 rightTriangle 判断能否构成直角三角形
    {
        cout <<"能构成直角三角形!" <<endl;
    }
    else cout <<"不能构成直角三角形!" <<endl;
    return 0;
}
bool isTriangle(int a, int b, int c)            //定义判断能否构成三角形的函数
{   if ((a +b) >c && (a +c) >b && (b +c) >a)   //任意两边之和大于第三边
        return true;
    else   return false;
}
bool rightTriangle(int a, int b, int c)         //定义判断能否构成直角三角形的函数
{   if (isTriangle(a, b, c))                    //调用 isTriangle 函数
    {                                           //勾股定理判断直角三角形
        if ((a * a) == (b * b +c * c) || (b * b) == (a * a +c * c) || (c * c) == (a *
a +b * b))
            return true;
    }
    return false;
}
```

程序输出结果如图 3-8 所示。

图 3-8　判断直角三角形运行结果图

程序说明：

（1）isTriangle 函数和 rightTriangle 函数的定义是相互独立的,并不相互从属。这两个函数均为布尔类型。

（2）两个函数的定义均位于主函数之后,因此主函数想要调用这些函数,需要对这两个函数作声明。函数声明放置主函数内部,那么声明只在主函数的范围内有效,主函数之外的范围是无效的。编写程序的习惯是将所有函数的声明放置最前面,优点有两个:一个是无须检查函数的定义顺序,但凡声明过的函数,就可以调用。另一个是对函数清单心中有数,能快速调用需要的函数。

（3）main 函数是程序执行的入口。先执行 rightTriangle 函数,rightTriangle 函数又调用 isTriangle 函数进行判断边长能否构成三角形,并将结果返回至 rightTriangle 函数中。如果能构成三角形,那么 rightTriangle 函数进行判断边长能否构成直角三角形。这个过程就是函数嵌套调用。

3.2.4　函数的声明

在 C++ 语言中,函数的定义是相互独立的,即一个函数不能在另一个函数内部定义。但函数调用是可以相互嵌套的,一个函数中可以调用其他函数。那么一个函数内调用另外一个函数需要具备什么条件呢?

(1) 被调函数必须是已经存在的函数,即编译系统的库函数或用户自定义函数。

(2) 如果调用的是库函数,那么需要在本文件的开头使用预处理命令♯include 将库函数内容包含到当前文件中。

(3) 如果调用的是用户自定义函数,如果被调函数处于主调函数之后,则必须要在主调函数之前对被调函作出声明。函数声明指的是函数尚未定义时,对编译系统事先说明函数基本信息,以便编译系统能正确检查函数调用的规范。

【例 3-5】　对被调函数作提前声明。

```
/* 程序名:exe3_5 */
#include<iostream>
using namespace std;
int main()
{    int add(int x, int y);                        //对被调函数作提前声明
     int a, b, c;
     cout <<"请输入 a,b 的值:" <<endl;
     cin >>a >>b;
     c = add(a, b);
     cout <<"和为" <<c <<endl;
     return 0;
}
int add(int x, int y)
{
     return x +y;
}
```

程序输出结果如图 3-9 所示。

例 3-5 是一个很简单的函数调用,函数 add 功能是求两个整型变量的和,返回的数据类型是 int 整型变量。其中值得注意的是程序第 5 行:

图 3-9　声明函数运行结果图

```
int add(int x, int y);
```

该语句是对函数 add 的声明。值得注意的是,函数的定义和函数的声明是两回事。具体如下。

- 函数的定义:函数的定义是一个完整的函数单元,其包括函数类型、函数名称、形参及形参类型、函数体等。在整个程序中,函数的定义只能出现一次,并且函数首部与花括号间是无分号的(例 3-4 的函数声明以分号结尾)。
- 函数的声明:函数的声明是对编译系统的一个说明,其包括函数类型、函数名称、形参

类型。与函数的定义不同,它不包含函数体,形参名称可以省略,并且可以多次声明。
函数的声明必须以分号结束。

如果函数声明省略了形参名称,也被称为函数原型。例如:

```
int add(int, int);
```

函数原型是 C 和 C++ 语言的一个重要特性。它的功能主要是:在程序编译阶段根据函数模型对调用函数的合法性进行检查。正如例 3-5 所示,add 函数的定义是位于主函数之后,而在编译过程中,是由上至下进行编译,如果没有对 add 函数的声明,当编译到语句 c＝add(a, b);时将出现错误。编译系统无法确认 add 是否为正确的函数名称,也无法确认实参的类型和个数是否正确,因此无法正确地进行编译检查。只能在运行阶段才能判断形参与实参的类型和个数是否一致。在运行阶段出现错误是难以调试的,因此需要在编译阶段时尽可能发现错误,以便提前纠正。函数的声明就提前告知编译系统有关调用函数的基本信息,进行编译时便可"有章可循"。编译系统根据函数原型对调用函数的合法性进行检查,如果出现不一致情况就报告错误,以便纠正。这个错误属于语法错误,开发者根据提示的信息进行排查改正。

函数原型常见的形式如下:

```
函数类型 函数名称(参数类型 [参数名称 1],参数类型 [参数名称 2]...);
```

其中参数名称可省略,编译系统并不检查参数名称是否一致。但为了阅读理解,也常常不省略参数名称。应当保证函数原型与函数定义的首部相一致,也就是函数类型、函数名称、参数顺序、参数名称和类型应当保持一致。

注意:

- 如果被调函数在主调函数前定义,无须加以声明。因为编译系统已事先了解被调函数的基本信息,会根据定义处的函数首部对被调函数进行全面合法性检查。有读者会思考:编写程序时,将主函数写到最后,主函数调用函数就不必进行函数声明,这不更省事?这样做存在两个弊端,一个是对开发者要求较高,因为不单只主函数调用函数,函数之间也可相互嵌套调用,要对函数的定义顺序要求极高,稍有疏忽,将出现编译错误。另一个是程序往往包含很多个函数,如果按照阅读习惯,从上到下阅读程序,那么需要开发者十分仔细阅读每个调用函数的定义,最后才看到 main 函数,这个做法导致程序可阅读性差。
- 函数的声明可位于调用函数内部,也可以位于调用函数外部。如果函数的声明在函数外部并处于所有函数定义之前,那么各个主调函数无须对被调函数再次声明,如例 3-6 所示。

【例 3-6】 外部的函数声明。

```
/*程序名:exe3_6*/
#include<iostream>
using namespace std;
double fun1(double, double);    //本行和以下两行函数声明在所有函数之前且在函数外部
float fun2(float, float);       //因而作用域是整个文件
```

```
int fun3(int, int);
int main()
{                                        //在 main 函数中不必对它所调用的函数作声明
    cout <<"调用 fun1(3.14,,3.14)的结果为:" <<fun1(3.14, 3.14) <<endl;
    cout <<"调用 fun2(2.5,2.5)的结果为:" <<fun2(2.5, 2.5) <<endl;
    cout <<"调用 fun3(3,3)的结果为:" <<fun3(3, 3) <<endl;
    return 0;
}
double fun1(double d1,double d2)         //定义 fun1 函数
{    return d1 +d2;
}
float fun2(float f1, float f2)           //定义 fun2 函数
{    return f1 +f2;
}
int fun3(int i1, int i2)                 //定义 fun3 函数
{

    return i1 +i2;
}
```

程序输出结果如图 3-10 所示。

图 3-10　外部函数声明运行结果图

如果一个函数需要被多个函数所调用，用上述例子的方法能减少重复的声明。

3.3　函数的参数传递

3.3.1　实际参数与形式参数

大多数情况下，函数调用往往是带参调用。主调函数与被调函数之间往往存在数据传递的关系。如前文所述：函数定义首部的括号中的变量名称是形式参数（formal parameter，简称形参）。主调函数调用该函数时，函数名称后的括号里的参数称为实际参数（actual parameter，简称实参），其中实参也可以是一个表达式。

【例 3-7】　函数调用时的数据传递。

```
/*程序名:exe3_7*/
#include<iostream>
using namespace std;
int min(int x, int y)                    //定义带参函数 min, x 和 y 为形参
{

    return x <y ? x : y;
```

```
}
int main()
{   int a = 0, b = 0, c = 0;
    cout <<"请输入两个整数:" <<endl;
    cin >>a >>b;
    c = min(a, b);                    //调用 min 函数,给定实参为 a、b,函数返回值赋给 c
    cout <<"min = " <<c;
    return 0;
}
```

程序输出结果如图 3-11 所示。

上述程序第 3～6 行是 min 函数的定义,其中第 3 行定义了一个函数名为 min 和函数值返回类型为 int,以及指定两个整型形式参数 x 和 y。第 12 行是调用 min 函数的语句,其中 min 函数括号内的 a 和 b 是实际参数。通过函数的调用,使 main 函数的 a 和 b 的数值传递给 min 函数的 x 和 y,这称为数据传递,如图 3-12 所示。

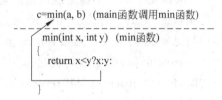

图 3-11　数据传递运行结果图　　　　　　图 3-12　数据传递过程图

有关形式参数与实际参数的说明如下。

(1) 在函数定义处的形参,在未被调用时,它们实际上是不存在的数据,并不占用内存中的存储单元,故而它们被称为虚拟参数或形式参数。当被调用时,函数 min 中的形参才分配实际内存用于接收实参传递过来的数据。当调用结束后,形参所分配的内存单元也被系统收回。

(2) 实参可以是变量、常量或表达式。

```
min(2, a +b);
```

但要求表达式有确定的值,以便函数调用时将实参的数值传递给形参。

(3) 在函数定义时,必须在函数的首部定义形参的类型。

(4) 形参与实参的类型应当相同或赋值兼容。在例 3-7 中的形参和实参的类型都为整型,符合函数数据传递规则。如果形参为实型而实参为整型,或者相反,则按照不同类型进行隐式转换成相同的类型进行赋值。例如实参 a 的类型为实型且值为 5.5,而形参 x 的类型为整型,那么将 5.5 转换成正数 5,然后传递到形参 x 中。此外字符型与整型也可以相互兼容赋值。

(5) 实参对形参的数据传递是"值传递",也就是单向传递,只能由实参传递至形参,反之无效。在一个函数调用另一个函数时,编译系统临时分配内存单元给被调函数的形参。值得注意的是:实际参数的内存单元与形式参数的内存单元并不相同。如图 3-13 所示实参 a 和 b 的值 4 和 6 传递给形参的 x 和 y。

函数调用结束后,形参所分配的内存单元将被回收,实参的内存单元仍保留并维持原值。

因此当形参的数值发生改变,主调函数中的实参的值并不会随之改变。如图 3-14 所示,形参 x 和 y 的值经过一系列操作,变为 8 和 9,但实参 a 和 b 的值保持原状。

图 3-13　参数传递 1　　　　　　　　图 3-14　参数传递 2

3.3.2　函数的返回值

主调函数通常调用函数时,希望被调函数能返回一个确认的值,这个值称为函数的返回值。如例 3-7 所示,函数 min(2,3) 的值是 2,min(5,3) 的值是 3。赋值语句将这个函数返回值赋值给主调函数的变量 c。

下面对函数返回值作一些说明。

(1) 被调函数的一个确定返回值能通过 return 语句返回至主调函数中。如果主调函数需要被调函数的返回值,那么 return 语句必须存在。如果不需要返回值,那么被调函数的返回类型应当是 void 类型并且无须 return 语句。函数常常存在一个以上的 return 语句,往往执行到哪个 return 语句,哪条语句就起作用,并结束被调函数的流程。return 语句的后面的括号可以省略,例如 "return x;" 与 "return(x)" 效果一致。return 语句也可以返回一个表达式,表达式应当是一个确定的值。例如 "return a+b;"。

(2) 函数返回值的类型应当是某个确定的类型,一般在定义处需要进行指定函数返回值的类型。如下面几个函数首部的定义:

```
float max(int a, int b)          //函数返回值为浮点型
double min(double d1, double d2) //函数返回值为双精度型
char letter(char x, char y)      //函数返回值为字符型
```

例 3-7 中指定了 min 函数返回值为整型,通过 return 语句将表达式 $x < y \,?\, x : y$ 的值返回到主调函数。其中表达式的结果与 min 函数的类型的一致的,是合法正确的。

(3) 如果函数返回值的类型与 return 语句中的表达式的值不一致,则以函数返回值的类型为准,换言之函数的返回值取决于函数的类型。如果数值类型不一致,那将会自动转换对应的类型。

3.4　带默认值的函数

通常情况下,被调函数的形参的数据是从主调函数的实参中获取的,因此实参的个数与形参的个数应相等。但在特殊情况下,需要多次调用某一函数并使用同一实参,C++ 提供了便捷的方法,那就是给定形参一个默认值,从而形参不需要从实参中获取数据:

```
int area(int r = 3);
```

指定 r 的默认值为 3,如果调用该函数时,确定 r 的值取 3,则无须给出实参,例如:

```
area();                                      //相当于 area(3);
```

如果需要取其他值,那么可以通过实参给定,例如:

```
area(6);                                     //形参得到的数值为 6,而不是 3
```

通过设定默认值,使编程更加灵活和便捷。如果有多个形参,可以选择让每一个形参带有默认值,也可以为部分形参设定默认值。如求一个圆锥体体积的函数,形参 r 则表示圆锥体的底面积半径,h 为圆锥体的高。函数原型如下:

```
double volume(double r , double h = 11.5 );   //只对形参 h 指定默认值 11.5
```

函数调用可以采用以下两种形式:

```
volume(32.5);                                //相当于 volume(32.5,11.5);
volume(42.3 ,12.6);                          //相当于 volume(42.3,12.6);
```

形参与实参的结合是由左到右的顺序进行的,因此第一个实参必须与第一个形参相结合,第二个实参与第二个形参相结合……因此指定默认值的参数当放在函数的参数列表的最右端,否则将出现错误。例如:

```
int fun1(double a, int b = 0, int c ,char d ='y'); //错误
int fun2(double a, int c, int b = 0 ,char d ='y'); //正确
```

如果调用上面 fun2 函数,那么可以采用以下形式:

```
fun2(2.5, 3, 2,'a');                         //形参的值全部由实参给出
fun2(2.5, 3, 2);                             //最后一个形参的值取默认值'y'
fun2(2.5, 3);                                //最后两个形参的值取默认值
```

从上述可以看出,调用带有默认值的函数,形参和实参的个数不同。实参未给出时,将使用函数定义时的默认值。利用这一特点,可以使函数调用更加灵活,提高编程效率。

【例 3-8】 求两个或三个数的最小值,用带默认值的函数实现。

```
/ * 程序名:exe3_8 * /
#include<iostream>
using namespace std;
int min(int a, int b, int c = 0xffff)         //函数定义,其中 0xffff = 65535
{   if (b <a) a = b;
    if (c <a)a = c;
    return a;
}
int main()
{   int a = 0, b = 0, c = 0;
    cin >>a >>b >>c;
    cout <<"min(a,b,c) = " <<min(a, b, c) <<endl;  //输出三个数中的最小值
```

```
    cout <<"min(a,b) = " <<min(a, b) <<endl;            //输出两个数中的最小值
    return 0;
}
```

图 3-15　带默认值函数运行结果图

程序输出结果如图 3-15 所示。

如果想要从三个数中取得最小值，可以在调用函数时采用“min(a,b,c)”的形式，如果只需要从两个数中取得最小值，则通过“min(a,b)”的形式即可，此时 *c* 的默认值是 65535，由于 65535 是 int 型的最大值，因此从 2、3、5 中选最小值和从 2、3、65535 中选最小值的结果是相同的。

注意：

(1) 如果函数的定义位于调用函数之前，那么在函数定义的首部应给出默认值。如果函数的定义位于调用函数之后，那么在函数调用之前应当有被调函数的声明，声明必须给定函数的默认值，但在函数的定义处可不给出函数的默认值。由于编译是由上至下的顺序，如果函数调用之前未提前告知默认值给编译系统，那么编译到调用函数时，就认为形参和实参的个数不相等而产生错误。

在大多数编译系统中，以函数声明处的默认值为准，而忽略函数定义处的默认值。

(2) 一个函数不能既作为带默认值函数，又作为重载函数。因为当调用函数时，如果缺少一个参数，编译系统无法确定是利用带默认值函数还是利用重载函数，将出现二义性，系统将出现错误。

3.5　函数的重载

在编写程序时，往往是一个函数对应一个功能。但有时需要实现同一类函数，仅部分细节不同。例如希望从三个数中取得最小值，而每次求解最小值时仅仅数据类型不一致——可能是三个双精度数、三个整型数或三个长整型数。如果按照一个函数对应一个功能，开发者常常需要定义三个函数，其函数原型为

```
double min1(double a, double b, double c);            //求三个双精度中的最小值
long min2(long a, long b, long c);                    //求三个长整型中的最小值
int min3(int a, int b, int c);                        //求三个整型中的最小值
```

以上三个函数的函数体内容是相同的。在程序中，要根据不同的数据类型调用不同名称的函数。如果程序中出现这一类的情况较多，那么对于开发者来说，重复编写相同功能但类型不同的函数，开发效率低。此时 C++ 提供了函数重载的特性，能用同一个函数名称来实现定义多个函数。函数重载，使一个函数名称能够实现“一物多用”。之后可以看到，不止函数可以重载，运算符也能够重载，例如运算符＜＜和＞＞既能作输出流中的插入运算符和输入流中的提取运算符，也能作为位运算符。

【例 3-9】 利用函数重载求三个数中的最小值(分别考虑双精度、长整型以及整型的情况)。

```
/*程序名:exe3_9*/
#include<iostream>
using namespace std;
double min(double, double, double);          //函数声明
long min(long, long, long);                  //函数声明
int min(int, int, int);                      //函数声明
int main()
{   double d = 0, d1 = 0, d2 = 0, d3 = 0;
    cin >>d1 >>d2 >>d3;                       //输入 3 个双精度数
    d = min(d1, d2, d3);                      //求 3 个双精度数中的最小值
    cout <<"3 个双精度的最小值为:" <<d <<endl;
    long l = 0, l1 = 0, l2 = 0, l3 = 0;
    cin >>l1 >>l2 >>l3;                       //输入 3 个长整型数
    l = min(l1, l2, l3);                      //求 3 个长整型数中的最小值
    cout <<"3 个长整型的最小值为:" <<l <<endl;
    int i = 0, i1 = 0, i2 = 0, i3 = 0, i4 = 0;
    cin >>i1 >>i2 >>i3;                       //输入 3 个整型数
    i = min(i1, i2, i3);                      //求 3 个整型数中的最小值
    cout <<"3 个整型的最小值为:" <<i <<endl;
    return 0;
}
double min(double a, double b, double c)     //定义求 3 个双精度数中的最小值的函数
{   if (b <a) a = b;
    if (c <a) a = c;
    return a;
}
long min(long a, long b, long c)             //定义求 3 个长整型中的最小值的函数
{   if (b <a) a = b;
    if (c <a) a = c;
    return a;
}
int min(int a, int b, int c)                 //定义求 3 个整型中的最小值的函数
{   if (b <a) a = b;
    if (c <a) a = c;
    return a;
}
```

程序输出结果如图 3-16 所示。

从例 3-9 中可以看出,使用一个函数名称分别定义了三个函数。编译系统在编译时遇到调用重载函数,会根据给出的调用信息去匹配相对应的函数。上面的主函数调用了三次 min 函数,而每次实参的类型都不一样。编译系统会根据实参的类型找到对应的函数,然后调用该函数。

例 3-9 的 3 个 min 函数的函数体内容都是相同的，函数重载允许函数体的内容不一致。重载函数的参数列表除了类型可以不相同，参数个数也可以不相同。

【例 3-10】 编写一个程序，程序实现的功能是求两个整数或三个整数中的最小值。如果输入的数值个数为两个，程序就打印两个数中最小值的结果；如果输入的数值个数为三个，程序就打印三个数中最小值的结果。

图 3-16　例 3-9 运行结果图

```cpp
/*程序名:exe3_10*/
#include<iostream>
using namespace std;
int min(int a, int b);                    //函数声明
int min(int a, int b, int c);             //函数声明
int main()
{   int a = 3, b = -4, c = -5;
    cout <<"min(a,b) = " <<min(a, b) <<endl;      //输出两个整数中的最小值
    cout <<"min(a,b,c) = " <<min(a, b, c) <<endl; //输出三个整数中的最小值
    return 0;
}
int min(int a, int b)                     //定义求两个整数中的最小值的函数
{   if (a <b) return a;
    else return b;
}
int min(int a, int b, int c)              //定义求三个整数中的最小值的函数
{   if (b <a) a = b;
    if (c <a) a = c;
    return a;
}
```

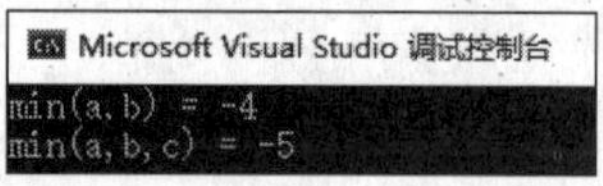

图 3-17　例 3-10 运行结果图

程序输出结果如图 3-17 所示。

两次调用 min 函数的参数个数都不同，系统根据参数的个数匹配对应的函数并调用它。

重载函数的参数列表中的类型和个数都可以不同，但不能出现只有函数返回类型不同，而参数类型和个数相同的情况。

```cpp
int fun(int);                             //函数的返回值为整型
void fun(int);                            //函数无返回值
double fun(int);                          //函数的返回值为双精度型
```

三个函数在被调用时都是同一形式，如 fun(5)。编译系统无法判断应调用哪一个函数。如何定义函数重载才正确呢？准则是重载函数的参数顺序、参数个数和参数类型三者中必须有一种不相同。函数的返回类型可相同也可不相同。

重载函数应按功能相同或类似进行重载，不要将两者相关性不大的函数实现重载。那样虽然都能实现对应的功能，但可阅读性差，会让人莫名其妙。

3.6 函数的内联

为了提高程序的运行速度,C++ 提供了内联函数这一特性。内联函数与普通函数之间的区别不在于编写方式,而在于编译系统如何将它们组合到程序中。只有了解了程序内部的流程,才能了解普通函数与内联函数之间的区别。

普通函数的调用在计算机内部是从主调函数地址跳转到被调函数地址,并在调用结束时返回主调函数地址。对这个过程更加详细的说明如下。

(1) 当执行到调用函数的指令时,程序立即将被调函数的地址存储起来,并将函数参数复制到内存堆栈中。

(2) 跳转到被调函数的地址,并开始执行被调函数的代码,如果被调函数需要返回值到主调函数中,还需要将返回值复制到寄存器中。

(3) 跳转被保存的回主调函数地址,并继续执行主调函数的代码。

来回跳转并保存主函数的地址,这意味着需要消耗一定的性能。C++ 所提供的内联函数就是为了减少这类的开销。与普通函数不同,内联函数的编译代码与其他程序代码“内联”起来了。换言之,编译系统将内联函数的代码替换函数调用。对于内联代码,编译系统在执行被调函数时,无须来回跳转,故而运行速度比普通函数稍微快点。但内联函数也有弊端,它节省了运行时间却增加了内存的消耗。如果程序在五个不同的地方调用内联函数,那么相当于该程序复制了五份内联函数的代码副本。

过多地使用内联函数反而消耗大量的内存。如果执行函数代码的时间比调用处理的时间还长,那么使用内联函数节省的运行时间并不明显。另外,由于编译系统处理函数调用机制的过程相当快,尽管使用内联函数能节省该过程的大部分时间,但是节省下来的时间绝对值并不大,除非该函数被调用的次数较多。内联函数和普通函数的执行流程如图 3-18 所示。

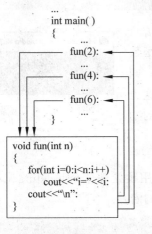

(a) 普通函数将程序流程　　　　　(b) 内联函数用内联代母
　　转到独立的函数　　　　　　　　替换函数调用

图 3-18　普通函数与内联函数执行流程图

内联函数的声明和定义如下:

```
inline int min(int a,int b);                          //内联函数 min 的声明
inline int min(int a,int b){ return a <b ? a : b;}    //内联函数 min 的定义
```

开发者请求将函数作为内联函数时，编译系统并不一定会响应需求。如果函数过大或者函数用于递归，编译系统将不会把该函数作为内联函数，甚至部分编译系统不支持内联函数这一特性。

【例 3-11】 计算一个整数的平方，用内联函数实现。

```
/ *程序名:exe3_11 * /
#include<iostream>
using namespace std;
inline int square(int x)                          //定义内联函数 square
{
    return x * x;
}
int main()
{   int a = 5, b = 6, c = 11;
    cout <<"a = " <<a <<", a 的平方为:" <<square(a) <<endl;
                                        //调用内联函数 square( a )
    cout <<"b = " <<b <<", b 的平方为:" <<square(b) <<endl;
                                        //调用内联函数 square( b )
    cout <<"a +b 的平方为:" <<square(a +b) <<endl;
                                        //调用内联函数 square(a +b)
    cout <<"c = " <<c <<", c 的平方为:" <<square(c) <<endl;
                                        //调用内联函数 square( c )
    return 0;
}
```

程序输出结果如图 3-19 所示。

从程序输出结果可以看出，内联函数与普通函数都是按值传递参数。如果实参为表达式，如 $a+b$，则将表达式的值（这里为 11）传递到内联函数中。这也意味着 C++ 的内联函数不等同于 C 的宏，并比宏的功能更加强大。

图 3-19　内联函数运行结果图

其中内联和宏的区别如下。

内联函数是 C++ 新增的特性。C 语言可以使用预处理命令 #define 来提供宏；宏也可看作内联代码的原始实现。如下定义一个计算平方的宏：

```
#define  SQUARE(X)  X * X                //计算平方的宏
```

宏与内联函数不同，宏没有通过参数传递，仅仅是文本替换来实现的——X 是"参数标记"。

```
a = SQUARE(6.5);                //等同于 a = 6.5 * 6.5
b = SQUARE(6.5+7.5);            //等同于 b = 6.5 + 7.5 * 6.5 + 7.5
c = SQUARE(a++);               //等同于 c = a++ * a++
```

上述代码中,只有第一个能实现需求,必须修改宏的定义,才能使第二个需求实现。

```
#define  SQUARE(X)  (X) * (X)          //增加括号
b = SQUARE(6.5 + 7.5);                 //等同于 b = (6.5 + 7.5) * (6.5 + 7.5)
```

但仍然存在一个问题,即宏无法实现值传递。即使增加括号,SQUARE(a++)仍将 *a* 递增两次。内联函数是先进行值传递,并计算其平方值,最后将 *a* 递增一次。从这里可以看出,C 语言的宏与 C++ 的内联函数是有区别的,如果使用 C 语言的宏执行了类似函数的功能,应考虑如何转换成 C++ 的内联函数。

3.7 变量的作用域与存储类型

3.7.1 局部变量

程序中的每一个变量都有其有效范围,也被称作变量的作用域。如果变量在作用域范围外是无法访问的。在函数内部所定义的变量称为内部变量,它的作用域范围仅局限在本函数内部。同样,复合语句内部定义的变量,其作用范围仅在复合语句内部有效。这些都称为局部变量(local variable),如下所示。

```
#include<iostream>
using namespace std;
int fun1(int a)             //函数 fun1,变量 a 的作用范围是整个 fun1 函数
{   int b, c;               //变量 b 和 c 的作用范围是变量定义处到 fun1 函数结束
    ...
}
float fun2(int x, int y)    //函数 fun2,变量 x 和 y 的作用范围是整个 fun2 函数
{   int i, j;               //变量 i 和 j 的作用范围是变量定义处到 fun2 函数结束
    ...
}
int main()                  //主函数
{   int m, n;               //变量 m 和 n 的作用范围是变量定义处到 main 函数结束
    ...
    {   int p, q;           //变量 p 和 q 的作用范围是变量定义处到复合语句结束
        ...
    }
    return 0;
}
```

说明:

(1) main 函数定义的变量 *m* 和 *n* 只在主函数内有效,不会因为在 main 函数定义从而变量的作用范围为全文件或程序有效。同时 main 函数也不能使用其他函数的局部变量。

(2) 不同函数可以定义相同名称的变量,它们是相互独立的对象,互不干扰。例如在 fun1 函数定义了变量 *m* 和 *n*,又在 fun2 函数定义变量 *m* 和 *n*,二者不会相互混淆,因为它们所占用的内存单元并不相同。

（3）可以在一个函数的复合语句内定义变量，这些变量的有效范围仅在复合语句内，通常也将复合语句称为程序块或分程序。

（4）函数定义处的形参也属于局部变量。如 fun1 函数中的形参 a 的有效范围仅在 fun1 函数内，其他函数不能使用该变量。

（5）在函数声明处出现的变量，其有效范围只在声明处的那行代码的括号内。实际上，编译系统对于函数声明中的变量名称是忽略的，即在函数被调用时，声明处的变量是不分配内存单元的。例如：

```
int min(int a, int b);                  //函数声明中出现a、b
...
int min(int x, int y)                   //函数定义中的形参是x、y
{    cout <<x <<y <<endl;                //x、y在函数体中有效、合法
     cout <<a <<b <<endl;               //a、b在函数体中无效、非法
}
```

在 min 函数的定义处，编译系统认为变量 a 和 b 未定义，如果此时使用这两个变量，将产生错误信息。

3.7.2 全局变量

在函数内部定义的变量称为局部变量，相反在函数外部定义的变量称为全局变量（global variable，也称全程变量）。全局变量的作用域范围是从定义处到本源文件结束，如下所示。

```
#include<iostream>
using namespace std;
int m = 2, n = 3;                  //全局变量m和n,作用域是从定义处到源文件结束
int fun1(int a)                    //局部变量a,作用域是整个fun1函数
{    int b, c;                     //局部变量b和c,作用域是从定义处到fun1函数结束
     ...
}
double d1 = 2.5, d2 = 3.6;         //全局变量d1和d2,作用域是从定义处到源文件结束
double fun2(double x, double y)    //局部变量x和y,作用域是整个fun2函数
{    double i, j;                  //局部变量i和j,作用域是从定义处到fun2函数结束
     ...
}
main()                            //主函数
{    int p, q;                    //局部变量p和q,作用域是从定义处到main函数结束
     ...
}
```

m、n、$d1$、$d2$ 都是全局变量，但它们的作用域范围并不相同。在 fun2 函数和 main 函数中能使用全局变量 m、n、$d1$、$d2$，但在函数 fun1 中只能使用全局变量 m 和 n，而不能使用 $d1$ 和 $d2$。

其中单个函数中能既能使用有效的全局变量，也能使用本函数中的局部变量。换个通俗的比喻：学校有统一的校规，各个班级还可以根据学生的情况制定班级的班规。在甲班，校规

与甲班班规都是有效的;而在乙班,则校规和乙班班规是有效的。显然,甲班的班规在乙班是无效的。

说明:

(1) 全局变量是用于联系不同函数之间数据的桥梁。在同一个源文件中,不同的函数都能使用有效的全局变量,因此在一个函数中更改了全局变量的值,同时也会影响到其他函数,使使用同名的全局变量的其他函数值也随之更改,这一过程相当于不同函数之间有直接的数据传递通道。之前的章节介绍了函数的返回值,函数的调用只能返回一个值,但通过全局变量可以增加函数间的数据传递通道。

【例 3-12】 全局变量的使用。

```
/*程序名:exe3_12*/
#include<iostream>
using namespace std;
int x = 0, y = 0;                              //定义全局变量 x 和 y
int fun1(int a)                                //定义函数 fun1
{    x = 3, y = 4;                              //修改全局变量 x 和 y 的值
     return a * a;                             //返回变量 a 的平方值
}
int main()
{    int b = 0;
     b = fun1(3);                              //调用 fun1 函数
     cout <<"x = " <<x <<" y = " <<y <<" b = " <<b <<endl;
     return 0;
}
```

程序输出结果如图 3-20 所示。

图 3-20　修改全局变量运行结果图

上述例子中,定义了两个全局变量 x 和 y,初始值都设置为 0。通过 main 函数调用 fun1 函数,而执行 fun1 函数的过程中改变了全局变量 x 和 y 的值,则在调用结束后,main 函数除了得到 fun1 函数返回的值,还能使用已修改的全局变量 x 和 y。这一过程相当于 fun1 函数传递了三个数据。

(2) 全局变量在没有必要的情况下,应谨慎使用。原因有以下三个。

① 全局变量在定义时,编译系统就分配内存单元,直到程序结束才收回,如果定义太多全局变量,将占用较多的内存。

② 降低了程序的稳定性和可移植性,如果想将一个函数移到另一个文件中,还需要将所涉及的全局变量及其值一同转移过去。如果全局变量与其他文件的变量同名,那么将出现数据混乱的问题。一般要求程序的函数设计成一个封闭体,也就是传递数据只能通过"实参——形参"的通道,符合封闭体的程序可读性强、移植性高。

③ 过多地使用全局变量将降低程序的清晰性,开发者需要考虑各个全局变量的瞬时数

值。并且调用函数都可能改变全局变量的值,程序变得混乱。因此全局变量需要谨慎使用。

(3) 在同一源文件中,如果全局变量和局部变量同名,则在局部变量的作用域内,全局变量将被屏蔽,即全局变量不起作用。

【例 3-13】 全局变量和局部变量同名。

```
/ * 程序名:exe3_13 * /
#include<iostream>
using namespace std;
int x = 3, y = 4;                          //定义全局变量 x 和 y,并赋值 3 和 4
int main()
{   int x = 1, y = 2;                       //定义局部变量 x 和 y,并赋值 1 和 2
    cout <<"x = " <<x <<", y = " <<y <<endl;
    return 0;
}
```

程序输出结果如图 3-21 所示。

上述例子中,定义了全局变量 x 和 y,并赋值 3 和 4,随后又在 main 函数中定义了相同变量名称的局部变量 x 和 y,赋值 1 和 2。从程序输出结果可以看出,全局变量的作用域在局部变量的作用域范围是无效的。

图 3-21 屏蔽全局变量运行结果图

前面章节介绍过变量有其作用域,根据不同的定义,变量的作用域也随之不同。总的来说,变量的作用域分为四种:块作用域(block scope)、函数原型作用域(function prototype scope)、函数作用域(function scope)和文件作用域(file scope)。其中除了文件作用域是全局的,其他三种都属于局部。

实际上,不只是变量有作用域,任何有标识符的实体都有作用域,如数组、结构体、类和函数等,其作用域的概念与变量的类似。

3.7.3 变量的存储类型

1. 变量的动态存储和静态存储

3.7.1 和 3.7.2 小节所介绍的变量属性是作用域,作用域是从空间的角度来分析的,它将变量分为两种类型,一种是全局变量,另一种是局部变量。

本小节从时间的角度去分析变量,可视为变量的另一属性——存储期(storage duration,也称为生命期)。存储期是指变量存储在内存中的时间,其中可分为动态存储期(dynamic storage duration)和静态存储期(static storage duration)。变量的存储期取决于变量的存储方式。

所谓的动态存储方式,是指程序运行的过程中,编译系统动态分配存储空间给变量。而静态存储方式则是在程序运行的过程中,固定分配好对应的存储空间。

开发者可使用的内存分为三部分:程序区、静态存储区和动态存储区,如图 3-22 所示。

程序的数据存储在动态存储区和静态存储区中。全局变量的数据全部存储在静态存储区中,当程序开始执行时,编译系统分配内存存储

内存分区

程序区
静态存储区
动态存储区

图 3-22 内存分区图

单元给全局变量,程序结束时才释放回收所分配的空间。在程序执行的过程中,静态存储区的数据所占据的内存单元是固定的,不是动态地进行分配和释放回收。

动态存储区存放三种类型的数据:①函数内部的自动变量;②函数的形式参数,即调用函数时分配给形参的存储空间;③函数调用时的返回地址和现场保护信息等。对于这些数据,只在函数被调用时才分配动态存储单元,函数结束时将分配的内存单元释放。在程序运行的过程中,这种分配和释放是动态进行的,如果在一个程序中,两次调用同一函数,则要进行两次的内存分配和释放。其中两次分配给数据的内存地址可能不相同。

如果在一个程序中包含若干个函数,每个函数的局部变量的存储期并不等同于程序的执行周期,往往它只占整个执行周期的一小部分。编译系统会根据函数的调用情况,动态地分配和释放局部变量的存储空间。

C++ 的变量除了有数据类型的属性,另外还有存储类别(storage class)的属性,即数据存储在内存中的形式。其中不同的存储形式之间的区别主要在于数据保存在内存中的时间。C++ 11 标准定义了四种存储类型:自动存储类型、静态存储类型、线程存储类型和动态存储类型,其中线性存储类型(C++ 11)本节不作介绍。

2. 自动存储类型

在默认情况下,函数中声明的变量和函数形参都属于自动存储类型,也属于局部变量。当程序执行该函数时,编译系统才分配存储单元给这些变量。当函数执行完毕时,这些变量的存储单元将被释放。如果在复合语句中定义了变量,则该变量的作用域将被限定于复合语句内,如下所示:

```
int main()
{
    int m = 5;                          //局部变量 m,自动存储类型
    {                                   //复合语句起始处
        int n = 3;                      //局部变量 n,自动存储类型
        cout <<m <<n <<endl;
    }                                   //复合语句结束处
    cout <<m <<endl;
    ...
    return 0;
}
```

在 main 函数中定义了一个局部变量 m,存储类型为自动存储类型,随后在 main 函数内有一个复合语句,并定义了一个新的局部变量 n。其中复合语句中,能使用变量 m 和 n,因为局部变量 m 和 n 的作用域都是有效的。但在复合语句外,仅能使用变量 m,其中变量 n 的作用域范围不包括复合语句外部。从中可以看出自动变量只在包含它们的函数或复合语句中有效。

【例 3-14】 同名的自动变量。

```
/*程序名:exe3_14*/
#include<iostream>
using namespace std;
void date(int x);                       //函数声明
```

```cpp
int main()
{   int month = 7, year = 2019;                        //定义自动变量 month 和 year
    cout <<"在 main 函数中,year = " <<year <<", &year = " <<&year <<endl;
                                    //打印 main 函数中 year 和 month 的值和内存地址
    cout <<"在 main 函数中,month = " <<month <<", &year = " <<&month <<endl;
    date(month);                                       //调用 date 函数
    cout <<"在 date 函数后,year = " <<year <<", &year = " <<&year <<endl;
    cout <<"在 date 函数后,month = " <<month <<", &year = " <<&month <<endl;
    return 0;
}
void date(int x)                                       //定义 date 函数
{   int year = 2018;
    cout <<"在 date 函数中,year = " <<year <<", &year = " <<&year <<endl;
    cout <<"在 date 函数中,x = " <<x <<", &x = " <<&x <<endl;
    {                                                  //定义复合语句
        int year = 2017;
        cout <<"在复合语句内,year = " <<year <<", &year = " <<&year <<endl;
        cout <<"在复合语句内,x = " <<x <<", &x = " <<&x <<endl;
    }
    cout <<"在复合语句之后,year = " <<year <<", &year = " <<&year <<endl;
    cout <<"在复合语句之后,x = " <<x <<", &x = " <<&x <<endl;
}
```

程序输出结果如图 3-23 所示。

图 3-23 同名的自动变量程序图

根据上述程序,可以看出三个 year 变量的内存地址并不相同,而在调用 date 函数的复合语句时,将 2017 赋值给复合语句块内的 year 变量,对其他同名变量没有影响。

程序的整个过程是程序执行到 main 函数,编译系统为 year 和 month 分配内存空间,使这些变量拥有作用域和存储期。当程序调用 date 函数时,这些变量仍然保留在内存中,但 date 函数不可使用这些变量。程序执行到 date 函数,为两个新变量 x 和 year 分配内存,从而使它们拥有作用域和存储期。在程序执行到 date 的复合语句时,出现了新的同名变量 year。之前 date 函数定义的 year 变量变为不可见,被复合语句中最新的变量所替代。然而变量 x 仍为可见,这是因为复合语句中并未重新定义新的变量 x。当程序执行完复合语句,将释放复合语句中 year 的存储单元,这意味着复合语句中 year 失去了作用域,此时 date 定义的 year 变量重新变得可见。当 date 函数结束时,date 所定义的变量 x 和 year 将被编译系统收回存储单元,最初的 main 函数定义的 year 将变得可见。

注意：C 语言和 C++ 11 标准之前是通过 auto 定义自动变量的，它用于显示地指出变量为自动存储类型。

```
int fun(int x)
{   auto int y = 0;
    int m = 0;
    ...
}
```

定义变量 y 为自动变量，其中 auto 也可以省略，自动变量 m 省略了 auto 关键字。但在 C++ 11 标准中，明确指出 auto 为自动类型推断，上述变量 y 的定义在最新的标准中会出现报错。

制定新的标准的人不愿引入新的关键字，因为这样做可能导致将该关键字用于其他用途的代码非法。考虑很少人使用 auto（定义局部变量默认 auto 类型，auto 可省略），因此赋予新的定义比引入新的关键字要更加合适。

可以使用任何在声明已知确认值的表达式来为自动变量初始化，下面示例初始化变量 a、b、c：

```
int m;                      //定义自动变量 m,其初始值随机数
int a = 6;                  //定义自动变量 a,其初始值为 6
int min = INT_MIN +1;       //定义自动变量 min,其初始值为 INT_MIN+1 表达式的值
int b = 2 * a;              //使用变量 a,并通过 2*a 的表达式初始化变量 b
cin >>m;                    //通过键盘输入初始化变量 m
int c = 2 * m;              //使用变量 m,并通过 2*m 的表达式初始化变量 c
```

了解编译系统如何实现自动变量有助于加深理解自动变量定义。自动变量的数目随着函数的开始和结束而增减，因此编译系统必须在程序运行时对变量进行管理。常采用的方法是留出一段内存，将其视作栈，用于管理变量数目的增减。之所以称为栈，是利用了栈的特性，后进先出，新数据存储在栈顶，新数据与原有数据并不是在同一内存单元中，而是在相邻的内存单元。当程序使用完后，将栈顶上的数据删除。

栈是 LIFO（后进先出）的，即最后存储的变量最先被弹出。这种设计简化了参数传递的过程。函数调用将其参数放在栈顶，然后更改栈顶指针。被调函数根据形参的类型来确定每个参数的地址。这些参数被加入栈中，栈顶指针指向最后压入栈的元素的上一个位置。当被调函数结束时，栈顶指针重新指回调用前的位置。调用函数的形参并没有被栈删除，但不再标志可用，它们所占据的内存单元将被下一个新加入栈中的函数所替代。

其中可用 register 关键字将自动变量存储到 CPU 寄存器中，目的是提高访问变量的速度。例如：

```
register int m;                        //将自动变量存储在 CPU 寄存器中
```

在 C++ 11 标准之前，这个关键字的作用始终未变，但随着编译系统和硬件变得越来越复杂，C++ 11 重新定义了关键字 register 的作用，其作为显示指出变量是自动类型。

3. 静态存储类型

C++ 的静态存储变量提供三种链接性：无链接性、内部链接性和外部链接性。无链接性，只能在当前函数或者代码块中访问。内部链接性，只有在定义该变量的本文件内可以访问。

外部链接性,其他文件可以访问该变量。这三种链接性在整个程序执行周期都存在。与自动存储变量不同,它们的存储期更长。由于静态变量的数目在运行程序期间是保持不变的,故而不需要栈进行变量管理。另外如果没有显示初始化静态变量,编译系统会赋予它初始值为 0。对于数组和结构体也相同,将使每个元素都初始化为 0。

下面介绍如何创建这三种静态变量,以及这三种变量的特性。创建静态变量的形式如下:

```
int m = 10;                          //创建外部链接性静态变量
static int n = 20;                   //创建内部链接性静态变量
int main()
{   return 0;
}
void fun1(int x)                     //定义 fun1 函数
{   static int y = 30;               //创建无链接性静态变量
    int z = 40;
}
void fun2(int p){}                   //定义 fun2 函数
```

如上述程序所示,想要创建外部链接性静态变量,必须在函数外部声明;想要创建内部链接性静态变量,必须在函数外部声明并加关键字 static 进行限定;想要创建无链接性静态变量,必须在函数内部声明并加关键字 static 进行限定。

正如前文所提,静态变量在程序运行的整个程序执行过程都存在,在 fun1 函数所声明的变量 y 的作用域为局部,且无链接性,即只能在 fun1 函数内部使用它,类似自动变量 z 一样。然而与自动变量 z 不同的是,即使函数 fun1 未被调用执行,静态变量 y 也存在内存中。m 和 n 的作用域都为整个文件,即从声明的位置到结束的位置都可以被访问使用。上面的程序中,main 函数、fun1 函数和 fun2 函数都可以使用它们。其中 n 是内部链接性静态变量,意味着只能在定义该变量的本文件中使用;由于 m 是外部链接性静态变量,程序中的其他文件也能使用它。

如果未对自动变量进行初始化,那么初始值由随机值构成。静态变量与自动变量不同,如果未对其进行初始化,那么编译系统将静态变量所有位设置为 0。这一过程称为零初始化(zero-initialized)。

表 3-1 归纳总结了目前学到的存储特性。

表 3-1 中指出 static 关键字的两种用法,在不同的位置声明,其对应的特性也不相同。对于函数内部,使用 static 表示该变量是无链接性的静态变量,static 表示的是存储类别;对于函数外部,使用 static 表示该变量是内部链接性静态变量。

表 3-1 变量存储特性

存储描述	存储类别	作用域	链接性	如何声明
自动	自动	代码块	无	在代码块中
寄存器	自动	代码块	无	在代码块中,使用关键字 register
静态,无链接性	静态	代码块	无	在代码块中,使用关键字 static
静态,外部链接性	静态	文件	外部	不在任何函数内
静态,内部链接性	静态	文件	内部	不在任何函数内,使用关键字 static

4. 动态存储类型

C++ 使用运算符 new 分配内存、运算符 delete 释放内存,这种内存称为动态内存。所声明的变量也称为动态变量,其不是由链接性规则和作用域控制的。因此可以在一个函数中动态分配内存,在另外一个函数中释放该内存。与自动内存不同,动态内存不是采用栈(LIFO),其分配和释放顺序只取决于 new 和 delete 在何时何地以何种方式被使用。

虽然存储形式的概念并不适用于动态内存,但适用于追踪动态内存中的自动和静态指针变量。

```
int fun()
{   int * p = new int[10];                //创建动态数组变量,并将用指针 p 指向数组的首地址
    ...
}
```

上述代码中,fun 函数包含了一个由 new 分配 40 个字节(假设 int 为 4 个字节)的内存,该动态内存将一直保留在内存中,直至使用运算符 delete 将其释放。其中指针 p 是指向该动态内存的首地址,但指针 p 是自动变量,当函数执行结束后,指针 p 将消失,但动态内存仍然存在内存中。如果希望另一个函数也能够使用该动态内存的数据,则必须将其地址返回或者传递回给该函数。另外,如果指针 p 声明为外部链接性指针,则本文件中处于指针 p 后面的所有函数都可以继续使用它。并且其他文件想要使用该指针 p,只需要使用以下声明即可使用该指针 p:

```
extern int * p;
```

值得注意的是,在通常情况下,程序结束后,使用 new 分配的内存将被释放,但有些健壮性差的系统并不会释放。最佳的使用习惯是,使用时用 new 进行分配内存,完成后使用 delete 释放内存。

如何使用 new 运算符进行初始化呢? 在 C++ 98 标准中,可以使用如下形式:

```
int * p = new int(10);            // * p = 10, p 指向一个整型的变量,且该变量初始化为 10
double * q = new double(3.14);    // * q = 3.14, q 指向一个双精度的变量,且该变量初始化为
                                  //3.14
```

在 C++ 11 新标准中,还增加了初始化常规数组和结构的功能,需要使用大括号{ }列表初始化。部分旧的编译器不支持该初始化,需要支持 C++ 11 标准的编译器才能使用。

```
struct str                        //结构体 str 的声明
{   int x;
    double y;
    float z;
};
str* p = new str{ 2,3.14,2.5 };       //结构体对象的动态创建并初始化,C++ 11 标准
int * q = new int[5]{ 1,3,5,7,9 };    //整型数组的动态创建并初始化,C++ 11 标准
```

如果内存不足,使用 new 申请失败,在最初的十年中,C++ 通过返回空指针进行提示,但现在直接返回异常标志 std::bad_alloc。

第 3 章小结　　　　第 3 章自测题自由练习　　第 3 章上机题及参考答案

第 4 章

用户自定义数据类型

在实际生活中,除了使用单一的基本数据类型解决问题之外,人们时常会遇到一些更加复杂的问题。此时就需要去处理一些更加复杂的数据对象,这些复杂的数据对象无法通过基本数据类型来进行描述;这些复杂的问题需要将一些简单的基本数据类型组合成较为复杂的数据类型才能予以描述和解决。因此,在 C++ 中提供了用户自定义数据类型。

用户自定义数据类型的作用是用来对复杂的数据对象进行描述和处理。用户自定义数据类型也称为构造数据类型,包括数组、指针、引用类型、枚举、结构和联合。

学习目标:
* 掌握数组的概念以及数组应用的一般方法。
* 掌握指针的概念以及指针的使用,注意区分数组和指针。
* 理解字符串的概念,会用多重方式使用字符串。
* 理解引用的概念,掌握引用型函数参数的用法。
* 掌握结构和联合类型的使用,并注意两者之间的区别与联系。

4.1 数　组

前两章使用的变量都属于基本类型,例如整型数据、字符型数据、浮点型数据。对于有些数据,只用简单的数据类型则是不够的,难以反映出数据的特点,也难以有效地进行处理。比如 30 名学生的成绩,需要用 30 个变量;100 名学生的成绩,需要用多少个变量?C++ 以及其他高级语言提供了数组这种数据类型来解决上述问题。

数组是一组有序数据的集合。数组中各数据的排列是有一定规律的,下标代表数据在数组中的序号。用一个数组名和下标唯一确定数组中的元素,数组中的每一个元素都属于同一个数据类型。数组可以是一维的,也可以是多维的。

4.1.1　一维数组的定义与使用

数组属于用户自定义数据类型,和基本数据类型一样,在使用之前必须先定义。

1. 一维数组的定义

一维数组的本质就是在内存中申请一段连续区域,用于记录多个类型相同的数据。定义的一般形式如下:

```
数据类型 数组名[常量表达式];
```

其中:

- 数据类型可以是除 void 类型以外的任何一种数据类型，包括基本数据类型和已经定义的用户自定义数据类型。
- 数组名指数组的名称，用于记录连续内存区域内在内存中的首地址，类似于容器。数组名的命名规则和变量名相同。
- 常量表达式必须是一个 unsigned int 类型的正整数，表示数组的大小或者长度，也就是数组所包含数据元素的个数。其中，数组元素主要指存放在数组中的数据内容；数组长度主要指存放在数组中的元素个数，通常使用"数组名.length"的方式获取。数组下标主要指数组元素在数组中的编号，使用[ ]数组下标运算符来限定元素的个数，从 0 开始一直到"数组名.length-1"。
- 必须为数组指定大于或等于 1 的维数。维数值必须是常量表达式，也就是说必须在编译时能够计算出它的值。这就意味着非 const 变量不能被用来指定数组维数。例如：

```
const int buf_size=32,max_size=200;
int staff_size=27;
char a[buf_size];              //正确,buf_size 为 const 变量
float b[max_size-5];           //正确,相当于常量表达式 200-3,在编译时刻会被计算成 197
int c[staff_size];             //错误,非 const 表达式
```

注意：在定义数组时，编译器是必须要知道数组的大小的，此时才能为整个数组分配适当的内存空间用于存放数据，因此数组元素个数在定义时必须以常量表达式的形式明确给出，只有在定义数组的同时进行初始化的情况下才能省略数组的大小。

下面定义了两个不同类型的数组：

```
int a[3];              //定义了一个 3 个元素的整型数组 a
year b[10];            //假设 year 为一个已经定义好的枚举类型,此行程序定义了一个 10 个
                       //元素的枚举数组 b
unsigned cnt=20        //不是常量表达式
int * par[cnt];        //错误
```

同基本数据类型一样，数据类型相同的多个数组可以在同一条语句中予以定义，例如：

```
float a1[5],a2[10];            //同时定义了两个浮点型数组
```

或

```
float a1[5];
float a2[10];                  //两行代码的作用等同于上一行代码
```

数据类型相同的基本数据类型变量和数据可以放在同一条语句中一起定义。例如：

```
char s,a[5];                   //同时定义了一个字符型变量和一个字符型数组
```

数组在定义后，系统同样会为其分配内存，但由于数组是一组相同数据类型的元素的集合，所以系统会为其分配一块连续的存储空间，从数组的第一个元素开始，按照下标顺序依次

存放各个数组元素。例如：

```
int main()
{   int a = [10];          //定义一个一维数组,这个数组有 10 个元素,每个元素都是 int 型
    return 0;              //数组名是 a,数组大小是 sizeof(int) * 10 = 40
}
```

其中,一个 n 个元素的一维数组所占内存大小的计算公式为

```
sizeof(数组元素类型) * n
```

或

```
sizeof(数组名)
```

数组 a 的内存排列(分配)示意图如图 4-1 所示,从低地址到高地址存储。此时数组大小为 sizeof(int) * 10＝sizeof(a)＝40 字节。

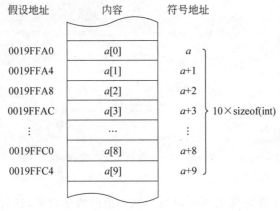

图 4-1　一维数组的内存排列示意图

2. 一维数组的初始化

可以被显示的一维数组用一组数来初始化,其一般语法格式如下：

```
数据类型 数组名[常量表达式]={初值 1,初值 2,...,初值 n};
```

其中：

- 可以被显示的数组用一组属数据来初始化,这组数据用逗号分开,放在大括号中。初值与数组元素存在一一对应的关系,初值的总数量不能够超过指定的大小。例如：

```
int a[10] = {0,1,2,3,4,5,6,7,8,9};
```

- 初值与数组元素存在一一对应的关系,初值的总数量不能够超过指定的大小。
- 被显式初始化的数组是不需要指定维数值的,此时编译器会根据列出来的元素个数确定数组的维数。例如：

```
int a[] = {1,2,3};      //若在初始化时不写数组大小,则默认填了几个数即数组大小
```

- 若初值的个数小于数组的大小,则未指定值得数组元素被赋值为 0。

```
int  a[10] = {1,2,3};    //此时 a[1] = 1,a[2] = 2,a[3] = 3,其余剩下的系统会自动分配为 0
```

- 在函数外部定义数组,如果没有对数组进行初始化,其数组元素的值为 0。如果在函数内部定义数组,没有对数组进行初始化,即没有给出初值表,同基本数据类型一样,此时数组不被初始化且系统会为其数组元素分配随机值。
- 一个数组不能被另外一个数组初始化,也不能被赋值给另一个数组,需要把一个数组复制到另一个数组中。

【例 4-1】 演示利用 for 循环对数组元素依次赋值,代码如下。

```
/*程序名:exe4_1*/
1.  #include <iostream>
2.  using namespace std;
3.  int main()
4.  {
5.      int a[10];
6.      for (i = 0;i < sizeof(a) / sizeof(int);i++)
7.      {
8.      cin>>a[i];                                    //给数组 a 每个元素赋值
9.      }
10.        return 0;
11. }
```

程序说明:

- 第 5~9 行,除了在定义的同时对数组赋初值的方法之外,还可以先定义数组,然后采用 for 循环控制下标依次对数组赋初值。
- 第 6 行,for 循环表达式 2 的含义用数组所占的所有内存数除以每个元素所占的内存,从而得到数组元素,也可以直接用 $i<10$ 替代。
- 本程序只实现了对数组的赋值,没有任何的输出语句,所以这里就不给出程序运行结果图,具体数组元素的存取见后文。

3. 一维数组的引用

对一维数组的引用可以通过控制数组下标来实现。数组元素是通过数组名和下标来区分的,带下标的数组元素也可以称为下标变量,下标变量可以像简单的变量一样参与各种运算。引用一维数组元素的格式如下:

```
数组名[ 下标表达式 ];
```

其中:

- 下标表达式必须是整数,因为数组元素是以个为单位的,数组元素下标按照内存地址先后顺序依次排列。第 1.5 个内存单元、数组里第 3.33 个数一类的表述方式显然没有意义。

- 不同于数组定义时用来确定数组长度的常量表达式,下标表达式的数据类型可以是整型常量或整型表达式,而且大多数情况下必须是整型常量或者变量及其表达式。另外,数组的下标也可以为字符型。编译器在处理时会将字符型转化为其 ASCII 码值,所以本质上还是整型。例如:

```
int n,a[50],m=5;
a[2+6]=56;                              //将数组 a 的第 8 个元素赋值 56
cin>>n; int a[n];                       //错误
a[0]=a[5]+a[2+1]-a[2*3]                 //合法
a[m]=20;                                //合法
```

- 当定义了一个长度为 m 的一维数组 a 时,C++ 规定数组下标从 0 开始,依次为 0、1、2、3、…、$n-1$,对应的数组元素分别表示为 $a[0]$、$a[1]$、…、$a[n-1]$,例如 int $a[10]$;对应数组 a 的数组元素分别为 $a[0]$、$a[1]$、$a[2]$、…、$a[9]$。

【例 4-2】 假如有 n 个人,各人年龄不同,希望按年龄将他们从小到大排列。

解题思路:

- 把题目抽象为:"对 n 个数按升序排序"。
- 采用起泡法排序,小数起泡,大数沉淀。基本步骤如下。

(1) 将 $a[0]$ 与 $a[1]$ 比较,选出较大者与 $a[1]$ 交换,再将 $a[1]$ 与 $a[2]$ 比较,选出较大者与 $a[2]$ 交换,按这个规则两两比较下去,n 个数比较 $n-1$ 次,最后 $a[n-1]$ 为 $a[0] \sim a[n-1]$ 中的最大者。

(2) 将 $a[1]$ 与 $a[2]$ 比较,选出较大者与 $a[2]$ 交换,再将 $a[2]$ 与 $a[3]$ 比较,选出较大者与 $a[3]$ 交换,按这个规则两两比较下去,$n-1$ 个数比较 $n-2$ 次,最后 $a[n-2]$ 为 $a[0] \sim a[n-2]$ 中的最大者。

(3) 同理,从 $i=2$ 开始,依次两两比较,每比较一次,参与比较的数的数量就减少一个,直到只剩下两个数比较完成之后,整个排序过程完成。

```
/*程序名:exe4_2*/
1.  #include<iostream>
2.  using namespace std;
3.  int main()
4.  {   const int maxN=10;
5.      int a[N];
6.      int i,j,t;
7.      cout<<"input 10 numbers :\n";
8.      for (i=0;i<10;i++)
9.      cin>>a[i];                      //输入数组元素
10.         cout<<endl;
11.     //对数组元素进行排序
12.        for(j=0;j<9;j++)
13.        for(i=0;i<9-j;i++)            //从待排序序列中选择一个最大的数组元素
14.          if (a[i]>a[i+1])
15.            {  t=a[i];                //交换数组元素
16.              a[i]=a[i+1];
```

```
17.             a[i+1]=t;}
18.         cout<<"the sorted numbers :"<<endl;
19.         for(i=0;i<10;i++)
20.         cout<<a[i]<<"\t";                 //显示排序结果
21.         cout<<endl;
22.         return 0;
23.   }
```

程序输出结果如图 4-2 所示。

```
"E:\vc6.0-workspace\Debug\a.exe"                          —   □   ×
input 10 numbers :
12 45 32 78 45 31 56 40 21 56

the sorted numbers :
12        21        31        32        40        45        45        56        56        78
Press any key to continue
```

图 4-2   exe4_2 运行结果图

4. 数组的地址

数组名本身就是一个地址值,代表数组的首地址,所以数组元素的地址通过数组名来读取,其格式如下:

> 数组名 + 整数表达式;

其中:

- 该表达式称为符号地址表达式,不代表实际的地址值。例如有一个浮点型的一维数组 a,$a[3]$ 的符号地址表达式为 $a+3$,它的实际地址为 $a+3*\text{sizeof(float)}$。
- 数组名是一个地址常量,不能作为左值。
- 在使用数组的过程中最常犯的错误就是数组下标越界。通过数组的下标来得到数组内指定索引的元素,这称作对数组的访问。假如一个数组定义为有 n 个元素,那么,对这 n 个元素(下标为 0 到 $n-1$ 的元素)的访问都合法,如果对 n 个元素之外的访问,就是非法的,称为"越界"。此时访问到的内存,将是其他变量的内存。并且它并不会造成编译错误。数组访问越界在运行时,它的表现是不定的。因此在使用数组时,一定要在编程中判断是否越界以保证程序的正确性。

虽然数组名代表数组首地址,例如针对数组 array 来说,array 和 array[0] 都是第一个元素的地址,但是在实际应用时还是有区别。

第一段代码如下:

```
#include<iostream>
using namespace std;
int main(){
    int array[6] = { 10,12,13,14,15,16};
    cout<<&array[1]<<endl;
    cout<<&array[0]+1<<endl;
    cout<<&array[0]<<endl;
```

```
        return 0;
    }
```

这里的 &array[0]+1，意思是取第一个元素的地址，然后加上一个 int 型的长度，也就是加 4 字节，而不是真的加 1。加 4 字节后其实就等价于取第二个元素的地址，运行结果如下：

```
0019FFAC
0019FFAC
0019FFA8
```

前两个结果是一样的，对应第二个元素的地址。第 3 行是 &array[0] 的结果，可以看到 &array[0]+1 比 &array[0] 大了 4，而不是 1。

第二段代码如下：

```
#include<iostream>
using namespace std;
int main(){
    int array[6] = { 10,12,13,14,15,16};
    cout<<&array<<endl;
    cout<<&array+1<<endl;
    return 0;
}
```

&array 和 &array[0] 取的都是第一个元素的地址，而 &array[0]+1 取的是第二个元素的地址，+1 加的其实是 4 字节。但第二段代码里的 &array+1 不再是加 4 字节了，而是加的整个数组的长度。因为 array 指代的是整个 array 数组，而 array[0] 指代的只是一个元素，所以两者 +1 时增加的字节是完全不一样的。由于 array 是一个长度为 6 的 int 型数组，所以 +1 应该是加 6 * 4＝24 字节，运行结果如下：

```
0020FB10
0020FB28
```

可以看到二者相差 18,18 是十六进制表示，转化成十进制就是 24。在使用数组的地址时这个小细节一定要注意。

4.1.2 二维数组的定义与使用

一维数组可以解决例如多个学生同一门成绩处理的问题，但如果一个班的学生有多门课程的成绩需要处理，此时一维数组就难以实现存取的过程，C++ 提供了二维数组来解决这样的问题。

1. 二维数组的定义

二维数组和一维数组相比多了一个维度，二维数组定义的格式如下：

```
数据类型  数组名[常量表达式1][常量表达式2];
```

其中：

• 对数据类型、数组名以及常量表达式的要求和一维数组定义时的要求相同。

- 常量表达式 1 代表第一维元素的个数，常量表达式 2 代表第二维元素的个数。如果将二维数组看成数学上的一个矩阵，则第一维元素的个数代表矩阵的行数，第二维元素的个数代表矩阵的列数，二维数组的定义格式可以改写为：

```
数据类型   数组名[行数][列数];
```

如果把一维数组看成由一个个相同类型的数据构成的排列，那么二维数组也可以看成由一维数组构成的。例如二维数组 $a[m][n]$，可以看成由 m 个一维数组构成，其中每个一维数组中有 n 个元素。

在定义了二维数组后，系统同样会为它分配一块连续的内存空间用于存放数据，二维数组 $a[m][n]$ 占内存空间的计算公式如下：

```
sizeof(数组名);
```

或

```
m * n * sizeof(数据类型)
```

或

```
m * n * sizeof(a[0])
```

下面是一个 3 行 4 列的二维数组定义的例子：

```
float score [3][4];
```

请注意，每个数字都包含在它自己的一组方括号中。为了处理二维数组中的信息，每个元素都有两个下标：一个用于行，另一个用于列。此时这个二维数组可以看成有 3 个一维数组组成，其中每个一维数组中有 3 个元素，此时构成了一个 3 行 4 列的二维数组。

在 score 数组中，排列顺序如下。

第 0 行中的元素是 score[0]：score[0][0]　score[0][1]　score[0][2]　score[0][3]
第 1 行中的元素是 score[1]：score[1][0]　score[1][1]　score[1][2]　score[1][3]
第 2 行的元素则是 score[2]：score[2][0]　score[2][1]　score[2][2]　score[2][3]

既然二维数组可以看成由一维数组构成的，那么二维数组在内存中的排列顺序是"先行后列"，即在内存中先存第一行的元素，然后再存第二行的元素。从数组下标变化来看，先变第二个下标，第一个下标先不变化（即 score[0][0]，score[0][1]，score[0][2]，score[0][3]），待第二个下标变到最大值时，才改变第一个下标，第二个下标又从 0 开始变化。数组 score 在内存中的排列如图 4-3 所示。

假设地址	内容	符号地址
0019FF00	score[0][0]	score, score[0]
0019FF04	score[0][1]	score[0]+1
0019FF08	score[0][2]	score[0]+2
0019FF0C	score[0][3]	score[0]+3
⋮	...	⋮
0019FF28	score[2][2]	score[2]+2
0019FF2C	score[2][3]	score[2]+3

图 4-3　二维数组的内存排列示意图

2. 二维数组的初始化

二维数组的初始化形式与一维数组类似：

```
数组类型  数组名[常量表达式1][常量表达式2]=初值表;
```

其中：初值表的定义形式有两种，即常数定义长度下的初始化（分行和不分行）。

（1）常数定义长度下的初始化——分行

以二维数组 $A[m][n]$ 为例，初值表的格式为：

```
M的初值表={M[0]初值表,M[1]初值表,...,M[m-1]初值表}
M[i]初值表={M[i][0]初值表, M[i][1]初值表,...,M[i][n-1]初值表};
```

i 从 0 到 $m-1$ 这种形式下的初值表由一维初值表嵌套构成，各层构成规则与一维数组的初值表相同。例如：

```
int A[3][4]={{1,2,3,4},{5,6,7,8},{9,10,11,12}};  //A数组元素被全部初始化
int a[2][3]={{1},{0,0,1}};                        //初始化了部分数组元素
int b[][3]={{1,2,3},};                            //初始化了全部数组元素
int d[][3]={{1,3,5},{5,7,9}};                     //初始化了全部数组元素,省略了高维
                                                  //元素个数
```

和一维数组一样，二维数组也能在定义时被初始化，只是要注意必须按照前面所讲的存储顺序列出数组元素的值。常见有以下一些初始化方式：

分别对各元素赋值，每一行的初始值用一对花括号括起来。例如：

```
int a[2][3]={{11,12,13},{14,151,6}};
```

将第一对花括号内的三个初始值分别赋给 a 数组第一行三个元素，第二对花括号内的三个初始值赋给第二行元素。数组中各元素为：

```
11  12  13
14  15  16
```

（2）常数定义长度下的初始化——不分行

这种形式下的初值表与一维数组的初值表相同，初值表的项数不超过各维元素个数的乘积（总元素个数）。数组元素按内存排列顺序依次从初值表中取值，下列各数组不分行实现了初始化，结果与（1）中相同。例如：

```
int M[3][4]={1,2,3,4,5,6,7,8,9,10,11,12};  //M数组元素被全部初始化
int a[2][3]={1,0,0,0,1,1};                  //初始化了全部数组元素,一部分元素未给初值
int b[][3]={1,0,0,0,0,0};                   //初始化了全部数组元素,省略了高维元素个数
```

将各初始值全部连续地写在一个花括号内，在程序编译时会按内存中排列的顺序将各初始值分别赋给数组元素。例如：

```
int a[2][3]={1,2,3,4,5,6};
```

数组中各元素为：

```
1 2 3
4 5 6
```

只对数组的部分元素赋值。例如, int a[2][3]={1,2,3,4}; 数组共有六个元素, 但只对前面四个元素赋初值, 后面两个未赋初值, 其值为 0。数组中各元素为:

```
1 2 3
4 0 0
```

当使用常数定义长度下的初始化且不分行的情况下省略高维元素个数时, 高维元素个数为:

向上取整数(线形初值表项数/低维元素个数)

例如:

```
int b[ ][3]={1,2,3,4,0,0,0};          //高维元素个数为 3
```

> **注意**: 不能先声明再全部赋值, 如下方式是错误的:
>
> ```
> int a[2][3];
> a[2][3]={{1,2,3},{4,5,6}};
> ```

【例 4-3】 演示二维数组初始化。代码如下。

```
1.  /*程序名:exe4_3 */
2.  #include "iostream.h"
3.  #include "iomanip.h"
4.  int main()
5.  {
6.     int array1[3][2]={7,3,6,1};                    //顺序初始化
7.     int array2[3][2]={{7,3},{6},{1}};              //按行初始化
8.     cout <<"array1" <<endl;
9.     for (int i=0;i<3;i++)                          //输出数组 array1
10.    {
11.       for (int j=0;j<2;j++)
12.       {
13.          cout <<setw(2) <<array1[i][j];
14.       }
15.       cout <<endl;
16.    }
17.    cout <<"array2" <<endl;
18.    for (int k=0;k<3;k++)                          //输出数组 array2
19.    {
20.       for (int l=0;l<2;l++)
21.       {
22.          cout <<setw(2) <<array2[k][l];
23.       }
```

```
24.      cout <<endl;
25.    }
26.    return 0;
27. }
```

程序输出结果如图 4-4 所示。

图 4-4　exe4_3 运行结果图

注意：若在定义数组时给出了全部数组元素的初值，则数组的第一维下标可以省略，但第二维下标不能省略。例如，下面两种定义方式等价。

int a[2][3]={1,2,3,4,5,6};
int a[ ][3]={1,2,3,4,5,6};

在分行定义时，也可以只对部分元素赋初值而省略第一维的下标。例如：

int a[ ][4]={{1,2},{},{3,4,5}}

该数组表示 3 行 4 列的整型数组，等价于下面的定义：

int a[3][4]={{1,2,0,0},{0,0,0,0},{3,4,5,0}}

3. 二维数组的引用

二维数组元素的引用格式如下：

数组名[行下标表达式][列下标表达式]；

其中：

- 对数组名以及行、列下标表达式的要求和一维数组一致。
- 行、列下标的值同样是从 0 开始，$a[m][n]$ 表示数组的第 $m+1$ 行、第 $n+1$ 列的元素。

数组元素如果定义数组 $a[m][n]$，即数组第一维大小为 n，第二维大小为 m。$a[i][j]$ 的排列位置与在内存中的地址计算公式如下：

$a[i][j]$ 的排列位置＝第一维大小 $n*i+j+1$；

$a[i][j]$ 的地址＝a 的起始地址＋（第一维大小 $n*i+j$）* sizeof(数据类型)

例如，有一个数组 $a[3][4]$

$$a_{00} \quad a_{01} \quad a_{02} \quad a_{03}$$
$$a_{10} \quad a_{11} \quad a_{12} \quad a_{13}$$
$$a_{20} \quad a_{21} \quad a_{22} \quad a_{23}$$

a_{21} 元素在数组中的位置是 $2*4+1+1=10$。即它在数组中是第 10 个元素。对一个 a_{ij}

元素(在 C++ 语言中表示为 $a[i][j]$),在它前面有 i 行(对 a_{21} 来说它前面有两个整行),这 i 行共有 $i*n$ 个元素。在 a_{ij} 所在行中,a_{ij} 前面还有 j 个元素,因此在数组 a 中 a_{ij} 前面共有 $(i*n+j)$ 个元素。那么 a_{ij} 就是第 $(i*n+j)+1$ 个元素。如果顺序号从 0 算起,那么 a_{ij} 在 a 数组中的顺序号计算公式为 $i*n+j$。a_{21} 的顺序号为 $2*4+1=9$。即按从 0 算起,它的顺序号为 9,或者说它前面有 9 个元素。

【例 4-4】 一个班有 5 个学生,已知每个学生有 5 门课的成绩,要求输出平均成绩最高的学生的成绩以及该学生的序号。

解题思路:

- 用二维数组,行代表学生,列代表一门课的成绩。
- 要存放 5 个学生 5 门课的成绩和平均成绩,数组的大小应该是 5×6。

```
/*程序名:exe4_4*/
1.  #include<iostream>
2.  #include<iomanip.h>
3.  using namespace std;
4.  int main()
5.  {
6.      int i,j,max_i;
7.      float sum,max=0;
8.      float s[5][6]={{78,82,93,74,65},{91,82,72,76,67},{100,90,85,72,98},
9.                     {67,89,90,65,78},{77,88,99,45,89},};
10.     for (i=0;i<5;i++)          //求出每个人的平均成绩,放在数组每一行的最后一列
11.     { sum=0;
12.         for (j=0;j<5;j++)
13.         sum=sum+s[i][j];
14.         s[i][5]=sum/5;}
15.     for (i=0;i<5;i++)          //找出最高的平均分和该学生的序号
16.         if (s[i][5]>max)
17.             {max=s[i][5];max_i=i;}
18.     cout<<"stu_order ="<<max_i<<endl;
19.     cout<<setw(8)<<max<<endl;
20.     return 0;}
```

程序输出结果如图 4-5 所示。

程序说明:

- 第 11 行,注意这一行语句的位置,需要放在 for 循环前面,不然每循环一次,sum 都会被赋值为 0,则实现不了累加。

图 4-5 exe4_4 运行结果图

- 第 15~17 行的 for 循环采用"打擂台"的形式求最大值,假设当前存放在 max 里的值为最大值,即为"擂主"。用 for 循环控制下标,将下一个值与其进行比较,若该值大于当前"擂主"则该值成为新的"擂主",存入 max 中;否则"擂主"不变即 max 中的值不变,继续进行下一轮比较。待所有的数比较完成之后,存放在 max 中的值就是所有值中的最大值。

- 第 19 行采用的 setw(int n)函数,在开头也包含了其头文件 ♯include＜iomanip.h＞, 它的作用是实现了对最高平均分的输出宽度的控制。

4.1.3　多维数组

使用二维数组可以实现存储一个班的学生的多门成绩,但如果需要存储高中三年一个班的学生的多门成绩则需要更高维的数组才能解决问题。三维以及高于三维的数组称为多维数组。

同样,三维数组可以看成由二维数组构成的,三维数组是以二维数组为元素的数组。如果将一个二维数组看成一张由行、列组成的表,三维数组则是由一张张表排成的一"本"表,第三维的下标为表的"页"码。同理,一个 $n(n>=3)$ 维数组是以一个 $n-1$ 维数组为元素的数组。只要内存够大,定义多少维的数组没有什么限制。但是一般情况下,使用二维数组就已经能够解决大部分的问题,所以本小节只对多维数组做简单的介绍,有兴趣的读者可以去自行查阅资料。

C++ 支持多维数组。多维数组声明的一般形式如下:

```
type name[size1][size2]...[sizeN];
```

多维数组其本质是数组的数组。

```
int a[3][4];        //大小为 3 的数组,里面的元素是含有 4 个元素的数组
int a1[3][4][5];    //大小为 3 的数组,它的每个元素都是大小为 4 的数组,这些数组里面的元素
                    //是含有 5 个整数的数组
```

多维数组在内存中的排列方式同样是先排低维数组,再由低向高依次排列。以上述三维数组 $A[2][3][4]$ 为例,其排列方式如下:

$$A\begin{cases} A[0]\begin{cases} A[0][0]: a[0][0][0], a[0][0][1], a[0][0][2], a[0][0][3] \\ A[0][1]: a[0][1][0], a[0][1][1], a[0][1][2], a[0][1][3] \\ A[0][2]: a[0][2][0], a[0][2][1], a[0][2][2], a[0][2][3] \end{cases} \\ A[1]\begin{cases} A[1][0]: a[1][0][0], a[1][0][1], a[1][0][2], a[1][0][3] \\ A[1][1]: a[1][1][0], a[1][1][1], a[1][1][2], a[1][1][3] \\ A[1][2]: a[1][2][0], a[1][2][1], a[1][2][2], a[1][2][3] \end{cases} \end{cases}$$

4.1.4　字符数组

数组的数据类型可以是除 void 型之外的任意数据类型,用于存放字符型数据的数组称为字符数组。字符数组和普通数组一样可以分为一维数组和多维数组,前文中叙述的定义以及初始化方式同样适用于字符数组。除此之外,C++ 对字符数组还定义了其他的初始化形式。

1. 字符数组的初始化

1) 用字符进行初始化

因为字符串是由多个字符组成的序列,所以要想存储一个字符串,可以先把它拆成一个个字符,然后分别对这些字符进行存储,即通过字符数组存储。用该方法定义字符数组的方法与定义数值型数组的方法类似,例如:

```
char c1[10];
c[0]='I'; c[1]=' ';c[2]='a';c[3]='m';c[4]=' '; c[5]='h'; c[6]='a';c[7]='p'; c[8]=
'p';c[9]='y';
char c2[ ]={'g','d','l','g','x','y'};
```

字符数组 $c1$ 在内存中的表示形式为:

$c1[0]$	$c1[1]$	$c1[2]$	$c1[3]$	$c1[4]$	$c1[5]$	$c1[6]$	$c1[7]$	$c1[8]$	$c1[9]$
I		a	m		h	a	p	p	y

字符数组 $c2$ 在内存中的表示形式为:

$c2[0]$	$c2[1]$	$c2[2]$	$c2[3]$	$c2[4]$	$c2[5]$
g	d	l	g	x	y

2)用字符串进行初始化

在 C++ 中对于字符串的处理可以通过字符数组实现,采用字符串对字符数组初始化的语法格式如下:

```
数据类型 数组名[常量表达式]={"字符串常量"};
```

其中,利用字符串初始化一维数组时,可以省略花括号{}。例如:

```
char c3[ ]="china";
char c4[ ][3]={"I","love","china"};
```

注意:假如定义了一个字符数组 $a[10]$,表示定义了 10 字节的连续内存空间。

(1) 如果字符串的长度大于 10,那么就存在语法错误。这里需要注意的是,这里指的"字符串的长度"包括最后的\0。也就是说,虽然系统会自动在字符串的结尾加\0,但它不会自动为\0开辟内存空间。所以在定义数组长度时一定要考虑\0。

(2) 如果字符串的长度小于数组的长度,则只将字符串中的字符赋给数组中前面的元素,剩下的内存空间系统会自动用\0填充。

```
char a[10] = "Hello";                          //剩余全用 0 填充
char a[10] = {'H','e','l','l','o','\0'};        //和上面效果一样
char a[10] = {'H','e','l','l','o'};             //和上面效果一样
char a[10] = {0}                               //全部初始化为 0
char a[10] = "Hello, world.\n";                //超出部分丢弃,没有字符串结尾符
char a[] = "Hello, world.\n";                  //sizeof = strlen +1
```

字符数组的初始化与数组的初始化一样,要么定义时初始化,要么定义后初始化。下面用例 4-5 来说明这个问题:

【例 4-5】 演示字符数组初始化,代码如下:

```
/*程序名:exe4_5*/
1.  #include <iostream>
```

```
2.   #include<stdio.h>
3.   using namespace std;
4.   int main()
5.   {
6.       char a[10];                                    //先定义后初始化
7.       a[0] = 'i'; a[1] = ' '; a[2] = 'l'; a[3] = 'o'; a[4] = 'v';
8.                                                      //空格字符的单引号内一定要敲空格
9.       a[5] = 'e'; a[6] = ' '; a[7] = 'y'; a[8] = 'o'; a[9] = 'u';
10.      a[10] = '\0';
11.      char b[] = "i believe you";                    //定义的同时使用字符串初始化
12.      char c[] = {'i', ' ', 'l', 'i', 'k', 'e', ' ', 'y', 'o', 'u','\0'};
13.                                                      //定义的同时使用字符初始化
14.      char d[] = "好好学习,天天向上";
15.      char e[10] = "";
16.      cout<<a;                                        //输出字符串,输出参数必须写数组名
17.      for(int i=0;i<sizeof(b);i++)
18.        cout<<b[i];
19.      cout<<endl;
20.      for(int i=0;<sizeof(c);++)
21.        cout<<c[i];
22.      cout<<endl;
23.      for(int i=0;i<sizeof(d);i++)
24.      cout<<d[i];
25.      cout<<endl;
26.      printf("e = %s\n", e);
27.      return 0;
28.   }
```

程序输出结果如图 4-6 所示。

程序说明：

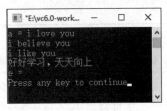

图 4-6　exe4_5 运行结果图

- 第 7 行,数组 a 是先定义后初始化。前文介绍过数组初始化必须逐一赋值,不能整体赋值;但对于字符串,先定义后初始化也可以整体赋值,但是要调用 strcpy 函数。程序中给数组 a 一个一个进行初始化的方式很麻烦。而且这样写需要注意：前面讲过系统会在字符串的最后自动添加结束标识符'\0',但是当一个一个赋值时,系统不会自动添加'\0',必须手动添加。如果忘记添加,虽然语法上没有错误,但是程序将无法达到想要的功能。
- 第 7 行和第 9 行,空格字符必须要在单引号内“敲”一个空格,注意一个单引号内只能放一个字符。
- 第 11 行,数组 b 是定义时初始化。定义时初始化可以整体赋值。定义的同时初始化可以不用指定数组的长度,系统会根据初始化的内容自动分配数量正好的内存空间。而先定义后初始化则必须要指定数组的长度,如数组 a。
- 第 14 行,数组 d 是存储汉字,汉字不能像数组 a 或数组 d 那样分开一个一个赋值。因为一个汉字占 2 字节,若分开赋值,由于一个单引号内只能放一个字符,即 1 个字节,

所以将占 2 字节的汉字放进去就会出错。因此如果用字符数组存储汉字必须整体赋值,即要么定义时初始化,要么调用 strcpy 函数。

- 第 15 行,数组 e 初始化为一对双引号,表示该字符数组中 10 个元素的内容都为 '\0'。第 23 行是采用 C 语言的形式对字符数组进行输出,字符数组与前面讲的数值数组有一个很大的区别,即字符数组可以通过"%s"一次性全部输出,而数值数组只能逐个输出每个元素。下面写一个程序验证一下:

```
#include <stdio.h>
int main(void)
{   char str[3] = "";
    str[2] = 'a';
  cout<<"str="<<str;
return 0;}
```

输出结果是:

```
str =
```

程序中定义了一个长度为 3 的字符数组,然后给第三个元素赋值为 'a',然后将整个字符数组输出。但是输出结果什么都没有,原因就是其直接初始化为一对双引号,此时字符数组中所有元素都是 '\0'。所以虽然第三个元素为 'a',但因为第一个元素为 '\0',而 '\0' 是字符串的结束标识符,所以无法输出。需要注意的是,使用此种初始化方式时一定要指定数组的长度,否则默认数组长度为 1。

2. 字符数组的使用

字符数组和一般数组一样,可以通过数组名以及下标的方式实现对字符数组元素的引用。为了方便对字符数组的处理,C++ 提供了许多专门处理字符和字符串的函数,如表 4-1 所示。

表 4-1　常用字符与字符串处理函数

函 数 形 式	功　　能	头文件
gets(字符数组)	从终端输入一个字符串到字符数组	Cstring
puts(字符数组)	将一个字符串(以'\0'结束的字符序列)输出到终端	
strcat(字符数组 1,字符数组 2)	连接两个字符数组中的字符串把字符串 2 接到字符串 1 的后面	
strcpy(字符数组 1,字符串 2)	将字符串 2 复制到字符数组 1 中	
strcmp(字符串 1,字符串 2)	比较串 1 和串 2。若串 1=串 2,则函数值为 0;若串 1>串 2,则函数值为一个正整数;若串 1<串 2,则函数值为一个负整数	
strlen(字符数组)	测试字符串长度	
strlwr(字符串)	将字符串中大写字母换成小写字母	
strupr(字符串)	将字符串中小写字母换成大写字母	
toupper(字符串)	将小写字符转换成大写字符	Ctype
tolower(字符串)	将大写字符转换成小写字符	

【例 4-6】 有 3 个字符串,要求找出其中"最大"者。

解题思路:

- 按英文字典的排列,后面出现的串大。
- 要求处理 3 个字符串,需要定义一个二维的字符数组。
- 假定每个字符串不超过 19 个字符,则可定义二维的大小为 3×20,可以把 str[0]、str[1]、str[2]看作 3 个一维字符数组,它们各有 20 个元素,可以把它们看作一维数组来处理。

```
/*程序名:exe4_6*/
1.  #include<iostream>
2.  #include<Cstring>
3.  void main ( )
4.  {   char string[20],str[3][20];
5.      int i;
6.      for (i=0;i<3;i++)
7.        gets (str[i]);
8.      if (strcmp(str[0],str[1])>0)
9.        strcpy(string,str[0]);
10.     else
11.       strcpy(string,str[1]);
12.     if (strcmp(str[2],string)>0)
13.       strcpy(string,str[2]);
14.     cout<<"The largest string is:";
15.     for(i=0;i<20;i++)
16.       cout<<string[i];
17. }
```

程序输出结果如图 4-7 所示。

4.1.5 数组与函数

先来看一段代码:

图 4-7 exe4_6 运行结果图

```
#include<iostream>
using namespace std;
int GetSize(int data[]) {
    return sizeof(data);
}
int main() {
    int data1[] = {1,2,3,4,5};
    int size1 = sizeof(data1);
    int * data2 = data1;
    int size2 = sizeof(data2);
    int size3 = GetSize(data1);
    cout<<size1<<" "<<size2<<" "<<size3<<endl;
    return 0;
}
```

运行结果如图 4-8 所示。

data1 是一个数组，sizeof(data1)是求数组的大小。这个数组包含 5 个整数，每个整数占 4 字节，因为总共是 20 字节。data2 声明为指针，尽管它指向了数组 data1，对任意指针求 sizeof，得到的结果都是 4。在 C/C++ 中，

图 4-8 运行结果图

当数组作为函数的参数进行传递时，数组就自动退化为同类型的指针。因此尽管函数 GetSize 的参数 data 被声明为数组，但它会退化为指针，size3 的结果仍然是 4。即 sizeof(指针) = 4，sizeof(指针数组) = 4 * 数级长度。

在将数组运用到函数时，先要了解数组的两个特殊性质。

（1）不允许复制和赋值。不能将数组的内容复制给其他数组作为其初始值，也不能用数组为其他数组赋值。

```
int a[] = {0,1,2};            //含有三个整数的数组
int s2[] = a;                 //错误:不允许使用一个数组初始化另一个数组
a2 = a;                       //错误:不能把一个数组直接赋值给另一个数组
```

（2）使用数组时通常将其转化成指针。在 C++ 语言中，指针和数组有非常紧密的联系。使用数组时编译器一般会把它转换成指针。

通常情况下，使用取地址符来获取指向某个对象的指针，取地址符也可以用于任何对象。数组的元素也是对象，对数组使用下标运算符得到该数组指定位置的元素。因此像其他对象一样，对数组的元素使用取地址符就能得到指向该元素的指针：

```
string nums[] = {"one", "two", "three"};    //数组元素是 string 对象
string * p = &nums[0];                       //p 指向 nums 的第一个元素
```

然而，数组还有一个特性：在很多用到数组名字的地方，编译器都会自动地将其替换为一个指向数组首元素的指针：

```
string * p2 = nums;                          //等价于 p2 = &nums[0]
```

在大多数表达式中，使用数组类型的对象其实是使用一个指向该数组首元素的指针。数组的两个特殊性质对定义和使用作用在数组上的函数有影响。因为不能复制数组，所以无法以值传递的方式使用数组参数。因为数组会被转换成指针，所以当为函数传递一个数组时，实际上传递的是指向数组首元素的指针。尽管不能以值传递的方式传递数组，但是可以把形参写成类似数组的形式：

```
//尽管形式不同,但这三个 print 函数是等价的
//每个函数都有一个 const int * 类型的形参
void print(const int *);
void print(const int[]);              //这里的维度表示期望数组含有多少元素,实际不一定
void print(const int[10]);
```

尽管表现形式不同，但上面的三个函数是等价的：每个函数的唯一形式都是 const int * 类型的。当编译器处理对 print 函数的调用时，只检查传入的参数是否是 const int * 类型：

```
int i=0,j[2] = {0,1};
print(&i);                      //正确:&i 的类型是 int *
print(j);                       //正确:j 转换成 int * 并指向 j[0]
```

如果传给 print 函数的是一个数组,则实参自动地转换成指向数组首元素的指针,数组的大小对函数的调用没有影响。和其他使用数组的代码一样,以数组作为形参的函数也必须确保使用数组时不会越界。

【例 4-7】 有两个班,学生数不同。编写一个函数,用来分别求各班的平均成绩。

解题思路:问题的关键是用同一个函数求不同人数的班级平均成绩,在定义形参时不指定大小,函数对不同人数的班级都是适用。由于数组名传递的是数组首地址,可以利用同一个函数求人数不同的班平均成绩,在定义 average 函数时,增加一个参数 n,用来指定当前班级的人数。

```
/*程序名:exe4_7*/
1.  #include <iostream>
2.  #include<stdio.h>
3.  using namespace std;
4.  void main()
5.  { float average(float array[ ],int n);
6.      float score_1[5]={98.5,97,91.5,60,55};
7.      float score_2[10]={67.5,89.5,99,69.5,77,89.5,76.5,54,60,99.5};
8.      cout<<sewt(6)<<average(score_1,5)<<endl;
9.      cout<<average(score_2,10)<<endl;
10. }
11. float average(float array[ ],int n)
12. {    int i;
13.     float aver,sum=array[0];
14.     for(i=1;i<n;i++)
15.         sum=sum+array[i];
16.     aver=sum/n;
17.     return(aver);
18. }
```

程序输出结果如图 4-9 所示。
程序说明:

- 第 11 行,当数组作为形参时,函数调用时传递的是地址值,这时形式参数中数组的大小没有意义,可以不写。因为形参中数组的元素没有给定,在

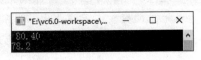

图 4-9 exe4_7 运行结果图

函数体中不知道对哪个范围的元素进行操作,因此还需要添加一个参数 n 来指明存取范围,显然,参数 n 不能大于传递过来的实际数组中的元素个数。
- 使用数组名传递地址时,虽然传递的是地址值,但是要保证形参和实参的地址类型,也就是数组类型要一致。

4.2 指　针

指针是 C++ 的主要难点之一,也是 C++ 语言最重要的特性之一。指针(pointer)是编程语言中的一个对象,利用地址,它的值直接指向存在计算机存储器中另一个地方的值。由于通过地址能找到所需的变量单元,可以说,地址指向该变量单元。

正确的使用指针可以:①为函数提供修改调用变元的灵活手段;②支持 C++ 动态分配子程序;③可以改善某些子程序的效率,在数据传递时,如果数据块较大(比如数据缓冲区或比较大的结构),这时就可以使用指针传递地址而不是实际数据,既提高传输速度,又节省大量内存;④为动态数据结构(如二叉树、链表)提供支持。所以指针可以方便而灵活地组织和表示复杂的数据,但是指针也是初学者最容易产生困惑的知识点,也是最容易出现问题并导致程序出错的原因之一。

4.2.1　指针的定义与使用

1. 指针的概念

这里面首先涉及变量和地址的概念。如图 4-3 所示,定义变量之后会给每个变量分配内存空间。内存是一个存放数据的空间,可以把它想象成电影院的座位,电影院中的每个座位都要编号,而内存要存放各种各样的数据,当然要知道这些数据存放在什么位置,所以内存也要和座位一样进行编号,这就是所说的内存编址。座位可以是遵循"一个座位对应一个号码"的原则,从"第 1 号"开始编号。而内存则是按一个字节接着一个字节的次序进行编址,每个字节都有个编号,称为内存地址。

由于人们并不关心实际地址,而是关心每个地址里面存放的值,所以一般利用变量名来存取该变量的内容。如果需要知道实际地址,可以使用取地址运算符来实现,例如,&i 代表取 i 变量所在的地址编号。

地址又如何存放呢?其实指针就像是其他变量一样,所不同的是一般的变量包含的是实际的真实的数据,而指针包含的是一个指向内存中某个位置的地址。有时常把指针变量、地址、地址变量统称为指针。

> **注意**:一定要区分"指针"和"指针变量"这两个概念。指针是一个地址,而指针变量是存放地址的变量。习惯上也将"指针变量"简称为"指针",但一定要明白这两个指针的区别。一个是真正的指针,它的本质是地址;而另一个是指针变量的简称。

2. 指针变量的定义

C++ 规定所有变量在使用前必须先定义,指定其类型,并按此分配内存单元。指针变量不同于整型变量和其他类型的变量,它是专门用来存放地址的,所以必须将它定义为"指针类型"。指针变量定义的一般形式为

```
数据类型 *指针变量名;
```

例如:

```
int *i;                    //定义了一个 int 型的指针变量 i
float *j;                  //定义了一个 float 型的指针变量 j
sizeof(i)=sizeof(j)=4;
```

其中：
- `*` 表示该变量的类型为指针类型。指针变量名为 i 和 j，而不是 $*i$ 和 $*j$。
- 数据类型可以是基本数据类型，也可以是构造数据类型以及 void 类型。
- 在定义指针变量时必须指定其数据类型。指针变量的数据类型是用来指定该指针变量可以指向的变量的类型。换句话说，数据类型就表示指针变量里面所存放的"变量的地址"所指向的变量可以是什么类型的。以 `int *i;` 为例，`*` 表示这个变量是一个指针变量，而 int 表示这个变量只能存放 int 型变量的地址。

因为不同类型的数据在内存中所占的字节数是不同的，比如 int 型数据占 4 字节，char 型数据占 1 字节。而每个字节都有一个地址，比如一个 int 型数据占 4 字节，就有 4 个地址。在这 4 个地址指针变量里面保存的是它所指向的变量的第一个字节的地址，即首地址。因此通过所指向变量的首地址和该变量的类型就能知道该变量的所有信息。

地址也是可以进行运算的，后面会学到指针的运算。

3. 指针的初始化与赋值

定义了指针之后，则得到了一个可以存放地址的指针变量。若在定义之后没有对指针赋值，那么此时系统会随机给指针变量分配地址值，随机的地址值则会指向不确定的内存空间，盲目地访问可能会对系统造成很大的危害。给指针变量赋值的形式有以下两种：

```
数据类型  *指针变量名=初始地址表达式;
指针变量名 = 地址表达式;
```

前者是在定义变量的同时进行变量的赋值，初始地址值可以是地址常量、地址表达式、指针变量表达式。后者是在定义变量后，使用赋值语句给指针变量赋值。

对指针进行初始化时有以下几种常用方式。

(1) 采用 NULL 或空指针常量，如 int `*` p ＝ NULL；或 char `*` p ＝ 2－2；或 float `*` p ＝ 0。

(2) 取一个对象的地址然后赋给一个指针，如 int i ＝3；　int `*` ip ＝ &i。

(3) 将一个指针常量赋给一个指针，如 long `*` p ＝ (long `*`)0xfffffff0。

(4) 将一个指针的地址赋给一个指针，如 int i ＝3；　int `*` ip ＝ &i；int `**` pp ＝ &ip。

(5) 将一个字符串常量赋给一个字符指针，如 char `*` cp ＝ "abcdefg"。

对指针进行初始化或赋值的实质是将一个地址或同类型（或相兼容的类型）的指针赋给它，而不管这个地址是怎么取得的。

> **注意**：对于一个不确定要指向何种类型的指针，在定义它之后最好把它初始化为 NULL，并在解引用这个指针时对它进行检验，防止解引用空指针。另外，为程序中给任何新创建的变量提供一个合法的初始值是一个好习惯，它可以帮你避免一些不必要的麻烦。

(1) 在初始化时要注意：指针初始化时，"＝"的右操作数必须为内存中数据的地址，不可以是变量，也不可以直接用整型地址值（但是 int `*` p＝0;除外，该语句表示指针为空）。此时，

*p 只是表示定义的是个指针变量,并没有间接取值的意思。例如:

```
int a = 25;
int *ptr = &a;
int b[10];
int *point = b;
int *p = &b[0];
```

如果:

```
int   *p;
*p = 7;
```

则编译器(vs2008)会提示 The variable 'p' is being used without being initialized. 即使用了未初始化的变量 p。因为 p 是指向 7 所在的地址,*p=7 给 p 所指向的内存赋值,p 没有赋值,所以 p 所指向的内存位置是随机的,没有初始化的。

```
int k;
int *p;
p = &k;                              //给 p 赋值
*p = 7;                              //给 p 所指向的内存赋值,即 k= 7
```

(2) 在进行赋值时要注意:

```
int *p;
int a;
int b[1];
p = &a;
p = b;
```

指针的赋值,=的左操作数可以是 *p,也可以是 p。当=的左操作数是 *p 时,改变的是 p 所指向的地址存放的数据;当=的左操作数是 p 时,改变的是 p 所指向的地址。数组的变量名 b 表示该数组的首地址,因此 p=b;也是正确的。

同类型的指针赋值:

```
int val1 = 18,val2 = 19;
int *p1,*p2;
p1 = &val1;
p2 = &val2;
p1 = p2;       //p1 指向了 val2,而没有指向 val1,此时只是改变了指针 p1 的指向,而没有改变
               //val1 的值
```

注意:字符串与指针的初始化和赋值。

初始化:

```
char *cp = "abcdefg"; //初始化过程,是将指针 cp 指向字符串的首地址,而并不是传递字符串的值
```

赋值:

```
cp = "abcdefg";
*cp="abcdefg";        //错误,字符串常量传递的是它的首地址,不可以通过*cp修改该字符串的值
```

注意:
- 同类型直接赋值,异类型要进行转换。
- 强制转换:可以把表达式结果硬性转换为指定类型。

```
char *p;(int *)p;
```

把 p 强制转换为 int 型,记住转换过程中要注意两个类型的大小,大转小时可能会有数据丢失(如 int 到 double)。

void * 类型可以存储任何类型的地址,反之,将一个 void * 类型的地址赋给非 void * 类型的指针变量时需要强制转换。

```
void a;                   //错误,不能定义 void 类型的变量
void *ip;                 //定义 void 类型的指针
int *vp,i;
ip=&I;                    //void 类型指针指向整型变量
vp=(int *)ip;             //类型强制转换,void 类型地址赋值给整型指针
```

4. 指针的运算

指针是一个用数值表示的地址。因此,可以对指针进行四种算术运算:＋＋、－－、＋、－。假设 ptr 是一个指向地址 1000 的整型指针,是一个 32 位的整数,对该指针执行下列的算术运算:

```
ptr++;
```

在执行完上述的运算之后,ptr 将指向位置 1004,因为 ptr 每增加一次,它都将指向下一个整数位置,即当前位置往后移 4 字节。这个运算会在不影响内存位置中实际值的情况下,移动指针到下一个内存位置。如果 ptr 指向一个地址为 1000 的字符类型,上面的运算会导致指针指向位置 1001,因为下一个字符位置是在 1001。增加一次具体增加多少字节取决于指针所指向的数据的类型。

1) 递增一个指针

在程序中可以使用指针代替数组,因为变量指针可以递增,而数组不能递增,因为数组是一个常量指针。下面的程序递增变量指针,以便顺序访问数组中的每一个元素。

【例 4-8】 演示指针加法运算,代码如下:

```
/*程序名:exe4_8*/
#include <iostream>
using namespace std;
const int MAX = 3;
int main ()
{   int var[MAX] = {10, 100, 200};
```

```
    int *ptr;                              //指针中的数组地址
    ptr = var;
    for (int i = 0; i <MAX; i++)
    {   cout <<"Address of var[" <<i <<"] = ";
        cout <<ptr <<endl;
        cout <<"Value of var[" <<i <<"] = ";
        cout << *ptr <<endl;               //移动到下一个位置
        ptr++;                             //或者写成 prt=prt+1;
    }
    return 0;
}
```

程序输出结果如图 4-10 所示。

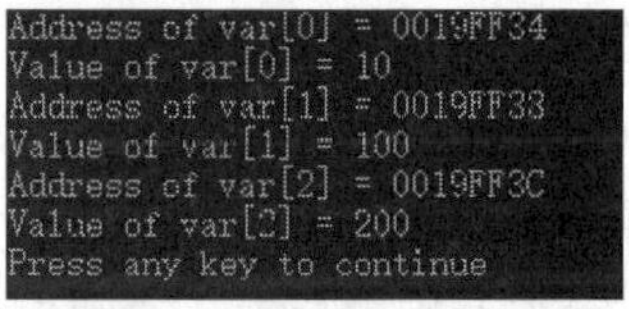

2）递减一个指针

同样地，对指针进行递减运算，即把值减去其数据类型的
字节数。

【例 4-9】 演示指针减法运算，代码如下：

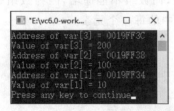
图 4-10   exe4_8 运行结果图

```
/*程序名:exe4_9*/
#include <iostream>
using namespace std;
const int MAX = 3;
int main()
{   int var[MAX] = {10, 100, 200};
    int *ptr;                              //指针中最后一个元素的地址
    ptr = &var[MAX-1];
    for (int i = MAX; i >0; i--)
    {   cout <<"Address of var[" <<i <<"] = ";
        cout <<ptr <<endl;
        cout <<"Value of var[" <<i <<"] = ";
        cout << *ptr <<endl;               //移动到下一个位置
        ptr--;                             //或者写成 prt=prt-1;
    }
        return 0;
}
```

程序输出结果如图 4-11 所示。

3）指针的比较

指针可以用关系运算符进行比较，如＝＝、＜和＞。如果
$p1$ 和 $p2$ 指向两个相关的变量，比如同一个数组中的不同元
素，则可对 $p1$ 和 $p2$ 进行大小比较。

图 4-11   exe4_9 运行结果图

【例 4-10】 下面的程序修改了例 4-9，只要变量指针所指
向的地址小于或等于数组的最后一个元素的地址 ＆var
[MAX－1]，则把变量指针进行递增，代码如下：

```
/*程序名:exe4_10*/
#include <iostream>
using namespace std;
const int MAX = 3;
int main ()
{   int var[MAX] = {10, 100, 200};
    int * ptr;                                  //指针中第一个元素的地址
    ptr = var;
    int i = 0;
    while ( ptr <= &var[MAX -1] )                //指针比较
    {   cout <<"Address of var[" <<i <<"] = ";
        cout <<ptr <<endl;
        cout <<"Value of var[" <<i <<"] = ";
        cout << * ptr <<endl;                    //指向上一个位置
        ptr++;
        i++;
}
    return 0;
}
```

程序输出结果如图 4-12 所示。

4)运算符 & 和 *

这里 & 是取地址运算符,* 是指针运算符。&*a* 的运算结果是一个指针,指针所指向的地址即 *a* 的地址。* *p* 的运算结果是 *p* 所指向的内容,它的类型是 *p* 指向的类型,它所占用的地址是 *p* 所指向的地址。

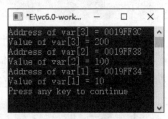

图 4-12　exe4_10 运行结果图

```
int a=12, b, * p;
p=&a;       //&a 的结果是一个指针,类型是 int *,指向的类型是 int,指向的地址是 a 的地址
* p=24;     //* p 的结果,在这里它的类型是 int,它所占用的地址是 p 所指向的地址,显然,
            //* p 就是变量 a
```

4.2.2　指针与字符串

指针变量的数据类型可以是包括 void 型的任意数据类型,其中字符型指针用于存放字符型变量的地址,而字符串可以以字符数组的形式在内存中存储。若一个字符型指针存储量字符数组的第一个元素的地址,也就等同于存储了字符串的地址,但两者之间还是有区别的。

字符串的表示形式有数组形式和字符指针形式两种。

数组形式:

```
char string[] = "hello world";     //栈(局部)
```

字符指针形式:

```
char * str = "hello world";        //文字常量区
```

这两种字符串的表示形式大不相同。下面以数字形式字符串 char string[] = "hello world";与指针形式字符串 char * str = "hello world";为例。

(1) 存储方式：①字符数组由若干元素组成，每个元素存放一个字符；②字符指针变量只存放字符串的首地址，不是整个字符串。

(2) 存储位置：①数组是在内存中开辟了一段空间存放字符串；②字符指针是在文字常量区开辟了一段空间存放字符串，将字符串的首地址赋给指针变量 str。

(3) 赋值方式：对于数组，下面的赋值方式是错误的：

```
char str[10];str="hello";
```

而对字符指针变量，可以采用以下方法赋值：

```
char * a;a="hello";
```

(4) 可否被修改。

① 指针变量指向的字符串内容不能被修改，但指针变量的值（即存放的地址或者指向）是可以被修改的。

```
char *p = "hello";        //字符指针指向字符串常量
*p = 'a';                 //错误,常量不能被修改,即指针变量指向的字符串内容不能被修改
```

说明：定义一个字符指针指向字符串常量"hello"，修改指针变量指向的字符串的内容，即 $*p = 'a'$，发生错误，指针变量指向字符串常量，而常量字符串储存在文字常量区。文字常量区中的内容为只读内容，不能被修改，即指针变量指向的字符串内容不能被修改。

```
char *p = "hello";            //字符指针指向字符串常量
char ch = 'a';p = &ch;        //指针变量指向可以改变
```

说明：定义一个字符指针指向字符串常量"hello"，同时定义一个字符变量 ch，改变指针变量的指向，即让 p 指向字符变量 ch，这样是可以的，即指针变量的指向是可以改变的。

② 字符串数组内容可以被修改，但字符串数组名所代表的字符串首地址不能被修改。下面的例子定义了一个数组 str，编译器在编译时为它分配内存单元，有确定的地址，此例子中为 0X0034FDCC。给 str 赋不同的值，字符串数组名所代表的字符串首地址没有改变，一直为 0019FF34。

【例 4-11】 下面的程序演示字符串数组内容可以被修改，但字符串数组名所代表的字符串首地址不能被修改。

```
/*程序名:exe4_11*/
#include <iostream>
#include<Cstring>
using namespace std;
const int MAX = 3;
int main()
{   char str[10]=" ";
```

```
    cout<<"str addr is\t"<<&str<<","<<"str is\t"<<str<<endl;
    strcpy(str,"c++");
    cout<<"str addr is\t"<<&str<<","<<"str is\t"<<str<<endl;
    strcpy(str,"gdlgxy");
    cout<<"str addr is\t"<<&str<<","<<"str is\t"<<str<<endl;
    return 0;
}
```

程序输出结果如图 4-13 所示。

程序说明：初始化定义了一个数组，在编译时为它分配内存单元，它有确定的地址；而在定义一个字符指针变量时，最好将其初始化，否则指针变量的值会指向一个不确定的内存段，将会破坏程序。以下方式是允许的：

图 4-13　exe4_11 运行结果图

```
char str[10];
strcpy(str,"hello")
```

以下方式不推荐使用：

```
char *p;                          //指针变量未初始化,指向一个不确定的内存段
strcpy(str,"hello");
```

以下方式推荐使用：

```
char *p = NULL;
p = (char *)malloc(10);
strcpy(str,"hello");
```

4.2.3　指针与数组

1. 使用指针操作符 * 存取数组

在 C++ 中，由于数组是按照下标顺序连续在内存中存放的，而指针的加减运算的特点使指针操作特别符合处理存储在一段连续内存空间中的同类型数据。这样使用指针操作对数组及其元素来进行操作就十分方便。数组的数组名其实可以看作一个指针，就一维数组而言：

```
int array[10]={0,1,2,3,4,5,6,7,8,9},value;
value=array[0];                   //也可写成:value= * array;
value=array[3];                   //也可写成:value= * (array+3);
value=array[4];                   //也可写成:value= * (array+4);
```

其中，数组名 array 代表数组本身，类型是 int[10]，但如果把 array 看作指针，它指向数组的第 0 个单元，类型是 int * 所指向的类型是数组单元的类型即 int。因此 * array 等于 0。同理，array＋3 是一个指向数组第 3 个单元的指针，所以 * (array＋3)等于 3。其他以此类推。也就是存取数组 array[i]元素的等效方式为 * (array＋i)。

下面总结数组的数组名(数组中储存的也是数组)的问题。

声明了一个数组 TYPE array[n],则数组名 array 就有了以下两重含义。

- 它代表整个数组,它的类型是 TYPE[n]。
- 它是一个常量指针,该指针的类型是 TYPE * ,该指针指向的类型是 TYPE,也就是数组单元的类型。该指针指向的内存区就是数组第 0 号单元,该指针自己占有单独的内存区,注意它和数组第 0 号单元占据的内存区是不同的。该指针的值是不能修改的,即类似 array++的表达式是错误的。

在不同的表达式中数组名 array 可以扮演不同的角色。在表达式 sizeof(array)中,数组名 array 代表数组本身,故这时 sizeof 函数测出的是整个数组的大小。在表达式 * array 中,array 扮演的是指针,因此这个表达式的结果就是数组第 0 号单元的值。sizeof(* array)测出的是数组单元的大小。表达式 array+n(其中 n=0,1,2,...)中,array 扮演的是指针,故 array+n 的结果是一个指针,它的类型是 TYPE * ,它指向的类型是 TYPE,它指向数组第 n 号单元。故 sizeof(array+n)测出的是指针类型的大小,在 32 位程序中结果是 4。

2. 指针数组

指针数组的本质是数组,数组中每一个成员都是同一类型的指针变量。定义一维指针数组的语法形式如下:

```
数据类型    * 数组名[下标表达式];
```

例如:

```
char * pArray[10];
```

由于运算符[]的优先级高于 * ,pArray 先与[]结合,构成一个数组的定义;char * 修饰的是数组的内容,即数组的每个元素。该指针数组在内存中如图 4-14 所示。

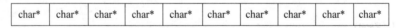

| char* | char* | char* | char* | char* | char* | char* | char* | char* | char* |

图 4-14　指针数组在内存中的图示

指针数组常被用来存储若干个字符串,由于每行字符串的长度不一样,如果用二维字符数组存储将会浪费空间,例如:

```
char * str[3]={
    "Hello,thisisasample!",
    "Hi,goodmorning.",
    "Helloworld"
};
char s[80];
strcpy(s,str[0]);                         //也可写成 strcpy(s, * str);
strcpy(s,str[1]);                         //也可写成 strcpy(s, * (str+1));
strcpy(s,str[2]);                         //也可写成 strcpy(s, * (str+2));
```

其中,str 是一个有三个元素的数组,该数组的每个元素都是一个指针,这些指针各指向一个字符串。

注意：字符串相当于是一个数组，在内存中以数组的形式储存，只不过字符串是一个数组常量，内容不可改变，且只能是右值。如果看成指针，他即是常量指针，也是指针常量。str+1 也是一个指针，它指向数组的第 1 号单元，它的类型是 char**，它指向的类型是 char * 。* (str+1)也是一个指针，它的类型是 char * ,它所指向的类型是 char,它指向 Hi, goodmorning.的第一个字符 H。

3. 数组指针

数组指针也称行指针，它本质上是一个指针，用来指向数组。定义一维数组指针的语法形式如下：

```
数据类型 (* 指针名) [下标表达式];
```

例如：

```
int (* p) [n];
```

虽然运算符[ ]的优先级高于 * ,但是()优先级高，首先说明 p 是一个指针，指向一个整型的一维数组，这个一维数组的长度是 n,也可以说是 p 的步长。也就是说执行 $p+1$ 时，p 要跨过 n 个整型数据的长度。

```
int array[10];
int (* ptr) [10];
ptr=&array;
```

其中，ptr 是一个指针，它的类型是 int(*)[10],指向的类型是 int[10],用整个数组的首地址来初始化它。在语句 ptr=&array 中，array 代表数组本身。本章提到了函数 sizeof(),在这里 sizeof(指针名称)的结果是指针自身类型的大小。例如：

```
int(* ptr)[10];
```

则在 32 位程序中，有

- sizeof(int(*)[10])==4
- sizeof(int[10])==40
- sizeof(ptr)==4

注意：实际上，不管是什么数据类型，sizeof(对象)测出的都是对象自身的类型的大小，而不是别的什么类型的大小。

【例 4-12】 演示指针数组和数组指针的区别。

```
/* 程序名:exe4_12 */
1.  #include <iostream>
2.  using namespace std;
3.  int main()
4.  {
```

```
5.      int c[4]={1,2,3,4};
6.      int * a[4];                          //指针数组
7.      int (* b)[4];                        //数组指针
8.      b=&c;
9.   //将数组 c 中元素赋给数组 a
10.     for(int i=0;i<4;i++)
11.     {
12.         a[i]=&c[i];
13.     }
14.         cout<< * a[1]<<endl;
15.         cout<<(* b)[2]<<endl;
16.         return 0;
17. }
```

程序输出结果如图 4-15 所示。

程序说明：

图 4-15　exe4_12 运行结果图

- 第 7 行定义了数组指针，该指针指向这个数组的首地址，必须给指针指定一个地址，容易犯错的是：不给 b 地址，直接用 $(*b)[i]=c[i]$ 给数组 b 中元素赋值。这时数组指针不知道指向哪里，调试时可能没错，但运行时肯定出现问题，使用指针时要注意这个问题。
- 第 6 行定义了指针数组 a，数组 a 的元素是指针，实际上 for 循环内已经给数组 a 中元素指定地址了。但若在 for 循环内写 $*a[i]=c[i]$，这同样会出问题。定义了指针一定要知道指针指向哪里，否则很容易出错。

4.2.4　动态内存分配

对于类型相同的大量数据，可以采用数组的形式来存放，它是一种静态内存分配方法，顾名思义，其长度是固定的，由数组定义语句确定。静态内存分配使用的是栈（Stack）空间内存，只需在编程时直接声明即可。静态开辟的内存在栈中开辟，由编译器分配，由系统自动释放。但是很多时候，会浪费大量内存空间，在少数情况下，当定义的数组不够大时，可能引起下标越界错误。

在 C++ 程序中，所有内存需求都是在程序执行之前通过定义所需的变量来确定的。但是可能存在程序的内存需求只能在运行时确定的情况。例如，当需要的内存取决于用户输入。在这些情况下，程序需要动态分配内存，C++ 语言将运算符 new 和 delete 合成在一起。动态内存分配具有以下特点。

- 不需要预先分配内存空间。
- 分配的控件可根据程序需要扩大/缩小。
- 动态内存分配的生存期由程序员自己决定。
- 在堆中开辟，由程序员开辟，由程序员自动释放。

注意：如果没有释放，很容易造成内存溢出。因为 heap 中的内存块是全局的，不会随函数的调用而结束。

1. new 用法

(1) new 运算的过程。当使用关键字 new 在堆上动态创建一个对象时,它实际上做了三件事:获得一块内存空间、调用构造函数、返回正确的指针。如果创建的是简单类型的变量,例如 int 或 float 类型,那么第二步会被省略。

(2) 开辟单变量地址空间。使用 new 运算符时必须已知数据类型,new 运算符会向系统堆申请足够的存储空间。如果申请成功,就返回该内存块的首地址,如果申请不成功,则返回 NULL。其基本语法形式如下:

```
指针变量名=new 类型标识符;
```

或

```
指针变量名=new 类型标识符(初始值);
```

或

```
指针变量名=new 类型标识符 [内存单元个数];
```

其中,格式 1 和格式 2 都是申请分配某一数据类型所占字节数的内存空间;但是格式 2 在内存分配成功后,同时将初值存放到该内存单元中,而格式 1 只是对变量进行申请;而格式 3 可同时分配若干个内存单元,相当于形成一个动态数组。

例如:

```
int * a = new int;              //表示动态分配一个 int
int * pi = new int(1);          //表示动态分配一个 int,初始化为 1
int * pa = new int[1];          //表示动态分配一个数组,数组大小为 1
```

(3) 开辟数组空间。对于数组进行动态分配的格式为:

```
指针变量名=new 类型名[下标表达式];
```

注意:"下标表达式"此时不必是常量表达式,即它的值不必在编译时确定,可以在运行时确定。

例如:

```
int * prt;
prt = new int [3];
```

在这种情况下,系统为 int 类型的三个元素动态分配空间,并返回指向序列的第一个元素的指针,该指针被分配给 prt(指针)。因此,prt 现在指向一个有效的内存块,其中包含三个 int 类型元素的空间(见图 4-16)。

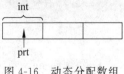

图 4-16　动态分配数组
内存示意图

这里,prt 是一个指针,因此,prt 指向的第一个元素可以使用表达式 prt［0］或表达式 ＊ prt(两者都是等价的)来访问。可以使用 prt［1］或 ＊(prt＋1)访问第二个元素,以此类推。

使用 new 运算符也可以创建多维数组,其语法形式如下:

```
指针变量名=new 类型名[下标表达式 1] [下标表达式 2][...];
```

例如:

```
int * a = new int[100];              //开辟一个大小为 100 的整型一维数组空间
int **a = new int[5][6];             //开辟了一个大小为 30 的整型二维数组空间
```

2. delete 用法

当程序不再需要由 new 分配的内存空间时,可以使用 delete 释放内存空间。delete ［］的方括号中不需要填数组元素数,系统自知;即使写了,编译器也会忽略。其语法形式如下:

(1) 删除单变量地址空间。

```
delete 指针变量名;
```

例如:

```
int * a = new int;
delete a;                            //释放单个 int 的空间
```

(2) 删除数组空间。

```
delete [ ] 指向该数组的指针变量名;
```

例如:

```
int * a = new int[5];
delete []a;                          //释放 int 数组空间
```

注意:
- new 和 delete 都是内建的操作符,使用时需要遵循其语法规则。
- 动态分配失败,则返回一个空指针(NULL),表示发生了异常,堆资源不足,分配失败。
- 指针删除与堆空间释放。删除一个指针 p(delete p;)实际意思是删除了 p 所指的目标(变量或对象等),释放了它所占的堆空间,而不是删除(指针 p 本身,该指针所占内存空间并未释放),释放堆空间后,p 成了空指针。
- new 与 delete 是配对使用的,delete 只能释放堆空间。如果 new 返回的指针值丢失,则所分配的堆空间无法回收,称内存泄漏。同一空间重复释放也是危险的,因为该空间可能已另分配,所以必须妥善保存 new 返回的指针,以保证不发生内存泄漏,也必须保证不会重复释放堆内存空间。
- 要访问 new 所开辟的结构体空间,无法直接通过变量名进行,只能通过赋值的指针进行访问。
- 用 delete 释放了内存之后,立即将指针设置为 NULL,以防产生"野指针"。

【例 4-13】　演示动态分配内存。

```
/ * 程序名:exe4_13 * /
#include<iostream>
#include<stdio.h>
using namespace std;
int main()
{   int *  p = new int;
    * p = 5;
    * p = * p +5;
    cout<<"p = "<<p <<endl;
    cout<<" * p = "<< * p<<endl;
    delete p;
    p = new int[5];
    for(int i=0; i<5; i++)
    {   p[i] = i +1;
        cout<<"p["<<i<<"]=", <<p[i];
    }
    delete[] p;                       //释放 5 个指针
    return 0;
}
```

程序输出结果如图 4-17 所示。

程序说明:

- 程序请求的动态内存由系统从内存堆中分配。但是,计算机内存是一种有限的资源,它可能会耗尽。因此,无法保证所有使用 operator new 分配内存的请求都将由系统授予。

图 4-17　exe4_13 运行结果图

- 常见的内存错误如下。
  - ◆ 若使用未分配成功的内存,此时需要在使用内存之前检查指针是否为 NULL。
  - ◆ 若引用分配成功但尚未初始化的内存,此时需要赋予初值,即便是赋予零值也不可省略。
  - ◆ 若内存分配成功并且已经初始化,但操作越过了内存的边界,此时需要注意下表的使用不能超出边界。
  - ◆ 若忘记释放内存,造成内存泄漏,此时需要申请内存的方式和释放内存的方式需要成双成对。

4.2.5　指针常量和常量指针

指针可以分为指针常量和常量指针,前者的操作对象是指针值(即地址值),是对指针本身的修饰,后者的操作对象是通过指针间接访问的变量的值,是对被指向对象的修饰。

1. 指针常量

指针常量本质是一个常量,而用指针修饰它。指针常量的值是指针,这个值因为是常量,所以不能被赋值。指针是形容词,常量是名词。

在 C/C++ 中,指针常量声明格式如下:

```
数据类型 * const 指针名=变量名;
```

(1) 只要 const 位于指针声明操作符右侧,就表明声明的对象是一个常量,且它的内容是一个指针,也就是一个地址。例如:

```
int a;
int * const b = &a;    //const 放在指针声明操作符的右侧
```

因为指针常量是一个常量,在声明时一定要给它赋初始值。一旦赋值,以后这个常量再也不能指向别的地址。

(2) 虽然指针常量的值不能变,可是它指向的对象是可变的,因为并没有限制它指向的对象是常量。例如:

```
char * a = "abcde1234";
char * b = "bcde";
char * const c = &a;
```

下面的操作是可以的:

```
a[0] = 'x';          //正确,指针常量所指变量的值是可以被修改的
```

或

```
* c[0] = 'x'         //与上面的操作一致
```

【例 4-14】 演示指针常量的使用。

```
/* 程序名:exe4_14 */
1.  #include <iostream>
2.  using namespace std;
3.  int main() {
4.      int i = 10;
5.      int * const p = &i;
6.      cout<< * p<<endl;
7.      //p++;          //错误,因为 p 是 const 指针,因此不能改变 p 指向的内容
8.      ( * p)++;       //正确,指针是常量,指向的地址不可以变化,但是指向的地址所对应的
                        //内容可以变化
9.      cout<< * p<<endl;
10.       return 0;
11. }
```

程序输出结果如图 4-18 所示。

程序说明:第 7 行是一条错误的语句,已经被注释。错误原因是指针常量是个常量指针所保存的地址可以改变,然而指

图 4-18 exe4_14 运行结果图

针所指向的值却不可以改变。

2. 常量指针

常量是形容词,指针是名词,以指针为中心的一个偏正结构短语。这样看,常量指针本质是指针,常量修饰它,表示这个指针乃是一个指向常量的指针(变量)。指针指向的对象是常量,那么这个对象不能被更改。

如果在定义指针变量时在数据类型前面用 const 修饰,则被定义的指针常量就是指向常量的指针变量,其语法格式如下:

```
const 数据类型 * 指针名=变量名;
```

或

```
数据类型 const * 指针名=变量名;
```

例如:

```
const int * p;
int const * p;
```

常量指针的使用要注意,指针指向的对象不能通过这个指针来修改,可是仍然可以通过原来的声明修改,也就是说常量指针可以被赋值为变量的地址。之所以叫作常量指针,是限制了通过这个指针修改变量的值。例如:

```
int a = 5;
const int b = 8;
const int * c = &a;                //这是合法的,非法的是对 c 的使用
* c = 6;                           //非法,但可以这样修改 c 指向的对象的值:a = 6;
const int * d = &b;                //b 是常量,d 可以指向 b,d 被赋值为 b 的地址是合法的
```

在使用字符串处理函数时,它们的参数一般声明为常量指针。例如,字符串比较函数的声明是这样的:

```
int strcmp(const char * str1, const char * str2);
```

可以将一个非常量指针赋值给一个常量指针,这是因为 const 修饰的是指针指向的内容,而不是地址值,以 strcmp 函数为例:

```
char * str1, * str2;
str1 = "abcde1234";
str2 = "bcde";
if(strcmp(str1, str2) == 0)
{cout<<"str1 equals str2.";}
```

虽然常量指针指向的对象不能变化,可是因为常量指针是一个变量,因此,常量指针可以不被赋初始值,且可以被重新赋值。例如:

```
const int a = 12;
const int b = 15;
const int * c = &a;
const int * d;
d = &a;
c = &b;                    //虽然 c 已经被赋予初始值,可是仍然可以指向另一个变量
```

使用时,const 的位置在指针声明运算符 * 的左侧。只要 const 位于 * 的左侧,无论它在类型名的左边或右边,都声明了一个指向常量的指针,叫作常量指针。

【例 4-15】 演示常量指针的使用。

```
/*程序名:exe4_15*/
1.  #include <iostream>
2.  using namespace std;
3.  int main() {
4.      int i = 10;
5.      int i2 = 11;
6.      const int * p = &i;
7.      cout<< * p<<endl;
8.      i = 9;          //正确仍然可以通过原来的声明修改值
9.      //* p = 11;   //错误,* p 是 const int 的,不可修改,即常量指针不可修改其指向地址
10.      p = &i2;   //正确,因为常量指针实质是一个指针,指针是个变量,可以随意指向
11.      cout<< * p<<endl;//11
12.      return 0;
13. }
```

程序输出结果如图 4-19 所示。

程序说明:第 9 行是一条错误的语句,已经被注释。错误原因是定义了一个常量指针后,指向的对象的值是不能被更改的,但指针本身可以改变,指向另外的对象。

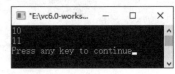

图 4-19　exe4_15 运行结果图

3. 指向常量的指针常量

顾名思义,指向常量的指针常量就是一个常量,且它指向的对象也是一个常量。因为是一个指针常量,那么它指向的对象当然是一个指针对象,而它又指向常量,说明它指向的对象不能变化,故指向常量的指针常量简称为常指针常量。其定义格式如下:

```
const 数据类型 * const 指针名=变量名;
```

或

```
数据类型 const * const 指针名=变量名;
```

例如:

```
const int a = 25;
const int * const b = &a;
```

指针声明操作符左边有一个 const,说明声明的是一个指向常量的指针。指针声明操作符右边有一个 const,说明声明的是一个指针常量。前后都定义成常量了,那么指向的对象不能变,指针常量本身也不能变。下面就用字符指针来举例:

```
char * a = "abcde1234";
const char * b = "bcde";                     //b 是指向常量字符串的指针变量
char * const c = &a;                         //c 是指向字符指针变量的常量
const char * const d = &b;                   //d 是指向字符常量的指针常量
```

其中:

(1) 因为 a 是变量,a 可以赋值为其他值,如"12345abc"。那么 c 指向 a,当 a 变化了,c 仍然指向"abcde1234"。虽然 a 可以指向别的字符串,可是 c 仍然指向"abcde1234",也就是 a 开始指向的对象。

(2) a 是变量,可以改变 a 的内容。当执行了"a[0] = 'x';"后,c 仍指向 a 初始指向的字符。不过,这个字符已经变成了'x'。

(3) b 是指向常量的指针变量,当 b 指向别的字符串,d 仍然指向 b 初始的字符串。

(4) b 可以变化,b 指向的字符不能变化,原则上 b 指向的字符是常量,并没有限制下一个字符,应该可以被赋值。也就是说 b[0] 不能被重新赋值,可是 b[1] 可以被重新赋值。可是当使用字符串进行了初始赋值时,而且编译器是静态编译的,所以 C/C++ 程序就把 b 当作字符串指针来处理了,因此,当对下一个字符进行赋值时,编译不能通过。

【例 4-16】 演示常指针常量的使用。

```
/*程序名:exe4_16*/
1.  #include <iostream>
2.  using namespace std;
3.  int main() {
4.      int i = 10;
5.      const int * const p = &i;       //p 为常指针常量
6.      cout<< * p;
7.      //p++;           //错误,编译器报错提示:increment of read-only variable 'p'
8.      //(* p)++;       //错误,编译器报错提示:increment of read-only location '* p'
9.      i++;             //正确,仍然可以通过原来的声明修改值
10.     cout<< * p<<endl;
11.     return 0;
12. }
```

程序输出结果如图 4-20 所示。

程序说明:

- 指向常量的指针常量首先是一个指针常量,指向的是一个指针对象,地址值不能够改变。且它指向的指针对象且是一个常量,即它指向的对象不能变化。故第 7 行、第 8 行都是错误语句。

图 4-20　exe4_16 运行结果图

- const 是在编译器中实现的,所以使用 const 时更多是传递一种信息,就是告诉编译器,也告诉读程序的人,这个变量是不应该也不必被修改的。

4.2.6 指针与函数

1. 指针作为函数参数

C++ 函数形参与实参数据传递的方式主要有三种：传递值方式、传递地址方式和传递引用方式。如果希望在另外一个函数中修改本函数中变量的值，那么在调用函数时只能传递该变量的地址。如果这个变量是普通变量，那么传递它的地址就可以直接操作该变量的内存空间。地址传递方式和值传递方式相比还有一个好处就是节约内存。传数据复制的是内存单元的数据，如果数据很多，复制过来都要为它们分配内存。而传指针的话只需要传递 4 字节的地址就行了。而且传数据非常消耗效率，为形参分配内存需要时间，复制需要时间，最后结束了返回还是需要时间。所以传数据时很消耗效率，而传指针就是为了提高效率。C++ 的语法对此提供了支持，函数的参数不仅可以是基本类型的变量、对象名和数组名等，也可以是指针。

事实上，在实际编程中都是传递指针。只有满足下面这两个条件时才会直接传递数据而不是传递指针，而且这两个条件缺一不可。

- 数据很小，比如就一个 int 型变量。
- 不需要改变它的值，只是使用它的值。

此外需要注意的是，数组名本身就是地址，所以如果传递数组，直接传递数组名就行了。接收的形参可以定义成数组，也可以定义为同类型的指针。另外，指针能使被调函数返回一个以上的结果。

【例 4-17】 用值传递的形式对两个数据进行交换。

```
/*程序名:exe4_17*/
#include <iostream>
using namespace std;
void Swap(int a, int b);                         //函数声明
int main(void)
{   int i = 3, j = 5;
    cout<<"交换前 i="<<i<<",j="<<j<<endl;
    Swap(i, j);
    cout<<"交换后 i="<<i<<",j="<<j<<endl;
    return 0;
}
void Swap(int a, int b)
{   int buf;
    buf = a;
    a = b;
    b = buf;
    return 0;
}
```

程序输出结果如图 4-21 所示。

程序说明：

- 因为实参和形参之间的传递是单向的，只能由实参向形参传递。被调函数调用完之后

系统为其分配的内存单元都会被释放。所以虽然将 i
和 j 的值传给了 a 和 b，但是交换的仅仅是内存单元 a
和 b 中的数据，对 i 和 j 没有任何影响。所以要想直接
对内存单元进行操控，用指针最直接，指针的功能很
强大。

图 4-21　exe4_17 运行结果图

- 因为 return 语句只能返回一个值，并不能返回两个值，
  所以不能用 return 语句。
- 程序的目的是互换内存单元 i 和内存单元 j 中的数据。而 cout 的功能仅仅是将结果
  输出，并不能改变数据处理的本质，互换的还是单元 a 和单元 b 中的数据，所以也不能
  将 cout 放在被调函数中。

【例 4-18】　用地址传递的形式对两个数据进行交换。

```
/*程序名:exe4_18*/
#include <iostream>
using namespace std;
void Swap(int * p, int * q);                          //函数声明
int main(void)
{   int i = 3, j = 5;
    cout<<"交换前 i="<<i<<",j="<<j<<endl;
    Swap(&i, &j);
    cout<<"交换后 i="<<i<<",j="<<j<<endl;
    return 0;
}
void Swap(int * p, int * q)
{   int buf;
    buf = * p;
    * p = * q;
    * q = buf;
    return 0;
}
```

图 4-22　exe4_18 运行结果图

程序输出结果如图 4-22 所示。

程序说明：

- 此时实参向形参传递的不是变量 i 和 j 的数据，而是变量 i
  和 j 的地址。其实传递指针也是复制传递，只不过它复制的
  不是内存单元中的内容，而是内存单元的地址。复制地址就可以直接对地址所指向的
  内存单元进行操作，即此时被调函数就可以直接对变量 i 和 j 进行操作了。
- 当函数调用完之后，释放的是 p 和 q，不是 i 和 j。p 和 q 中存放的是 i 和 j 的地址。
  所以 p 和 q 被释放之后并不会影响 i 和 j 中的值。

2. 指针作为函数返回值

和别的数据类型一样，指针也能够作为函数的一种返回值类型。把返回指针的函数称为
指针函数。在某些情况下，函数返回指针可以带来方便。而且此时通过间接引用，函数的返回
值还可以作为左值。

使用指针函数和普通数据类型作为返回值相比最大的优点就是前者可以实现在函数调用结束时把大量的数据返回给主调函数,后者只能在调用结束后返回一个值。

【例 4-19】 用指针函数对数组元素进行输出。

```
/*程序名:exe4_19*/
1.  #include<iostream>
2.  using namespace std;
3.  int * f2(int a[],int i);
4.  int main()
5.  {
6.    int a[] = {1,2,3,4,5};
7.    //f2函数返回的是一个指针,需要解引用取内容
8.    cout<< * f2(a,2)<<endl;                          //输出的值为 3
9.    int * n = f2(a,2);
10.    cout<< * n<<endl;                                //输出的值为 3
11.    * f2(a,3) = 14;                                  //* f2(a,3)相当于 a[3];
12.    for(int i=0;i<5;i++)
13.    cout<<a[i]<<" ";
14.    cout<<endl;
15.    return 0;}
16.    int * f2(int a[],int i)
17.    {
18.      return &a[i];
19.    }
20. }
```

程序输出结果如图 4-23 所示。

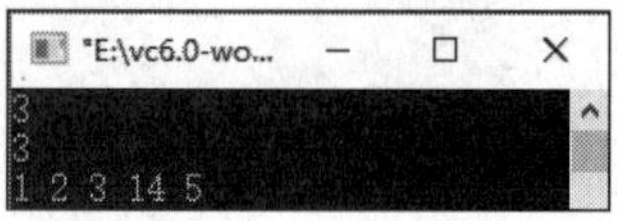

程序说明:

- 第 3 行,是一个函数声明,声明了一个返回值为指针类型的函数,可以通过解引用修改值。

图 4-23 exe4_19 运行结果图

- 第 9 行,f2 返回的是一个指针,也只能赋值给指针类型的变量。

- 第 11 行,通过函数返回的指针地址修改对应的内容。

- 需要注意的是,返回的指针所指向的数据不能够是函数内声明的变量。道理很简单,一个函数一旦运行结束,在函数内声明的变量就会消失。所以指针函数必须返回一个函数结束运行后仍然有效的地址值。

3. 指向函数的指针

指向函数的指针又可称为函数指针。函数具有可赋值给指针的物理内存地址,一个函数的函数名就是一个指针,它指向函数的代码。一个函数的地址是该函数的进入点,也是调用函数的地址。函数的调用可以通过函数名,也可以通过指向函数的指针来调用。函数指针还允许将函数作为变元传递给其他函数。不带括号和变量列表的函数名,这可以表示函数的地址,正如不带下标的数组名可以表示数组的首地址。定义形式如下:

```
类型 (*指针变量名)(参数列表);
```

其中,类型为函数指针所指函数的返回值类型;参数列表则列出了该指针所指函数的形参类型和个数。

例如:

```
int (*p)(int i,int j);
```

p 是一个指针,它指向一个函数,该函数有 2 个整形参数,返回类型为 int。p 首先和 * 结合,表明 p 是一个指针。然后再与()结合,表明它指向的是一个函数。指向函数的指针也称为函数指针。

函数指针和其他变量一样,在使用之前需要进行赋值,函数指针所指向的函数必须已经被定义,且指向的是函数代码的起始地址,其语法形式如下:

```
函数指针名 = 函数名;
```

在赋值之后,就可以通过函数指针直接引用该指针所指向的函数了,即该函数指针可以和函数名一样出现在函数名能出现的任何地方。

调用函数指针所指向的函数有以下两种形式。

(1) 函数名(实参表)。

(2) (*函数指针名)(实参表)。

【例 4-20】 用函数指针实现两个数的比较。

```
/*程序名:exe4_20*/
1.  #include <iostream>
2.  using namespace std;
3.  #define  GET_MAX    0
4.  #define  GET_MIN    1
5.  int get_max(int i,int j)
6.  {    return i>j?i:j;   }
7.  int get_min(int i,int j)
8.  {    return i>j?j:i;   }
9.  Int compare(int I,int j,int flag)
10.     {   int ret;
11.         int (*p)(int,int);
12.         //定义一个函数指针,根据传入的 flag,灵活地决定其是指向求大数或求小数的函数
13.         //便于方便灵活地调用各类函数
14.         if(flag == GET_MAX)
15.             P = get_max;
16.         else
17.             P = get_min;
18.         ret = p(i,j);
19.         return ret;}
20.     int main()
21.     {   int I = 5,j = 10,ret;
22.         ret = compare(i,j,GET_MAX);
```

```
23.        cout<<"The MAX is"<<ret<<endl;
24.        ret = compare(i,j,GET_MIN);
25.        cout<<"The MIN is"<<ret<<endl;
26.        return 0;
27.    }
```

程序输出结果如图 4-24 所示。

【例 4-21】 用函数指针实现两个字符串的比较。

```
/*程序名:exe4_21*/
1.  #include <iostream>
2.  #include <Cstring>
3.  using namespace std;
4.  void check(char * a,char * b,int (* prt)(const char *,const char *));
5.  int main()
6.  {   char s1[80],s2[80];
7.      int (* p)(const char *,const char *);
8.      p=strcmp;          //将库函数 strcmp 的地址赋值给函数指针 p
9.      cout<<"Enter two strings"<<endl;
10.     gets(s1);
11.     gets(s2);
12.     check(s1,s2,p);
13.     return 0; }
14.  void check(char * a,char * b,int (* prt)(const char *,const char *))
15.  {   cout<<"Testing for equality."<<endl;
16.      if((* prt)(a,b)==0)
17.          cout<<"Equal"<<endl;
18.      else
19.          cout<<"Not Equal"<<endl;
20.  }
21. }
```

程序输出结果如图 4-25 所示。

图 4-24   exe4_20 运行结果图

图 4-25   exe4_21 运行结果图

4.3 引　用

4.3.1 引用的定义

引用可以理解成为对象起了另外一个名字,引用了另外一种类型。引用和指针一样可以间接地对变量进行访问,但是引用在使用上比指针更安全。定义引用时,程序把引用和它的初始值绑定在一起,而不是将初始值复制给引用。一旦初始化完成,引用将和它的初始值对象一直绑定在一起,而不是将初始值复制给引用。因为无法令引用重新绑定到另外一个对象,因此引用必须初始化。定义一个引用型变量的语法格式如下:

```
数据类型 & 引用变量名 = 变量名;
```

其中:
- 引用只能在初始化时引用一次,不能改变在引用其他的变量。
- 变量名为已经定义的变量。
- 数据类型必须和引用变量的类型相同。

例如:

```
int a=1;
int &b=a;                              //b 指向 a
int &b;                                //报错,引用必须被初始化
```

b 是一个引用型变量,它被初始化为对整型变量 a 的引用,此时系统没有给 b 分配内存空间,b 与被引用变量 a 具有相同的地址,即两个变量使用的是同一个内存空间,修改两者其中的任意一个的值,另一个值也会随之发生变化。

```
a=5
cout<<b;                               //输出 5
b=10;
cout<<a;                               //输出 10
```

因为引用本身不是一个对象,所以不能定义引用的引用。引用的类型都要和与之绑定的对象严格匹配。而且,引用只能绑定在对象上,而不能与某个表达式的计算结果绑定在一起。

指针和引用作用非常相似,这里来总结一下引用和指针的区别。

(1) 指针是一个变量,只不过这个变量存储的是一个地址,指向内存的一个存储单元;而引用跟原来的变量实质上是同一个东西,只不过是原变量的一个别名而已。例如:

```
int a=1, * p=&a;
int a=1, &b=a;
```

前者定义了一个整型变量和一个指针变量 p,该指针变量指向 a 的存储单元,即 p 的值是 a 存储单元的地址。而下面两句定义了一个整型变量 a 和这个整型 a 的引用 b,事实上 a 和 b 是同一个东西,在内存占有同一个存储单元。

(2) 指针可以有多级,但是引用只能是一级(int **p 合法,而 int &&a 是不合法的)。

(3) 指针的值可以为 NULL,但是引用的值不能为 NULL,并且引用在定义时必须初始化。

(4) 指针的值在初始化后可以改变,即指向其他的存储单元,而引用在进行初始化后就不会再改变了。

(5) "sizeof 引用"得到的是所指向的变量(对象)的大小,而"sizeof 指针"得到的是指针本身的大小。

（6）指针和引用的自增（++）运算意义不一样。

4.3.2 常引用

用 const 声明的引用就是常引用。常引用所引用的对象不能被更改。常见的是常引用作为函数的形参，这样不会发生对实参的误修改。常引用的声明形式如下：

```
const 类型说明符 & 引用名;
```

【例 4-22】 常引用作为函数形参。

```
/ * 程序名:exe4_22 * /
1.   #include "iostream"
2.   using namespace std;
3.   void fun(const double &d);                     //常引用作为函数参数
4.   int main(){
5.       double d = 3.14;
6.       fun(d);
7.       return 0;
8.   }
9.   void fun(const double &d){
10.      //常引用作形参,在函数中不能更新 d 所引用的对象
11.      double i = 6.66;                            //d = i;此处将报错
12.      cout <<"d = " <<d <<endl;
13. }
```

程序输出结果如图 4-26 所示。

程序说明：

* 常引用作为函数形参，保证了不会对实参的值进行误修改。

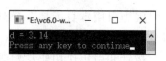

图 4-26　exe4_22 运行结果图

* 第 9 行，定义一个常引用后，就不能通过常引用更改引用的变量的值。例如：

```
int a=100;
const int & b=i;
b=100          //错误
i=200          //正确,可以通过 i 本身修改 i 的值
```

4.3.3 引用与函数

1. 引用作为函数参数

当引用作为函数参数进行传递时，实质上传递的是实参本身，即传递进来的不是实参的一个复制，因此对形参的修改其实是对实参的修改，所以在用引用进行参数传递时，不仅节约时间，而且可以节约空间。比如：

```
#include<iostream>
using namespace std;
void test(int &a)
{   cout<<&a<<" "<<a<<endl;
}
int main(void)
{   int a=1;
    cout<<&a<<" "<<a<<endl;
    test(a);
    system("pause");
    return 0;
}
```

输出结果为：

```
0019FF3C1
0019FF3C1
```

形参是声明的引用,注意这个引用并没有初始化。而在第 12 行调用函数的过程中,实现了引用的初始化,这是传入的实参就是变量,而不是数值,所以做到了真正意义上的"变量传递"。

2. 引用作为函数的返回值

函数返回值为引用型的语法形式如下：

类型 & 函数名(形参列表) { 函数体 }

其中：

- 以引用返回函数值,定义函数时需要在函数名前加 &。
- 用引用返回一个函数值的最大好处是,在内存中不产生被返回值的副本。

引用作为返回值需要注意以下几点。

(1) 不能返回局部变量的引用。主要原因是局部变量会在函数返回后被销毁,因此被返回的引用就成了"无所指"的引用,程序会进入未知状态。

(2) 不能返回函数内部 new 分配的内存的引用。例如,被函数返回的引用只是作为一个临时变量出现,而没有被赋予一个实际的变量,那么这个引用所指向的空间(由 new 分配)就无法释放。

(3) 可以返回类成员的引用,但最好是 const。

【例 4-23】 引用作为函数的返回值实现数组元素的重新赋值。

```
/*程序名:exe4_23*/
1.  #include <iostream>
2.  using namespace std;
3.  double a[] = {10.1, 12.6, 33.1, 24.1, 50.0};
4.  double& set( int i )
5.  {   return a[i];                          //返回第 i 个元素的引用
6.  }
```

```
7.   int main ()
8.   {   cout <<"改变前的值"<<endl;
9.       for ( int i = 0; i <5; i++)
10.      {   cout <<"a[" <<i <<"] = ";
11.          cout <<a[i] <<endl;   }
12.      set(1) = 20.23;                          //改变第2个元素
13.      set(3) = 70.8;                           //改变第4个元素
14.      cout <<"改变后的值"<<endl;
15.      for ( i = 0; i <5; i++)
16.      {   cout <<"a[" <<i <<"] = ";
17.          cout <<a[i] <<endl;   }
18.      return 0;
19. }
```

程序输出结果如图 4-27 所示。

程序说明：

图 4-27   exe4_23 运行结果图

- 尽量不要返回临时变量的引用,如果不是临时变量,则可以用引用返回。因为临时变量出了作用域以后就会销毁,临时变量的引用相当于它的别名,变量销毁了以后,引用就会指向不确定的内存。

- 当返回一个引用时,要注意被引用的对象不能超出作用域。

```
int& func()
{   int q;
    //! return q;                          //在编译时发生错误
    static int x;
    return x;                              //安全,x在函数作用域外依然是有效的
}
```

- 第 12、13 行,可以用函数返回的引用作为赋值表达式中的左值接受右值对象的值。

4.4 枚 举

在现实生活中,有些情况只能取有限几个可能的值,比如一个星期有七天,分别是星期一、星期二……星期日;一年有十二个月,一月、二月……十二月。类似这样的情况的例子可以在计算机中表示成 int、char 等类型的数据,但是这样又很容易和不表示星期或者月份的整数混淆。C++ 中的枚举类型就是专门来解决这类问题的数据类型。

1. 枚举类型的定义

如果一个变量只有几种可能的值,可以定义为枚举(enumeration)类型。枚举类型是 C++ 中的一种派生数据类型,它是由用户定义的若干枚举常量的集合。所谓"枚举",是指将变量的值一一列举出来,变量的值只能在列举出来的值的范围内。声明枚举类型用 enum 开头,其定义的一般形式如下:

```
enum  枚举类型名 {枚举常量1,枚举常量2,…,枚举常量n};
```

其中：
- 关键字 enum——指明其后的标识符是一个枚举类型的名字。
- 枚举常量表——由枚举常量构成。"枚举常量"或称"枚举成员",是以标识符形式表示的整型量,表示枚举类型的取值。枚举常量表列出枚举类型的所有取值,各枚举常量之间以","间隔,且必须各不相同。取值类型与条件表达式相同。
- 枚举元素是常量,不能对它们赋值,例如：

```
enum Weekday {SUN, MON, TUE, WED, THU, FRI, SAT};
```

不能写赋值表达式：

```
SUN = 0
```

- 枚举常量代表该枚举类型的变量可能取的值,编译系统为每个枚举常量指定一个整数值,默认状态下,这个整数就是所列举元素的序号,序号从 0 开始。可以在定义枚举类型时为部分或全部枚举常量指定整数值,在指定值之前的枚举常量仍按默认方式取值,而指定值之后的枚举常量按依次加 1 的原则取值。各枚举常量的值可以重复。例如：

```
enum Weekday{SUN,MON,TUE,WED, THU,FRI,SAT};
```

上面声明了一个枚举类型 Weekday,花括号中 SUM,MON,…,SAT 等称为枚举元素或枚举常量。表示这个类型的变量的值只能是以上 7 个值之一。它们是用户自己定义的标识符。定义了 7 个枚举常量以及枚举类型 Weekday。此时 SUN 的值为 0、MON 的值为 1、…、SAT 的值为 6。
- 也可以在声明时另行指定枚举元素的值,例如：

```
enum Weekday{SUN=7,MON=8,TUE,WED, THU,FRI,SAT};
```

此时 SUN 的值为 7、MON 的值为 8、…、SAT 的值为 13。
2. 枚举变量的使用
定义枚举类型的主要目的是：增加程序的可读性。枚举类型最常见也最有意义的用处之一就是用来描述状态量,定义格式。定义枚举类型之后,就可以定义该枚举类型的变量,定义的方法和其他变量的定义方法一样,例如：

```
enum color{RED, BLUE, WHITE, BLACK};    //定义枚举类型 color
color color1,color2                     //定义了两个枚举类型变量名 color1,color2
```

可以类型与变量同时定义(甚至可以省去类型名),格式如下：

```
enum {Sun,Mon,Tue,Wed,Thu,Fri,Sat} weekday1, weekday2;
```

其中：

- 枚举变量的值只能取枚举常量表中所列的值,就是整型数的一个子集。
- 枚举变量占用内存的大小与整型数相同。
- 枚举变量只能参与赋值和关系运算以及输出操作,参与运算时用其本身的整数值。

例如有如下定义:

```
enum color1 {RED, BLUE, WHITE, BLACK} color1, color2;
enum color { GREEN, RED, YELLOW, WHITE} color3, color4;
```

则允许的赋值操作如下:

```
color3=RED;                      //将枚举常量值赋给枚举变量
color4=color3;                   //相同类型的枚举变量赋值,color4 的值为 RED
int i=color3;                    //将枚举变量赋给整型变量,i 的值为 1
int j=GREEN;                     //将枚举变量赋给整型变量,j 的值为 0
```

- 允许的关系运算有==、<,>、<=,>=、!=等,例如:

```
if (color3==color4) cout<<"相等";  //比较同类型枚举变量 color3,color4 是否相等
cout<<color3<WHITE;                //输出的是变量 color3 与 WHITE 的比较结果,结果为 1
```

- 枚举变量可以直接输出,输出的是变量的整数值。例如:

```
cout<<color3;                    //输出的是 color3 的整数值,即 RED 的整数值 1
```

注意:

- 枚举变量可以直接输出,但不能直接输入。
- 不能直接将常量赋给枚举变量。
- 不同类型的枚举变量之间不能相互赋值。
- 枚举变量的输入/输出一般都采用 switch 语句将其转换为字符或字符串;枚举类型 数据的其他处理也往往应用 switch 语句,以保证程序的合法性和可读性。

- 枚举常量只能以标识符形式表示,而不能是整型、字符型等文字常量。例如,以下定义 非法:

```
enum letter_set {'a','d','F','s','T'};    //枚举常量不能是字符常量
enum year_set{2000,2001,2002,2003,2004,2005};  //枚举常量不能是整型常量
```

【例 4-24】 输入某年某月某日,判断这一天是这一年的第几天。

```
/ * 程序名:exe4_24 * /
1.  #include<stdio.h>
2.  #include<iostream>
3.  using namespace std;
4.  int main()
5.  {   int mon[12] = {31, 28, 31, 30, 31, 30, 31, 31, 30,31, 30, 31};
```

```
6.        int i, year, month, day, sum;
7.        cout<<"请输入年月日,并用空格隔开"<<endl;
8.        while(scanf("%d %d %d", &year, &month, &day)==3)
9.        {   sum=0;
10.          for(i=0; i<month-1; i++)          //计算本月之前一共有多少天
11.              {sum += mon[i];}
12.          sum += day;                        //加上本月到今天的天数
13.          if(((year%4==0)||(year%100==0 && year%400!=0)) && month>=3)
                                                //如果是闰年,且计算的月份大于等于3,则多加1天
14.              {sum++;}
15.          cout<<"今天是今年的第"<<sum<<"天!";}
16.      return 0;
17. }
```

程序输出结果如图 4-28 所示。

程序说明：

图 4-28　exe4_24 运行结果图

- 例题中的代码没有验证输入数据的正确性,比如对 2012、2、30 这些数据没有进行判断。读者可以自己进行一下合法性的判断。

- 第 8 行采用 C 语言的输入语句,因为 scanf 的返回值代表输入数据的个数,这样就可以保证年月日三个数都输入完毕。而 cin 是 C++ 的标准输入流,其本身是一个对象,并不存在返回值的概念。不过经常会有类似于 while(cin>>a)的调用,这里并不是 cin 的返回值,而是>>操作重载函数 istream& operator>>(istream&, T &)的返回值,其中第二个参数由 cin>>后续参数类型决定。其返回值类型为 istream& 类型,大多数情况下其返回值为 cin 本身(非 0 值),只有当遇到 EOF 输入时,返回值为 0。

4.5　结构体与联合

4.5.1　结构体

1. 结构体的定义

聚合数据类型能够同时存储超过一个的单独数据。C++ 提供了两种类型的聚合数据类型,分别是数组和结构体。数组是相同元素的集合,它的每个元素是通过下标引用或指针间接访问的。结构体也是一些值的集合,这些值称为它的成员,但一个结构的成员可能具有不同的类型。数组元素可以通过下标访问,这是因为数组元素长度相同,但在结构体中并非如此,由于每个成员的类型可能不同,那么长度也就可能不同,所以就不能通过下标来访问。但是结构体成员都有自己的名字,他们是通过名字访问的。另外,结构体在表达式中使用时,不能被替换为指针。结构体变量也无法使用下标来选择特定的成员。C++ 的结构体可以包含函数,这样,C++ 的结构体也具有类的功能,与 class 不同的是,结构体包含的函数默认为 public,而不是 private。结构体类型的定义方式如下：

```
struct  结构体类型名
{   数据类型 1   成员名 1;
    数据类型 2   成员名 2;
    ...
    数据类型 n   成员名 n;
}
```

其中：
- struct 是关键字，表示定义的是一个结构体类型。
- 结构体类型名和成员名必须是一个合法的标识符。
- 结构体类型成员不限数量，数据类型可以是基本数据类型，也可以是用户自定义数据类型。

例如：

```
struct A
{   int a;
    char ch;
};
```

定义了一个结构体 A，这个结构体包含了 2 个成员：整型 a、字符 ch。虽然结构体名 A 可以省略，作为匿名结构体类型，但不建议省略。

2. 结构体变量的定义和使用

结构体变量定义与其他类型的定义格式相同，既可以和结构体类型一起定义，也可以先定义结构体类型，在需要使用时再定义结构体变量。

```
struct A
{   int a;
    char ch;
};  //声明时可以没有结构体变量 x,如果有,该变量为全局变量。如果在 main 函数中,就是局部变量
struct A a;
/ * struct A
{   int a;
    char ch;
}a;
* /                                      //两段代码作用相同,都是定义了结构体变量 a
```

结构体变量的初始化方法与数组的初始化方法相似，格式如下：

```
结构体类型名   结构体变量名 ={成员名 1 的值,成员名 2 的值,...,成员名 n 的值};
```

其中：
- 初值表位于一对花括号内部，每个成员值用逗号进行分隔。
- 初始化结构变量时，成员值表中的顺序要和定义时的顺序相同。
- 只有在定义结构变量时才能对结构变量进行整体初始化，在定义了结构体变量后每个成员只能单独初始化。

- 在定义结构类型与变量时不能对成员进行初始化。

访问结构体成员的方式有以下两种。

1）通过“.”操作符访问成员。通过“.”操作符访问成员的格式如下：

```
结构体变量名.成员名;
```

例如：

```
struct stu
{   int x;
    char a[10];
}Stu;
int main( )
{   strcpy(Stu.a,"jiegouti");        //将字符串赋值给结构体变量 Stu 的成员(字符数组 a)
    Stu.x=10;                        //将 10 赋值给结构体变量 Stu 的成员(整型变量 x)
    cout<<s.x<<endl<<s.a<<endl;
    return 0;
}
```

输出结果：

```
jiegouti
10
```

2）通过“－＞”操作符进行访问。通过“－＞”操作符存取结构体变量的格式如下：

```
指向结构体变量的指针名->结构体变量名的成员名;
```

例如：

```
struct stu
{   int x;
    char a[10];
}Stu;
int main( )
{   struct stu * p;                  //定义了一个结构体 stu 的指针变量 p
    p= &Stu;
    strcpy(p->a,"jiegouti");
    p->x=20;
    cout<<p->x<<endl<<p->a;
    return 0;
}
```

输出结果：

```
20
jiegouti
```

4.5.2 联合

联合(union)是一种特殊的类,也是一种构造类型的数据结构,也称为共用体类型。在一个联合类型内可以定义多种不同的数据类型,一个被说明为该"联合"类型的变量中,允许装入该联合类型所定义的任何一种数据,这些数据共享同一段内存以达到节省空间的目的。这是一个非常特殊的地方,也是联合的特征。另外,同 struct 一样,联合默认访问权限也是公有的,并且联合也具有成员函数。

定义联合体的语法形式如下:

```
union 联合类型名
    {   数据类型 1  成员名 1;
        数据类型 2  成员名 2;
        ...
        数据类型 n  成员名 n;
    }
```

例如:

```
union NODE
{
    struct
    {
        union NODE * pLeft;
        union NODE * pRight;
    }
};
```

联合类型与结构体有一些相似之处,但两者有本质上的不同。在结构中各成员有各自的内存空间,一个结构变量的总长度是各成员长度之和(空结构除外,同时不考虑边界调整)。而在联合类型中,各成员共享一段内存空间,一个联合变量的长度等于各成员中最长的长度。需要注意的是,这里所谓的共享不是指把多个成员同时装入一个联合变量内,而是指该联合变量可被赋予任一成员值,但每次只能赋一种值,赋入新值则冲去旧值。结构变量可以作为函数参数,函数也可返回指向结构的指针变量;而联合变量不能作为函数参数,函数也不能返回指向联合的指针变量,但函数可以使用指向联合变量的指针,也可使用联合数组。

注意:
- 联合中的数据共享内存,所以静态变量、引用都不能用,因为他们不可能共享内存。
- 联合里不允许存放带有构造函数、析构函数、复制操作符等的类,因为它们共享内存,编译器无法保证这些对象不被破坏,也无法保证离开时调用析构函数。
- 使用联合可以节省内存空间,但是也有一定的风险,比如通过一个不适当的数据成员获取当前对象的值。

利用联合体实现多个基本数据类型或复合数据结构要占用同一片内存时,或者当多种类型、多个对象、多个事物只取其一时,代码如下:

```
union myun           //定义了一个联合变量 myun
{ struct             //联合变量 myun 中的一个变量是结构体变量 u
  { int x;
    int y;
    int z;
  }u;
    int k;
}a;
int main()
{ union myun *p;     //定义了一个结构体指针
  a.u.x = 4;
  a.u.y = 5;
  a.u.z = 6;         //通过联合变量名存取各个成员变量的格式为:联合变量名.成员名
  p->k = 0;
//通过一个指向联合变量的指针存取结构成员的格式为:指向联合变量的指针->成员名
  cout<<a.u.x<<endl<<a.u.y<<endl<<a.u.z<<endl<<p->k<<endl;
}
```

注意: union 类型是共享内存的,以 size 最大的结构作为自己的大小。myun 这个结构就包含 u 这个结构体,大小也等于 u 这个结构体的大小,在内存中的排列为声明的顺序 x、y、z 从低到高。最后的输出结果是: 0,5,6。

第 4 章小结　　　　　　　第 4 章自测题自由练习　　第 4 章上机题及参考答案

第 5 章

类 与 对 象

C++语言是一种面向对象的程序设计语言,它为面向对象程序设计提供了全面的技术支持。掌握面向对象的基本特征及实现方法,首先要理解类和对象的概念。类是面向对象程序设计的基础,也是一种抽象的数据类型,对象是类的实例化。本章主要介绍面向对象的基本特征,以及类和对象的概念及使用。

学习目标:
- 掌握面向对象的基本特征。
- 掌握类和对象的定义及使用。
- 掌握构造函数和析构函数、复制构造函数的特点及使用。
- 理解对象指针、对象数组、对象引用、动态对象的特点。
- 掌握 this 指针的使用。
- 掌握友元类和友元函数。
- 理解类的静态成员和常对象及常成员的特点。

5.1 面向对象程序设计的概念

5.1.1 面向过程与面向对象

前几章主要讲解了采用面向过程的方法进行软件开发。面向过程的程序结构按功能划分为若干个基本模块,每一个模块用函数实现,形成一个树状结构;各模块间的关系尽可能简单,功能上相对独立;每一模块内部均是由顺序、选择和循环三种基本结构组成。

面向过程的程序设计思路是:程序=数据结构+算法。

面向过程的程序设计中数据和算法相互分离,当程序比较复杂时,数据结构相对复杂,相对应的处理算法也变得复杂,有时会超出程序员的控制能力。

面向对象程序设计是一种新的程序设计方法,它更直接地描述客观世界中存在的事物(对象)及它们之间的关系。它将客观事物看作具有属性和行为的对象,通过抽象找出同一类对象的共同属性和行为,形成类。类是对逻辑上相关的函数与数据的封装,它是对问题的抽象描述。程序中的一切操作都是通过向对象发送消息来实现的,对象接收到消息后,执行有关方法完成相应的操作。

面向对象程序设计特征是:程序=对象+消息。

面向对象程序设计方法将数据和数据的算法封装在一起,极大地减少了程序的复杂度。在这种程序设计方法中,使用者只需了解接口,而开发者的任务是如何封装类及需要为类提供哪些接口。

5.1.2 面向对象的特征

面向对象程序设计提出了一些新的概念,如类和对象、抽象、封装、继承、多态等,下面将对这些概念进行介绍。

1. 类和对象

在现实生活中,任何事物都是对象。它可以是一个有形的具体存在的事物(一张椅子、一架飞机、一辆汽车);它也可以是一个无形的抽象的事物(一个项目、一场球赛、一次出差)。对象一般具有两个因素:属性(attribute)和行为(behavior)。属性描述的是事物的静态特征,比如一个人的姓名、年龄、身份证号等信息;行为(或方法)描述事物具有的动态特征,比如一个人走路、说话,一辆汽车向前行驶等。在现实世界中,"类"是一组具有相同属性和行为的对象的抽象,一个对象是类的一个实例。例如"人"和"张雷","人"是一个抽象的概念,是对现实世界事物的一种抽象概括;而"张雷"是一个具体存在的对象。

在面向对象程序设计中,类是一种自定义数据类型,是具有相同属性和行为特征的一组对象的集合,也就是说,类是对具有相同数据结构和相同操作的一类对象的描述。对象是类的实例,一个类可以有多个对象,对象与类的关系如图 5-1 所示。通常来说,一个类的定义包含两部分内容,一是该类的属性,二是它所具有的行为;属性通常用数据表示,行为通常用函数来实现。

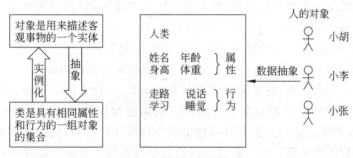

图 5-1 类和对象的关系

面向对象程序设计将数据和数据的操作封装在一起,作为不可分割的整体,而各个对象之间通过传递不同的消息来实现相互协作。在 C++ 中,对象是由数据和函数组成,调用对象的函数就是向该对象发送一条消息,要求该对象完成某一功能。

2. 抽象

抽象(abstract)是对具体问题(对象)进行概括,抽出一类对象的公共性质并加以描述的过程。抽象是对复杂世界的简单表示,抽象不是对象的全部信息的描述,而只强调感兴趣的信息,忽略了与主题无关的信息。例如,在设计一个学生成绩管理程序的过程中,程序员只关心学生的姓名、学号、成绩等信息,而对他们的身高、体重等信息可以忽略。而在学生健康信息管理系统中,身高、体重等信息必须抽象出来,而成绩则可以忽略。

面向对象程序设计中的抽象包括两个方面:数据抽象和代码抽象(或称为行为抽象)。前者描述某类对象的属性或状态,后者描述了某类对象的公共行为特征或具有的公共功能。假如要实现一个简单的时钟程序,通过对时钟进行分析可以看出,需要 3 个整型数据来存储时间,分别表示时、分、秒——这就是对时钟所具有的数据进行抽象。另外,时钟要具有显示时间、设置时间等基本功能——这就是对时钟的行为抽象。编写程序的目的就是描述和解决现实世界中的问题,将现实世界中的对象和类如实地反映在程序中。

3. 封装

封装(encapsulation)是将抽象得到的数据和行为放在一起,形成一个实体——对象,并尽可能隐蔽对象的内部细节。也就是将数据与操作数据的函数代码进行结合,形成"类"。对象之间相互独立,互不干扰。对象只留有少量的接口供外部使用,数据和方法是隐藏的。当用户使用对象时,无须知道对象的具体实现细节,只需通过接口使用对象的功能即可。下面以一台洗衣机为例,说明对象的封装特征。首先,每一台洗衣机有一些区别于其他洗衣机的静态属性。如出厂日期、机器编号等。另外,洗衣机上有一些按键,如"启动""暂停""快洗"等。当人们使用洗衣机时,只需根据需要按下"快洗""启动"或"暂停"等按键,洗衣机就会完成相应的工作。这些按键安装在洗衣机的表面,人们通过按键与洗衣机交流,告诉它应该做什么,而无须操作洗衣机的内部电路和机械控制部件。因为它们被装在洗衣机内部,对于用户来说是隐蔽的,不可见的。

通过上述描述可以看出封装具有以下特点。

(1) 封装必须提供接口供外部使用,简化了对象的使用。

(2) 封装在内部的数据和方法对外不可见,其他对象不能直接使用。

(3) 封装可以通过继承机制实现代码重用。

4. 继承

前面讨论的类是一个独立的实体,各个类之间是平等的,但在现实世界中,很多事物之间都有着复杂的联系。继承(inheritance)便是其中一种:小轿车和货车都属于"交通工具",小轿车是一个类,货车也是一个类,小轿车和货车有很多相似的属性、行为。通过以上分析可以发现,小轿车和货车都是在汽车的基础上添加了一些新的属性和行为而已。

假如定义了一个汽车类,现在需要定义一个货车类,一种方法是重新设计一个类;另一种方法是在汽车类的基础上添加货车自己所特有的属性和行为,显然第二种方法更合适。在C++中,继承是指特殊类的对象拥有其一般类的全部属性与行为,被继承的类称为基类,通过继承得到的新类称为派生类。C++提供继承机制更符合现实世界的描述,继承机制具有传递性,可以被一层一层地不断继承下去,实现代码重用和可扩充性,减轻程序开发工作的强度,提高程序开发的效率。

5. 多态

多态(polymorphism)是指不同的对象收到相同的信息时执行不同的操作。所谓消息,是指对类的成员函数的调用,不同的操作是指不同的实现,也就是调用了不同的成员函数。例如,有一个椅子类对象,还有一个棋子类对象,当对它们发出"移动"的消息时,两个类对象有不同的移动行为,这就是多态的体现。

C++语言支持两种多态性,即编译时的多态性(静态多态性)和运行时的多态性(动态多态性)。编译时的多态是在编译的过程中确定同名操作的具体操作对象,比如函数重载(包括运算符重载),根据参数的不同,执行不同的函数。运行时的多态性是在运行过程中才动态地确定所操作的具体对象,C++通过使用虚函数(virtual)来实现动态多态性。这种确定具体操作对象的过程叫作绑定(也叫联编),绑定工作在编译链接阶段完成称为静态绑定,在程序运行阶段完成称为动态绑定。

6. 消息

在面向对象程序设计中,一个对象向另一个对象发出的服务请求被称为"消息"

（message），也可以说是一个对象调用另一个对象的函数。当对象接收到消息时，就会调用相关的方法，执行相应的操作。例如，有一个教师对象和一个学生对象，学生可以发出消息，请求老师演示一个实验，当老师接收到这个消息后，确定要完成的操作并执行。

消息具有以下三个性质。

（1）同一个对象可以接收不同形式的多个消息，作出不同的响应。

（2）相同形式的消息可以传递给不同的对象，所作出的响应可以不同。

（3）对消息的响应并不是必需的，对象可以响应消息，也可以不响应。

5.1.3 面向对象软件开发

面向对象软件开发就是将面向对象的思想应用于软件开发过程中的各个阶段。它包括面向对象的分析、面向对象的设计、面向对象的编程、面向对象的测试和面向对象的软件维护等主要内容。

1. 面向对象的分析

在分析阶段，首先从实际问题出发，用面向对象的方法分析用户需求，建立一个体现系统重要特性的分析模型。系统分析阶段应该精确地抽象出系统应该包含哪些功能，而不是关心如何去实现系统。

2. 面向对象的设计

设计阶段主要包括两方面工作：①把面向对象的分析模型运用到面向对象的设计，作为面向对象的设计的一部分；②针对具体实现中的人—机界面、数据存储、任务管理等因素添加一些与实现有关的内容，建立系统的设计模型。

3. 面向对象的编程

编程是面向对象的软件开发最终实现的重要阶段，程序员用面向对象的程序设计语言进行编程，实现软件系统。

4. 面向对象的测试

测试的任务是发现软件中的错误。任何一个软件产品在交付使用之前都要经过测试。

5. 面向对象的软件维护

无论经过怎样严格的测试，软件中通常还是会存在错误。因此在使用过程中，需要不断地对软件进行维护。

5.2 类和对象

前面介绍了类与对象的概念，C++ 提供了对数据结构和方法的封装、抽象，称为类。类是封装的基本单元，也可以将类理解为一种新的数据类型，它包含数据单元和对数据的操作。类与结构体的使用类似，但结构体不包含对数据的操作。先定义一个类类型，然后再使用该类定义若干个对象，对象实际上就是一种类类型变量。

5.2.1 类的声明

1. 类的定义

类是一种用户自定义数据类型，类的定义包含两部分内容：数据成员和成员函数（又称函数成员），数据成员表示该类所具有的属性，成员函数表示该类的行为，一般是对数据操作的函

数,也称为方法。其定义格式如下:

```
class 类名
{   public:
        公有的数据成员和成员函数
    protected:
        受保护的数据成员和成员函数
    private:
        私有的数据成员和成员函数
};
```

说明:

(1) 定义类时使用关键字 class,类名必须符合标识符命名规范,一般类名的首字母大写。

(2) 一个类包含类头和类体两部分,class ＜类名＞称为类头。

(3) public(公有)、protected (受保护)与 private(私有)为属性/方法的访问权限,用来控制类成员的存取。如果没有标识访问权限,默认为 private。

(4) 三种访问控制权限在类定义中可按任意顺序出现多次,但一个成员只有一种访问权限。

(5) 结束部分的分号不能省略。

关于三种访问控制权限的区别将在 5.2.3 小节详细介绍。

根据上述类定义的规则,定义一个日期类 Date。下面分析如何定义日期类。①日期都会具有三个属性:年、月、日,因此可以用整型数据表示这三个属性。②分析日期具有的行为,首先应该可以设置日期,比如 2018 年 8 月 8 日,其次可以显示该日期。因此,定义两个成员函数 setTime 和 show 来完成上述行为。Date 类定义如下:

```
class Date
{
  private:                                   //以下是私有成员
    int year, month, day;                    //用三个整型表示属性:年、月、日
  public:                                    //以下是公有成员
    void setDate(int y, int m, int d)        //函数成员:设置日期
    {   year = y;
        month = m;
        day = d;
    }
    void show()                              //函数成员:显示日期
    {   cout <<year <<"年" <<month <<"月" <<day <<"日" <<endl;
    }
};                                           //类定义结束符
```

类体包含数据成员和函数成员的声明与实现,setDate(int y, int m, int d)函数用三个参数初始化数据成员,show 函数显示三个数据成员。在类定义时,经常出现的错误是在类定义结束}后忘记加结束标志;。

因为类是一种抽象的数据类型,所以类定义不会分配内存空间,只有在使用类定义该类型

的对象时,系统才会为对象分配具体的内存空间。

2. 数据成员的实现

类定义中数据成员描述了类对象所具有的属性,数据成员的类型可以是基本数据类型,也可以是用户自定义数据类型,如数组、指针、引用、结构体等。

例如:

```
enum color{red,white,blue};
class Car {
    private:
        int num;                        //基本数据类型
            color c;                    //枚举类型
        char * name;                    //指针
};
```

当然也可以使用已经定义的类类型表示数据成员,例如:

```
class Tool
{   Car c;                              //使用已经定义的类类型
    Tool * t;                           //正在定义类类型的指针
    Tool &s;                            //正在定义类类型的引用
    Tool d;                             //错误,使用未定义完整的类类型定义成员
}
```

说明:

(1) 类的数据成员除了之前讲过的基本数据类型和自定义类型之外,也可以是已经定义的类类型。

(2) 在类定义中,可以定义类类型的指针成员和引用成员,但不能定义该类型的变量。

(3) C++ 11 新标准规定,可以为数据成员提供一个类内初始值。在创建对象时,类内初始值将用于初始化数据成员,没有初始值的成员将被默认初始化。但是需要注意:类内初始值要么放在等号右边,要么放在花括号内,不能使用圆括号。

3. 成员函数的实现

所有成员的声明都必须在类的内部,但是成员函数体的定义则既可以在类的内部也可以在类的外部。定义在类内部的函数是隐式的 inline 函数,可以显示加上 inline 标识符,也可以不加。当定义在类的外部时,函数名之前需要加上类名和作用域运算符(::)以显式指出该函数所属的类。

C++ 可以在类内声明成员函数的原型,在类外定义函数体。这样做的好处是相当于在类内列了一个函数功能表,通过列表对类的成员函数的功能一目了然,避免了在各个函数实现的代码中查找函数的定义。在类中声明函数原型的方法与一般函数原型的声明一样,需要声明成员函数的参数类型、个数、返回类型,并用";"结束。在类外定义函数体的格式如下:

```
返回值类型 类名 :: 成员函数名(形参表)
{
    函数体;
}
```

在类的外部定义成员函数时,必须同时提供类名和函数名,函数参数列表要和类内函数声明一致。其中,::表示类的作用域分辨符,放在函数名之前类名之后,返回类型在类的作用域之外。

Date 类中的成员函数可以在类中声明:

```
class Date
{
    private:
        int year, month, day;
    public:
        void setDate(int y, int m, int d)        //声明成员函数
        void show()                              //声明成员函数
};
```

在类外实现成员函数:

```
void Date:: setDate(int y, int m, int d)         //函数成员:设置日期
{   year = y;
    month = m;
    day = d;
}
void Date:: show()                               //函数成员:显示日期
{   cout <<year <<"年" <<month <<"月" <<day <<"日" <<endl;
}
```

如果要将类外部定义的成员函数编译为内联函数,可以在函数返回值前面加上关键字inline,其效果与在类内定义相同。

5.2.2 对象的定义与使用

1. 对象的定义

定义类对象的方法与定义结构体变量一样,先定义类,再定义对象。格式如下:

```
class 类名
{ 数据成员和成员函数 };
类名 对象列表;
```

对象列表中可包含多个对象,可以是简单的标识符,也可以是数组、指针。如使用已经定义的 Date 类来定义日期对象:

```
Date d1,d2,d3;
```

2. 对象的使用

在创建对象之后,就可以使用对象访问对象中的数据成员和成员函数,一般有三种方式可以访问对象中的成员。

• 通过对象名和成员运算符访问对象成员。

- 通过指向对象的指针和指针运算符访问对象中的成员。
- 通过对象的引用变量访问对象中的成员。

通过对象名和成员运算符访问对象成员的格式如下：

```
对象名.数据成员名
对象名.成员函数名
```

其中，"."是成员运算符，用来限定访问哪一个对象中的成员，例如：

```
Date d;
d.show();                                //访问对象中的公有成员
d.year;                                  //错误,类外不能访问私有成员
```

后两种访问对象成员的方式将在 5.5.1 小节和 5.5.2 小节详细介绍。

注意：创建对象时需要为对象分配内存空间，来存储数据成员和函数成员。同一个类，不同对象的数据成员可能不相同，但成员函数相同。为了节省内存空间，C++只为各对象的数据成员分配内存空间，用同一块内存存放成员函数，类中的所有对象共享该成员函数的定义。

5.2.3　成员的访问权限

C++通过 public、protected、private 三个关键字来控制数据成员和成员函数的访问权限，它们分别表示公有类型（public）、私有类型（private）和保护类型（protected）。三者的意义如下。

1. public

被 public 限定符所修饰的数据成员和函数可以被该类的函数、子类、友元函数访问，也可以由该类的任意对象访问，即可以使用成员运算符来访问，适用于完全公开的数据。这里的友元函数，可以是该类的友元函数，也可以是该类的友元类的成员函数。

2. protected

protected 限定符修饰的数据成员和成员函数可以被该类的成员函数访问，但是不能被类对象所访问，即不能通过类对象的成员运算符来访问，属于半公开性质的数据。另外，这些成员可以被子类和友元函数访问。

3. private

被 private 限定符修饰的数据成员和成员函数只能被该类的函数和友元函数访问，子类无法访问。private 在这三个限定符中封装程度最高。一般来说，应该尽可能将类的成员声明为 private，封装类的实现细节，提高类的安全性。

注意：C++中的 public、private、protected 只能修饰类的成员，不能修饰类。C++中的类没有公有私有之分。

访问权限表如表 5-1 所示。

表 5-1　访问权限表

访 问 权 限	含　　义	可存取对象
public	公开	该类成员、子类、友元及所有对象
protected	受保护	该类成员及其子类、友元
private	私有	该类成员及友元

例如,在 Date 类中,year、month、day 的存取属性是私有的,在类外不能访问。

```
d.month=9;                  //错误
```

而成员函数 setDate 和 show 是公有的,在类外可以访问。

类中的 private 成员被隐藏起来,不能直接在类外被存取,但有时又需要获取这些数据。为了解决这个问题,通常在类内定义一个 public 的成员函数。通过该成员函数存取 private 成员,而 public 的成员函数又能在类外访问。这样通过调用 public 型的成员函数可间接存取到 private 成员,为 private 成员提供外界访问的接口。类 Date 中成员函数 setDate、show 就是存取 private 数据成员 year、month、day 的接口。通过接口访问类的数据成员,一方面有效保护数据成员,另一方面又保证了数据的合理性。

5.3　构造函数与析构函数

5.3.1　构造函数的声明与使用

当创建对象时,这个对象就实际存在,例如创建一个学生对象,该对象就该拥有姓名、年龄等属性值。如果在定义学生对象时没有对数据成员赋初值,则该学生的姓名、年龄等都是随机值,那么这个对象也无实际意义。因此在创建对象时,经常需要自动地完成某些初始化工作,如数据成员初始化,C++ 提供了构造函数完成这项工作。

C++ 的构造函数是一种特殊的成员函数,构造函数的功能是,在创建对象时,系统自动调用构造函数对数据成员初始化,不需要用户显式调用。构造函数定义格式如下:

```
class 类名
{
    public:
        构造函数名(参数列表)
        {
            函数体
        }
};
```

构造函数是类的成员函数,除具有一般函数的特征外,还具有以下特点。

(1) 构造函数名与类名相同,无返回类型。注意什么也不写,也不能用 void。

(2) 构造函数的访问属性应该是公有属性。

(3) 构造函数主要用于对数据成员初始化,一般不做初始化以外的工作。对象生存周期内,只调用一次构造函数。

(4) 构造函数可以访问类中所有成员,可以不带任何参数,可以带参数表和默认值用户,可以根据具体需要设计合适的构造函数。

(5) 如果用户没有定义构造函数,系统会自动定义一个无参的默认构造函数,它不对数据成员做任何操作,即函数体为空;如果用户定义了构造函数,系统就不会为创建默认构造函数,而是根据对象的参数类型和参数个数从用户定义的构造函数中选择最合适的构造函数完成初始化。

【例 5-1】 定义 Date 类不带参数的构造函数。

```
1.  /*程序名:exe5-1*/
2.  #include<iostream>
3.  using namespace std;
4.  class Date
5.  {
6.    private:
7.      int year, month, day;              //用三个整型表示年月日
8.    public:
9.      Date()                             //定义不带参数的构造函数
10.     {   year = 2019;                   //初始化数据成员
11.         month = 5;
12.         day = 20;
13.         cout<<"调用构造函数"<<endl;
14.     }
15.     void setTime(int y, int m, int d)
16.     {   year = y;
17.         month = m;
18.         day = d;
19.     }
20.     void show()
21.     {   cout <<year <<"年"<<month <<"月"<<day <<"日"<<endl;
22.     }
23. };
24. void main()
25. {   Date d;                            //自动调用构造函数,初始化数据成员
26.     d.show();
27.     d.setTime(2019, 9, 20);
28.     d.show();
29. }
```

程序运行结果如图 5-2 所示。

程序执行到第 25 行,系统自动调用构造函数 Date,将数据成员初始化为 2019、5、20,因此第 26 行调用输出函数,将输出该日期:2019 年 5 月 20 日。第 27 行调用 setTime 函数,并传三个参数:2019、9、20,重新设置对象的数据成员值,因此,再次输出日期:2019 年 9 月 20 日。

图 5-2　程序运行结果

除了在函数体内对数据成员初始化,C++还提供另一种初始化方式——使用初始化列表来实现对数据成员的初始化。初始化列表的格式如下:

```
类名::构造函数名(参数表)：初始化列表
{
//构造函数其他代码
}
```

初始化列表的形式如下:

```
数据成员1(参数名或常量),数据成员2(参数名或常量),数据成员3(参数名或常量)
```

例如,可将例5-1中的构造函数改成如下形式:

```
Date():year(2019),month(5),day(20)  {  }
```

使用初始化列表初始化数据成员需要在参数表后加冒号,然后列出数据成员的初始化。

5.3.2 重载构造函数

在一个类中可以有多个构造函数,即可以重载构造函数,系统在调用构造函数时,根据参数类型和参数个数进行区分,选取合适的构造函数。

【例5-2】 重载 Date 类中的构造函数。

```
1.  /* 程序名：exe_5-2 */
2.  #include<iostream>
3.  using namespace std;
4.  class Date
5.  {
6.    private:
7.      int year, month, day;               //用三个整型表示年月日
8.    public:
9.      Date(int y);                        //带一个参数的构造函数
10.     Date(int y,int m);                  //带两个参数的构造函数
11.     Date(int y,int m,int d);            //带三个参数的构造函数
12. };
13. Date::Date(int y)
14. {   year = y;
15.     month = 5;
16.     day = 20;
17.     cout <<"调用构造函数1" <<endl;
18. }
19. Date::Date(int y,int m)
20. {   year = y;
21.     month = m;
22.     day = 10;
23.     cout <<"调用构造函数2" <<endl;
```

```
24.  }
25.  Date::Date(int y, int m, int d)
26.  {    year = y;
27.        month = m;
28.        day = d;
29.        cout <<"调用构造函数 3" <<endl;
30.  }
31.  void main()
32.  {
33.        Date d1(2019);
34.        Date d2(2019,2);
35.        Date d3(2019,2,12);
36.  }
```

程序运行结果如图 5-3 所示。

程序中,在建立对象时,根据参数的不同调用相应的构造函数。如果主函数中定义对象 Date d,则程序会出现错误,因为类中没有定义不带参数的构造函数。

图 5-3   程序运行结果

5.3.3   带默认参数值的构造函数

前面介绍的带参的构造函数,在创建对象时必须传递相应的实参,构造函数才被执行。但在实际生活中,对象经常会有一些默认初始值:职工的性别默认为"男",点的坐标默认为(0,0)等。C++ 允许使用带默认参数值的构造函数,一般情况下,对象的数据成员为默认值,当然用户也可以根据需求自行设置。

【例 5-3】   设计学生类 Student,带默认参数值的构造函数。

```
1.   /*程序名:exe5-3*/
2.   #include<iostream>
3.   using namespace std;
4.   class Student
5.   {
6.     private:
7.        char name[20];                              //姓名
8.        char sex[10];                               //性别
9.        int   age;                                  //年龄
10.    public:
11.        Student()                                   //无参的构造函数
12.        {
13.            //不作任何初始化工作
14.            cout <<"调用无参构造函数" <<endl;
15.        }
16.        Student(char n[], char s[10] = "女", int a = 18)   //带默认参数的构造函数
17.        {
18.            strcpy_s(name,strlen(n)+1, n);          //使用 strcpy_s 函数实现字符串的复制
```

```
19.          strcpy_s(sex, strlen(s) +1, s);
20.          age = a;
21.          cout <<"调用带默认参数值的构造函数" <<endl;
22.      }
23. };
24. void main()
25. {
26.      Student s1;
27.      Student s2("张华");
28.      Student s3("李明","男",12);
29. }
```

程序运行结果如图 5-4 所示。

程序中创建对象 s1 调用无参构造函数;创建对象 s2 时,
使用带默认参数的构造函数的两个默认值"女""18"来构造对
象,第一个参数是"张华"。第 28 行语句仍调用带默认参数的
构造函数,未采用默认值。

图 5-4　程序运行结果

> **注意**:对象参数类型和构造函数参数要逐一匹配。

如果将程序中的带默认参数的构造函数改为如下格式:

```
Student(char n[]="小华", char s[10] = "女", int a = 18)   //带默认参数的构造函数
{
    strcpy_s(name,strlen(n)+1, n);          //使用 strcpy_s 函数实现字符串的复制
    strcpy_s(sex, strlen(s) +1, s);
    age = a;
    cout <<"调用带默认参数值的构造函数" <<endl;
}
```

则程序执行到 26 行,出现对重载函数调用不明确的问题。初始化对象 s1 时,既可以调用
无参构造函数,也可以调用带默认值的构造函数(形参到默认值,可以不用传值),此时出现二
义性问题。因此,在定义带默认参数的构造函数时,要避免此类问题的出现。

5.3.4　析构函数

析构函数也是类的一种特殊成员函数,它的作用与构造函数相反,一般是执行对象的清理工
作。当对象的生命周期结束时,通常需要做一些善后工作,例如,构造对象时,通过构造函数动态申
请了一些内存单元,在对象消失之前就要释放这些内存单元。C++ 机制提供析构函数来完成这项
工作,系统会自动的调用析构函数释放内存为对象分配的资源。析构函数的定义格式如下:

```
类名::~析构函数名()
{
    函数体
}
```

析构函数名前加上一个逻辑非运算符,表示与构造函数相反,相当于"逆构造函数"。析构函数具有以下特点。

(1) 析构函数名与类名相同,但在类名前加~字符。

(2) 析构函数没有返回值,没有参数,不能被重载,一个类仅有一个析构函数。

(3) 析构函数一般由用户自定义,对象消失时系统自动调用。如果用户没有定义析构函数,系统将自动生成一个不做任何工作的默认析构函数。

注意:对象消失时的清理工作并不是由析构函数完成,而是由用户在析构函数中添加的清理语句完成。

在以下情况中,析构函数将会自动调用。

(1) 如果一个对象被定义在一个函数体内,则当该函数结束时,该对象的析构函数被自动调用。

(2) 若一个对象是使用 new 运算符动态创建的(new 调用构造函数),在使用 delete 运算符释放对象时,delete 将会自动调用析构函数。

【例 5-4】 带析构函数的 Student 类。

```cpp
1.  /*程序名: exe5_4*/
2.  #include<iostream>
3.  using namespace std;
4.  class Student
5.  {
6.    private:
7.      char name[20];                    //姓名
8.      char sex[10];                     //性别
9.      int  age;                         //年龄
10.   public:
11.     Student(char n[], char s[10], int a )
12.     {
13.         strcpy_s(name,strlen(n)+1, n);  //使用 strcpy_s 函数实现字符串的复制
14.         strcpy_s(sex, strlen(s) +1, s);
15.         age = a;
16.         cout <<"调用构造函数:"<<name <<endl;
17.     }
18.     ~Student()                        //定义析构函数
19.     {
20.
21.         cout <<"调用析构函数:" <<name <<endl;
22.     }
23.  };
24. void fun()                            //普通函数
25. {
26.     Student s1("小王", "男", 20);
27. }
28. void main()
```

```
29. {
30.     fun();
31.     Student s2("李明","男",12);
32.     Student s3("小张","男",15);
33. }
```

程序运行结果如图 5-5 所示。

由运行结果可知,构造函数在对象创建时自动调用,调用顺序与对象定义顺序相同。当主函数执行结束,对象生命周期结束,调用析构函数。析构顺序与构造顺序相反,对于同一存储类别的对象,先构造的对象后析构,后构造的对象先析构。

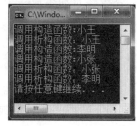

图 5-5　程序运行结果

5.4　复制构造函数

复制构造函数是一种特殊的构造函数,当程序中需要用一种已经定义的对象去创建另一个对象时,或将一个对象赋值给另一个对象,就需要用到复制构造函数。复制构造函数的名称必须和类名称一致,没有返回类型,只有一个参数,该参数是该类型对象的引用。复制构造函数的定义格式如下:

```
复制构造函数名(类名 & 对象名)
{
    函数体 ...
}
```

复制构造函数一般由用户自定义,如果用户没有定义复制构造函数,系统将自动生成一个默认的复制构造函数进行对象之间的复制。如果用户自定义了复制构造函数,则在用一个类的对象初始化该类的另外一个对象时,自动调用自定义的复制构造函数。复制函数的功能就是把有初始值对象的每个数据成员依次赋值给新创建的对象。

以下三种情况会调用复制构造函数。

(1) 当函数的形参为类的对象,将对象作为函数实参传递给函数的形参时。

(2) 当函数的返回值是类的对象,创建临时对象时。

(3) 当用类的一个对象初始化另外一个对象时。

【例 5-5】 带复制构造函数的 Student 类。

```
/ * 程序名 : exe5_5 * /
#include<iostream>
using namespace std;
class Student
{
  private:
    char name[20];                      //姓名
    char sex[10];                       //性别
    int   age;                          //年龄
```

```
    public:
        Student(char n[], char s[10], int a )     //带参数的构造函数
        {   strcpy_s(name,strlen(n)+1, n);        //使用 strcpy_s 函数实现字符串的复制
            strcpy_s(sex, strlen(s) +1, s);
            age = a;
            cout <<"调用构造函数:"<<name <<endl;
        }
        Student(Student & s)                      //定义复制构造函数
        {   strcpy_s(name, strlen(s.name) +1, s.name);
            strcpy_s(sex, strlen(s.sex) +1, s.sex);
            age = s.age;
            cout <<"调用复制构造函数:" <<name <<endl;
        }
        ~Student()                                //定义析构函数
        {   cout <<"调用析构函数:" <<name <<endl;
        }
};
Student fun( Student a)                            //返回值为类类型的普通函数
{   return a;
}
void main()
{   Student stu1("Jane","女",20);
    Student stu2 = stu1;
    Student stu3("July", "女", 15);
    fun(stu3);
}
```

程序运行结果如图 5-6 所示。

例 5-5 中,用户自定义了一个复制构造函数,当用一个对象初始化另一个对象时,调用复制构造函数。当对象作为函数的返回值时需要调用复制构造函数,此时 C++ 将从堆中动态建立一个临时对象,将函数返回的对象复制给该临时对象,并把该临时对象的地址存储在寄存器里,从而由该临时对象完成函数返回值的传递。

图 5-6　程序运行结果

默认的复制构造函数的工作是将一个对象的全部数据成员赋值给另一个对象,也就是说,在例 5-5 中,如果用户未定义复制构造函数,系统也会完成工作。C++ 把这种对象之间数据成员的简赋值称为"浅复制",默认复制构造函数执行的也是浅复制。大多情况下"浅复制"已经能很好地工作,但是一旦对象中存在了动态成员,那么浅复制就会出问题。下面通过一段代码加以说明。

【例 5-6】　设计一个图书类 Book,两个数据成员 name、price 分别表示图书的名称和价格。show 函数显示图书信息。

```
/*程序名:exe5_6*/
#include<iostream>
```

```
#include<assert.h>
using namespace std;
class Book
{
  private:
    char * name;                           //图书名称
    double price;                          //图书价格
  public:
    Book(char * n,double p)
    {   int length = strlen(n);
        name = new char[length +1];
        strcpy_s(name,length+1 ,n );
        price = p;
        cout <<"调用构造函数:" <<name <<endl;
    }
    ~Book()
    {   if(name!=NULL)
        {   cout <<"调用析构函数:" <<name <<endl;
            delete[] name;                 //释放分配的内存资源
            name= NULL;
        }
    }
};
int main()
{   Book a("c++程序设计",34);
    Book b(a);
    return 0;
}
```

在这段代码运行结束之前,会出现一个运行错误。原因在于默认复制构造函数在进行对象复制时,执行的是浅复制,只是将数据成员的值进行赋值,即执行下列操作:

```
b.name = a.name;
b.price = a.price;
```

此操作并没有为新对象另外分配内存资源,这两个指针指向了堆里的同一个内存空间,如图 5-7(a)所示。对象 b 析构,释放内存;然后对象 a 析构,由于 a.name 和 b.name 所占用的是同一块内存,而同一块内存不可能释放两次,所以出现异常,无法正常执行和结束。

当类中的数据成员是指针类型时,必须定义一个特殊的复制构造函数,该复制构造函数不仅可以实现对象之间数据成员的赋值,而且可以为新对象单独分配内存空间,这就是"深复制"。

在"深复制"的情况下,对于对象中的动态成员,不能仅简单地赋值,而应该重新动态分配空间,在例 5-6 中加入带深复制的构造函数,代码如下:

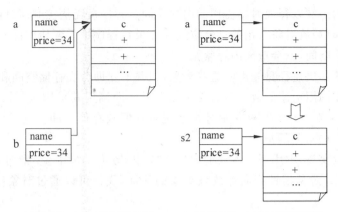

(a) 执行Book b(a)进行浅复制　　(b) 执行Book b(a)进行深复制

图 5-7　浅复制与深复制

```
Book(Book &b)
{   int length = strlen(b.name);
    name = new char[length+1];
    if(name!=NULL)
        strcpy_s(name, length+1, b.name);
    price = b.price;
    cout <<"调用复制构造函数:" <<name <<endl;
}
```

程序运行结果如图 5-8 所示。

此时,在完成对象的复制后,内存情况如图5-7(b)所示。

此时对象 a 的数据成员 name 和对象 b 的数据成员 name
各自指向一段内存空间,但它们指向的空间具有相同的内容,
这就是所谓的"深复制"。

图 5-8　程序运行结果

当数据成员中没有指针时,浅复制是可行的。但当数据成
员中有指针时,如果采用简单的浅复制,则两个对象中的两个指针将指向同一个地址,当对象
生命周期结束时,会调用两次析构函数,而导致指针悬挂现象。深复制与浅复制的区别就在于
深复制会在堆内存中另外申请空间来储存数据,从而也就解决了指针悬挂的问题。简而言之,
当数据成员中有指针时,必须要用深复制。

5.5　对象的使用

类是一种包含函数的自定义数据类型,使用已定义的类建立对象与使用数据类型定义变
量一样。对象与普通变量类似,除了可以定义简单对象之外,还可以定义对象指针、对象数组、
对象引用、动态对象等。本节将进一步讲解对象的使用。

5.5.1　对象指针

对象一旦声明就为其成员分配存储空间,并调用其构造函数进行初始化,并在生存期结束

后自动调用其析构函数以释放对象占用的内存空间。程序员无法控制何时调用对象的构造函数，也无法决定何时释放对象占用的存储空间。如果在程序中需要使用许多对象，并且这些对象均占用大量存储空间，就会造成内存紧张。

一种比较好的解决途径是先声明这些对象，但并不立即分配存储空间和调用构造函数，在需要这些对象时才调用构造函数。对象使用完之后立即调用其析构函数，并释放其占用的存储空间，而不是等到对象生存期结束后才由系统自动回收存储空间。这一解决方法就是使用C++机制提供的指向对象的指针。

对象如同一般变量，占用一块连续的内存区域，因此可以使用一个指向对象的指针来访问对象，即对象指针。对象指针指向存放该对象的地址，我们可以通过对象指针来访问对象的成员。

对象指针的定义与一般变量指针类似，格式如下：

```
类名 *对象指针名;
```

同普通对象一样，通过对象指针也可以访问对象的数据成员和成员函数，只不过对象指针通过"—>"运算符访问公有数据成员和成员函数。访问对象成员的格式如下：

```
对象指针名->数据成员名
```

或

```
对象指针名->成员函数名(参数表)
```

注意：对象指针在使用之前，也一定要先进行初始化，让它指向一个已经声明过的对象，然后再使用，并且定义对象指针不调用构造函数。

例如：

```
Student s1("jane",1002);
Student *s2=&s1;                        //定义对象指针并初始化
```

在C++中，对象指针可以作为函数的形参，因为使用对象指针作函数形参有如下两点好处。

（1）实现地址传递。通过在调用函数时，将实参的地址传递给形参，使实参和形参指向同一块内存空间。则在被调用函数中改变形参的值，实参对象的值也会随着改变，实现函数之间的信息传递。

（2）程序运行效率高。使用对象指针形参仅将对象的地址值传给形参，而不进行副本的复制，这样可以提高运行效率，减少时空开销。

当函数的形参是指向对象的指针时，调用函数时应传递相应类型的某个对象的地址值，一般使用取地址符号 & 加对象名。下面举一例子说明对象指针作函数参数。

【例 5-7】 对象指针作为函数参数的使用。

```
1.  /*程序名:exe5_7*/
2.  #include<iostream>
```

```
3.   using namespace std;
4.   class A
5.   {
6.     public:
7.       A()
8.       {   x = y = 0;
9.           cout <<"调用构造函数 1" <<endl;
10.      }
11.      A(int i, int j)
12.      {   x = i; y = j;
13.          cout <<"调用构造函数 2" <<endl;
14.      }
15.      ~A()
16.      {   cout <<"调用析构函数" <<endl;          }
17.      void setValue(int i, int j) { x = i; y = j; }
18.      void print() { cout <<x <<"," <<y <<endl; }
19.    private:
20.      int x, y;
21. };
22. void fun(A m1, A * m2)                          //对象指针作为形参
23. {
24.     m1.setValue(10, 5);
25.     m2->setValue(23, 12);
26. }
27. void main()
28. {   A p(5, 7), * q, d(2,4);                      //定义对象指针 q
29.     q=&p;                                        //对象指针初始化,指向对象 p
30.     q->print();                                  //通过对象指针访问成员函数
31.     fun(p, &d);                                  //调用函数
32.     p.print();
33.     d.print();
34. }
```

程序运行结果如图 5-9 所示。

从输出结果可以看出,程序总共调用构造函数两次,定义对象指针不会调用构造函数。当程序执行到第 22 行,调用函数 fun,分别传递对象值和对象地址赋值给形参 $m1$ 和 $m2$。第 24、25 行重新设置对象的数据成员值(m1.setValue(10,5);)和指向对象指针的数据成员值(m2->setValue(23,12);)。形参 $m1$ 是局部变量,虽然在 fun 函数中修改了数据成员的值,但对实参对象 p 并没有影响。对象指针 $m2$ 与实参对象 d 指向同一内存,$m2$ 修改数据成员的值,实参 d 也会随之改变,因此输出上述结果。

图 5-9   程序运行结果

5.5.2 对象引用

对象引用与普通变量引用的定义相同,引用对象就是对已经存在的对象起"别名"。其实

质就是通过将被引用对象的地址赋给引用对象,使二者指向同一内存空间。

定义一个对象引用,并同时指向一个对象的格式如下:

```
类名 & 对象引用名=被引用对象;
```

注意:
- 引用对象与被引用对象必须是相同类型。
- 对象引用在定义时必须初始化(除了作为函数参数与函数返回值),并且被引用对象必须已经定义。
- 定义对象引用并不会分配内存空间,也不会调用构造函数。

使用对象引用访问对象成员的格式如下:

```
对象引用名.数据成员名
```

或

```
对象引用名.成员函数名(参数表)
```

在实际中,使用对象引用作函数参数要比使用对象指针作函数更普遍,这是因为对象引用不仅具有用对象指针作函数参数的优点,而更简单、直接。所以,在 C++ 编程中,人们喜欢用对象引用作函数参数。下面举例说明对象引用作函数参数的格式。

【例 5-8】 对象引用作为函数参数。

```cpp
/ * 程序名:exe5_8 * /
#include<iostream>
using namespace std;
class A
{
  public:
    A()
    {   x = y = 0;
        cout <<"调用构造函数 1" <<endl;
    }
    A(int i, int j)
    {   x = i; y = j;
        cout <<"调用构造函数 2" <<endl;
    }
    ~A()
    {   cout <<"调用析构函数" <<endl;
    }
    void setValue(int i, int j) { x = i; y = j; }
    void print() { cout <<x <<"," <<y <<endl; }
  private:
    int x, y;
```

```
};
void fun(A m1, A &m2)                          //对象引用作为形参
{   m1.setValue(10, 5);
    m2.setValue(23, 12);
}
void main()
{   A p(5, 7), * q,d(2,4);                     //定义对象指针 q
    q=&p;                                      //对象指针初始化,指向对象 p
    q->print();                                //通过对象指针访问成员函数
    fun(p, d);                                 //调用函数
    p.print();
    d.print();
}
```

例 5-8 与例 5-7 输出的结果相同,只是调用时的参数不一样。读者可自行分析。

5.5.3　对象数组

　　数组不仅可以由普通的变量组成,也可以由多个对象即对象数组组成。对象数组中每一个数组元素都是对象,不仅具有数据成员,而且还有函数成员。

　　前面章节讲解的数组可以用来存放多个同类型的数据,比如要存放某位学生多门功课的成绩,可以使用浮点型数组。但在实际生活中,可能还需要知道该学生的学号、姓名、性别、年龄等信息。简单的数组类型无法表示,这时可以使用对象数组来进行存放。如果要为每一个学生建立一个对象,分别存取 30 名学生的信息,那么通过定义一个对象数组,程序处理会非常方便。例如:

```
Student s[30];        //假设学生类已经定义对象数组 s
```

定义一个一维对象数组的格式如下:

```
类名 对象数组名[常量表达式];
```

其中,类名指出该数组元素所属的类型,常量表达式给出一维数组元素的个数。

　　与结构数组不同,对象数组初始化需要调用构造函数完成,以一个大小为 n 的一维数组为例,对象数组的初始化格式如下:

```
类名 数组名[n]={ 类名(数据成员 1 初值,数据成员 2 初值,...),
              类名(数据成员 1 初值,数据成员 2 初值,...),
              ...
              类名(数据成员 1 初值,数据成员 2 初值,...)};
```

　　如果在定义对象数组时未给出初始化表,将调用不带参的构造函数完成对象的初始化工作。

　　引用对象数组元素中的公有成员,其一般格式如下:

```
数组名[下标表达式].数据成员名
```

或

数组名[下标表达式].成员函数名(参数表)

【例 5-9】 定义一个汽车类 Automobile,记录多辆汽车的基本信息,信息包括车的型号(字符串表示)、颜色(枚举类型表示)、售价(整数表示)、里程(实数表示)等。

```
/*程序名:exe5_9*/
#include<iostream>
using namespace std;
enum Color { Red, White, Black, Blue, Yellow, Green };    //定义枚举类型 Color
class Automobile                                           //定义汽车 Automobile 类
{
  private:
    char name[20];                                //表示车的型号
    Color c;                                      //车的颜色
    int sale;                                     //车的售价,单位是万
    double distance;                              //里程,单位是公里
  public:
    Automobile(char * = "", Color = Red, int = 0, double = 0);
                                                  //带默认值的构造函数
    ~Automobile();
    void Show();                                  //显示汽车信息
};
Automobile::Automobile(char n[20], Color c, int sale, double distance)
{   strcpy_s(this->name, strlen(n) +1, n);
    //在 VS2015 中形式为 strcpy_s(this->name,strlen(name) +1,name);
    //VC6.0 中形式为 strcpy(this->name,name);
    this->c = c;
    this->sale = sale;
    this->distance = distance;
    cout <<"构造函数:" <<name <<endl;
}
Automobile::~Automobile()
{   cout <<"析构函数:" <<name <<endl;
}
void Automobile::Show()
{   cout <<"汽车型号:" <<name <<endl;
    cout <<"汽车颜色:" <<c <<endl;
    cout <<"汽车售价:" <<sale <<endl;
    cout <<"汽车里程:" <<distance <<endl;
}
int main()
{   Automobile c1[3] = { Automobile("SL600",Red,30,1300),
                 Automobile("C500",Black,50,800),
                 Automobile("M600",Blue,45,1500) }; //定义对象数组
```

```
        c1[0].Show();                           //对象数组元素访问成员函数
        return 0;
}
```

程序运行结果如图 5-10 所示。

由程序可知,主函数中定义一个长度为 3 的对象数组,初始
化对象数组时调用 3 次构造函数。通过数组名加下标表达式访
问对象数组元素的成员函数,其中下标表达式可以是常量,也可
以是变量。程序运行结束时,调用析构函数释放对象。

图 5-10　程序运行结果

5.5.4　动态对象

在软件开发过程中,常常需要动态地分配和撤销内存空间,
例如对动态链表中结点的插入与删除。在 C 语言中是利用库函
数 malloc 和 free 来分配和撤销内存空间的。C++ 中动态分配
内存空间的概念得到扩展,提供了较简便且功能较强的运算符 new 和 delete 来取代 malloc 和
free 函数。

> **注意**：new 和 delete 是运算符,不是函数,因此执行效率高。

使用类名定义的对象都是静态的,在程序运行过程中,对象所占的空间不能随时释放。但
有时人们希望在需要用到对象时才建立对象,在不需要用该对象时就撤销它,释放它所占的内
存空间以供别的数据使用,这样可提高内存空间的利用率。

C++ 中,可以用 new 运算符动态建立对象,用 delete 运算符删除对象。new 运算符创建
对象时会自动调用构造函数,而 delete 运算符删除对象时会自动调用析构函数。因此,在 C++ 程
序设计中,大多数程序员使用 new 和 delete 定义动态对象。

使用 new 定义动态对象的格式如下:

```
类名 * 指针名;
对象指针=new 类名(参数表);
```

说明:

(1) 对象指针的类型应与类名一致。

(2) 动态对象存储在 new 语句从堆申请的空间中。

(3) 建立动态对象时要调用构造函数,当初值表缺省时调用默认的构造函数。

(4) 因为 new 运算符返回的是内存地址,所以必须赋值给同类型的指针,用户可以根据
new 的返回值是否为 NULL,判断分配空间是否成功。

(5) 用创建动态对象时,参数的个数与该类定义的构造函数参数相匹配。

(6) 将动态对象赋值给对象指针,通过该指针可以引用动态对象。

通过 new 运算符创建的动态对象不会自动消失,需要通过 delete 语句删除,删除对象时,
会释放对象所占用的内存空间。语法格式如下:

```
delete 对象指针;
```

156

通过 new 运算符还可以创建动态对象数组,建立一维动态对象数组的格式如下:

```
对象指针=new 类名[下标表达式];
```

删除一个动态对象数组的格式如下:

```
delete [] 对象指针;
```

两式中的方括号非常重要,两者必须配对使用。如果 delete 语句中少了方括号,编译器将认为该指针是指向数组第一个元素的指针,会产生回收不彻底的问题(只回收了第一个元素所占空间);加了方括号后就转化为指向数组的指针,回收整个数组所占内存空间。

delete[]的方括号中不需要填数组元素数,请注意"下标表达式"不必是常量表达式,即它的值不必在编译时确定,可以在运行时确定。

注意:在建立动态对象数组时,要调用构造函数,调用的次数与数组的大小相同;删除对象数组时,要调用析构函数,调用次数与数组的大小相同。

【**例 5-10**】 将例 5-9 改用动态数组实现。

```
1.  /*程序名:exe5_10*/
2.  #include<iostream>
3.  using namespace std;
4.  enum Color { Red, White, Black, Blue, Yellow, Green };//定义枚举类型 Color
5.  class Automobile                             //定义汽车 Automobile 类
6.  {
7.    private:
8.      char name[20];                           //表示车的型号
9.      Color c;                                 //车的颜色
10.     int sale;                                //车的售价,单位为万
11.     double distance;                         //里程,单位为公里
12.   public:
13.     Automobile(char name[20] = "", Color = Red, int = 0, double = 0);
                                                 //带默认值的构造函数
14.     ~Automobile();
15.     void Assign(char n[20], Color c, int sale, double distance);
                                                 //为对象赋值
16.     void Show();                             //显示汽车信息
17. };
18. Automobile::Automobile(char n[20], Color c, int sale, double distance)
19. {   strcpy_s(this->name, strlen(n) +1, n);
20.     this->c = c;
21.     this->sale = sale;
22.     this->distance = distance;
23.     cout <<"构造函数:" <<name <<endl;
24. }
25. Automobile::~Automobile()
```

```
26. {   cout <<"析构函数:" <<name <<endl;
27. }
28. void Automobile::Assign(char n[20], Color c, int sale, double distance)
29. {   strcpy_s(this->name, strlen(n) +1, n);
30.     this->c = c;
31.     this->sale = sale;
32.     this->distance = distance;
33. }
34. void Automobile::Show()
35. {   cout <<"汽车型号:" <<name <<endl;
36.     cout <<"汽车颜色:" <<c <<endl;
37.     cout <<"汽车售价:" <<sale <<endl;
38.     cout <<"汽车里程:" <<distance <<endl;
39. }
40. int main()
41. {   Automobile * c2 = new Automobile("BM600", Red, 50, 100);   //建立动态对象
42.     Automobile * c3 = new Automobile[2];                        //定义动态对象数组
43.     c3[0].Assign("SL600", Red, 30, 1300);    //调用成员函数 Assign 为动态对象数组元
                                                  //素赋值
44.     c3[1].Assign("C500", Black, 50, 800);
45.     c3[1].Show();
46.     delete c2;                                       //删除动态对象
47.     delete [] c3;                                    //删除动态对象数组
48.     return 0;
49. }
```

程序运行结果如图 5-11 所示。

由运行结果可知,创建动态对象和动态对象数组系统会自动调用
构造函数,调用构造函数的次数与数组长度有关。程序结束,要使用
delete 语句删除动态对象占用的内存空间,此时系统自动调用析构函
数,析构函数调用顺序与 delete 语句在程序中的顺序相关。

5.5.5 成员对象

在类定义中,一般使用基本数据类型定义数据成员,但有些时候 图 5-11 程序运行结果
需要定义一些抽象数据类型表示数据成员,例如一个类内嵌其他类的
对象作为成员,而不是像整型、浮点型之类的简单数据类型。将对象嵌入类中的这样一种描述
复杂类的方法,称为“类的组合”,一个含有其他类对象的类称为组合类,内嵌的对象称为成员
对象。在声明该成员对象之前,成员类应该已经被定义。

例如:

```
class Time{...};     //创建一个时间类 Date,类体略
class Date
{ Time t1 , t2; };   //创建一个日期类 Date,该类包含两个数据成员 d1 和 d2,这两个成员是
                     //Time 类对象
```

在这个例子中,Date 的成员 t1 和 t2 是 Time 的对象,那么 t1 和 t2 就是成员对象。

使用类对象作为数据成员时应该注意该内嵌对象的初始化问题,在创建对象时,成员对象作为对象的一部分也会自动创建。在 C++ 中通过使用构造函数初始化列表来为组合类的成员对象初始化,其定义格式如下:

```
类名::构造函数(参数表):成员对象(子参数表1),成员对象(子参数表2)...
{
   构造函数体
}
```

注意:

- 类中有成员对象时,该类的构造函数要包含对成员对象的初始化。如果构造函数的成员初始化列表没有对成员对象初始化,则使用成员对象的缺省构造函数。
- 建立一个类的对象时,应先调用其构造函数。如果这个类有成员对象,则要先执行成员对象自己所属类的构造函数,成员对象的初值从初始化列表获得。当全部成员对象都执行了自身类的构造函数后,再执行当前类的构造函数。

在编程过程中可能遇到这样的情况:类 A 中包含类 B 的对象,而类 B 中也引用类 A 的对象,无论类 A 和类 B 谁定义在前,肯定会出现"引用未定义类"的语法错误。针对这种情况,C++ 提供了前向引用声明,也就是在引用该类之前先对其进行声明,表示程序中有该类的定义。

【例 5-11】 设计一个学生类,学生信息包括学号、成绩、生日。

解题思路:学生学号、成绩可以用基本数据类型表示,学生的生日可以用日期类对象表示。定义两个类:日期类、学生类。学生类是组合类,数据成员包括日期类对象,因此学生类构造函数初始化列表要对成员对象初始化。类结构图如图 5-12 所示。

类名	成员名		类名	成员名
Date	int year		Student	Date birthday
	int month			int ID
	int day			int score
	Date(int, int, int)			Student(int, int, Date)
	show()			show()

图 5-12 学生类结构图

```
1.  /*程序名:exe5_11*/
2.  #include<iostream>
3.  #include<string>
4.  using namespace std;
5.  class Date                                    //定义日期类
6.  {
7.    private:
8.      int year;
9.      int month;
```

```cpp
10.     int day;
11.   public:
12.     Date(int y, int m, int d)
13.     {   year = y;
14.         month = m;
15.         day = d;
16.         cout <<"调用日期类构造函数"<<endl;
17.     }
18.     ~Date()
19.     {       cout <<"调用日期类析构函数"<<endl;
20.     }
21.     void show()
22.     {   cout <<"生日:";
23.         cout <<year <<"-" <<month <<"-" <<day <<endl;;
24.     }
25. };
26. class Student                                    //定义学生类
27. {
28.   private:
29.     int ID;                                       //学号
30.     int score;                                    //成绩
31.     Date birthday;                                //生日(成员对象)
32.   public:
33.     Student(int ID, int score, Date bir) : birthday(bir)   //成员对象初始化
34.     {   this->ID = ID;
35.         this->score = score;
36.         cout <<"调用学生类构造函数"<<endl;
37.     }
38.     ~Student()
39.     {
40.         cout <<"调用学生类析构函数"<<endl;
41.     }
42.     void show()
43.     {   cout <<"The basic information:" <<endl;
44.         cout <<"学号:" <<ID <<"\t" <<"成绩:" <<score <<"\n";
45.         birthday.show();                          //通过函数调用显示生日日期
46.     }
47. };
48. int main()
49. {   Student stu(001, 67, Date(2000, 12, 23));
50.     stu.show();
51.     return 0;
52. }
```

程序运行结果如图 5-13 所示。

由运行结果可知,在定义一个组合类的对象时,不仅组合类自身的构造函数将被调用,而且还将调用其成员对象的构造函数,调用先后顺序如下。

首先按成员对象在类中声明的先后顺序依次调用其构造函数,与初始化列表的顺序无关;如果组合类初始化列表未对成员对象指定对象的初始值,则自动调用成员对象默认的构造函数。

然后执行组合类自身的构造函数。

最后调用析构函数,析构顺序与构造相反。

图 5-13　程序运行结果

5.6　this 指针

在前面章节中介绍到,每一个对象的数据成员都分别拥有存储空间,但是成员函数共享类中的同一段代码。如果定义 n 个不同的对象,当通过成员函数调用数据成员时,如何知道哪一个对象的数据成员被调用呢? 如何保证所调用的数据成员的正确性呢? 在调用成员函数时,C++ 中除了接收原有的参数外,还隐含地接收了一个特殊的指针,它是一个指向这个成员函数所在的对象的指针,被称为 this 指针。当对一个对象调用成员函数时,编译程序先将对象的地址赋给 this 指针,然后调用成员函数,每次成员函数存取数据成员时,都隐含使用 this 指针。this 指针的值也就是当前被调用的成员函数所属对象的起始地址,它指向当前对象。

5.6.1　this 指针的作用

指针存在于类的成员函数中,指向被调用函数类实例的地址。一个对象的 this 指针并不是对象本身的一部分,不会影响 sizeof 的结果。

this 指针的作用域是在类内部,当在类的非静态成员函数(静态成员函数将在 5.8.2 小节详细讲解)中访问类的非静态成员时,编译器会自动将对象本身的地址作为一个隐含参数传递给函数。换句话说,即使没有用 this 指针,编译器在编译时也会自动加上 this 指针,它是一个隐含形参,对各成员的访问均通过 this 进行。

5.6.2　this 指针的特点

(1) this 指针只能在成员函数中使用。this 是指向实例化对象本身时的一个指针,其存储的是对象本身的地址,通过该地址可以访问内部的成员函数和成员变量。

(2) this 指针在成员函数开始前构造,在成员函数结束后清除,生命周期和其他函数参数一样。当调用一个类的成员函数时,编译器将类的指针作为函数的 this 参数传递进去。

(3) this 指针会因编译器不同而有不同的放置位置。可能是栈,也可能是寄存器,甚至全局变量。

【例 5-12】　设计日期类 Date,说明 this 指针的用法。

```
/*程序名:exe5_12*/
#include<iostream>
```

```
using namespace std;
class Date
{
  public:
    Date()
    {   _year = 0;                                    //相当于 this-> _year=0
        _month = 0;
    }
  void Display()
  {   cout <<_year <<"\t";
      cout << _month <<endl;
  }
  void SetDate(int year , int month)
  {   _year = year;                                   //相当于 this-> _year=year
      _month = month;
  }
  private:
    int _year , _month;
};
int main()
{   Date Date1, Date2;
    Date1.SetDate(2019,8);
    Date2.SetDate(2019,2);
    Date1.Display();
    Date2.Display();
    return 0;
}
```

程序运行结果如图 5-14 所示。

在对象调用 Date1.SetDate 时,成员函数除了接收 2 个参数外,还接收了一个对象 Date1 的地址。这个地址被隐含的形参 this 指针获取,它就等于执行了 this＝&Date1。所以对数据成员的访问都隐含的加上了前缀 this->。若将 SetDate 函数修改如下,将会产生疑义:

图 5-14 程序运行结果

```
void SetDate(int _year, _month)
{   _year = _year;
    _month= _month;
}
```

原因在于传入函数的形参与成员变量同名,编译器无法区分哪一个是成员变量,哪一个是参数,因此无法赋值。这时,必须加上 this 指针进行区别。

将程序修改如下:

```
void SetDate(int _year, _month)
{   this->_year = _year;
```

```
    this->_month=_month;
}
```

> **注意**：构造函数比较特殊,没有隐含 this 形参。this 指针是编译器自己处理的,编程者不能人为地在成员函数的形参中添加 this 指针的参数定义,也不能在调用时显示传递对象的地址给 this 指针。

5.7 友   元

类具有封装和信息隐藏的特性,只有类的成员函数才能访问类的私有成员和受保护成员,类外的其他函数无法访问私有成员和受保护成员。但有些情况下,必须要访问某一些类的私有成员,此时就会为了这些特殊的少部分访问操作把数据成员公有化,即为了满足少量人的需求而把数据置于公共的不安全的状态下,这显然是不明智的。同理,在公共接口中放置一些可以访问私有成员的函数作为接口让其他外部函数进行访问,这样做也破坏私有成员的隐藏性。另外,在某些情况下,特别是在对某些成员函数多次调用时,由于参数传递、类型检查和安全性检查等都需要时间,导致程序的运行效率受影响。

为了解决上述问题,C++提出一种使用友元(friend)的方案。友元可以理解为类的"朋友",但友元不是类的成员。友元是一种定义在类外部的普通函数或类,友元不是成员函数,但可以访问类中的保护和私有成员。友元的作用在于提高程序的运行效率,但是,它破坏了类的封装性和隐藏性,使非成员函数可以访问类的私有成员。

友元可以是一个另一个类的成员函数或者不属于任何一个类的普通函数,该函数被称为友元函数;友元也可以是一个类,该类被称为友元类。

5.7.1 声明友元函数

友元函数可以是全局函数和其他类的成员函数,定义在类的外部,但需要在类体内进行声明。为了与该类的成员函数加以区别,在声明友元函数时前面加关键字 friend 修饰。

将全局函数声明为友元的写法如下:

```
friend  返回值类型  友元函数名(参数表);
```

将其他类的成员函数声明为友元的写法如下:

```
friend  返回值类型  其他类的类名::成员函数名(参数表);
```

注意:

- 友元函数是一个普通的函数,它不是本类的成员函数,因此在调用时不能通过对象调用。
- 友元函数可以在类内声明,类外定义。
- 友元函数对类成员的存取与成员函数一样,可以直接存取类的任何存取控制属性的成员。
- private、protected、public 访问权限与友元函数的声明位置无关,因此,原则上友元函数声明可以放在类体中任意部分,但为程序清晰,一般将其放在类定义的后面。
- 不能把其他类的私有成员函数声明为友元。

下面举例说明友元函数的使用。

【例 5-13】 定义 Boat 与 Car 两个类,二者都有 weight 属性,定义它们的一个友元函数 totalWeight,计算二者的重量和。

```
1.  /*程序名: exe5_13 */
2.  #include<iostream>
3.  using namespace std;
4.  class Boat
5.  {
6.    public:
7.      Boat(double w)
8.      {   weight=w;
9.      }
10.     friend double totalWeight(Boat a)
11.     {return a.weight;}
12.   private:
13.     double weight;
14. };
15. class Car
16. {
17.   public:
18.     Car(double w)
19.     {   weight=w;
20.     }
21.     friend double totalWeight(Car b)
22.     {     return b.weight;     }
23.   private:
24.     double weight;
25. };
26. void main()
27. {   Boat aa(300);
28.     Car bb(400);
29.     cout<<"totalweight:"<<totalWeight(aa)+totalWeight(bb)<<endl;
30. }
```

程序运行结果如图 5-15 所示。

一个类的成员函数可以是另一个类的友元。例如,教师可以修改学生成绩(访问学生的私有成员),则可以将教师的成员函数声明为学生类的友元函数。

图 5-15　程序运行结果

【例 5-14】 定义教师类和学生类,教师可以修改学生成绩。

```
1.  /*程序名:exe5_14 */
2.  #include<iostream>
3.  #include<string>
4.  using namespace std;
```

```
5.    class Student;                                    //前向引用声明
6.    class Teacher
7.    {
8.      public:
9.        void changeGrade(Student * s);                //教师成员函数,修改学生成绩
10.   };
11.   class Student {
12.     public:
13.       Student(string name, int num, int grade[5]); //构造函数
14.       void show();
15.     private:
16.       string name;
17.       int num;
18.       int grade[5];                                 //五门功课成绩
19.       friend void Teacher::changeGrade(Student * s);   //将教师的成员函数声明为学
                                                        //生类的友元函数
20.   };
21.   Student::Student(string name, int num, int grade[])
22.   {
23.       this->name = name,
24.       this->num = num;
25.       for (int i = 0; i < 5; i++)
26.           this->grade[i] = grade[i];
27.   }
28.   void Student::show()
29.   {   cout << name << "的成绩为:";
30.       for (int i = 0; i < 5; i++)
31.           cout << grade[i] << " ";
32.   }
33.   void Teacher::changeGrade(Student * s)
34.   {   int n, g;                                     //分别表示要修改的课程编号和成绩
35.       cout << "\n请输入想要修改的课程编号:(1-5)";
36.       cin >> n;
37.       cout << "请重新输入成绩:";
38.       cin >> g;
39.       s->grade[n-1] = g;                            //友元函数访问私有成员
40.       cout << "修改成功!\n";
41.   }
42.   int main()
43.   {   int grade[5];
44.       cout << "请输入五门功课的成绩:";
45.       for (int i = 0; i < 5; i++)
46.           cin >> grade[i];
47.       Teacher T1;
48.       Student S1("July", 90, grade);
```

```
49.    S1.show();
50.    T1.changeGrade(&S1);
51.    S1.show();
52.    return 0;
53. }
```

程序运行结果如图 5-16 所示。

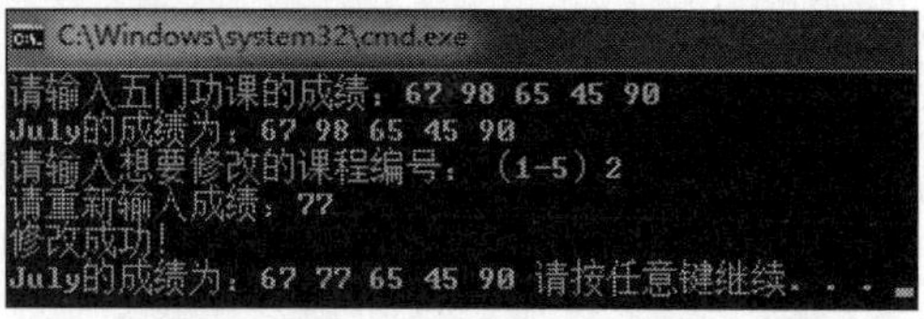

图 5-16　程序运行结果

在教师类中,成员函数 changeGrade(Student & s)是要修改学生某门功课的成绩,即要访问学生的私有成员。将教师的成员函数声明为学生的友元函数可以学生类的私有成员。另外,在程序第 19 行使用到 Teacher 类,而在此之前并未声明 Teacher 类。为避免出现错误,在程序的第 6 行添加语句:class Teacher,称为前向引用声明,目的是让编译系统得知该类在程序中已经定义,后面可以使用该类。

5.7.2　声明友元类

友元除了前面讲过的函数以外,友元还可以是类。如果把一个类声明为另一个类的友元,则称该类为友元类。一个类 A 可以将另一个类 B 声明为友元,则类 B 的所有成员函数就都可以访问类 A 的私有成员,这就意味着 B 类的所有成员函数都是 A 类的友元函数。友元类的声明需要在类名前加关键字 friend,在类定义中声明友元类的写法如下:

```
class A{
    ...
    friend class B;                          //声明 B 为 A 类的友元类
};
```

注意:在声明一个友元类时,该类必须已经存在。

【例 5-15】 定义一个日期类,包括年、月、日和时、分、秒。

解题思路:时间类 Time 包含时、分、秒,日期类 Date 数据成员需要包含年、月、日和一个时间类对象,显示日期的成员函数 showDate 需要访问时间类的私有成员,因此可将日期类声明为时间类的友元类。

```
1.  /*程序名:exe5_15*/
2.  #include<iostream>
3.  #include<string>
4.  using namespace std;
5.  class Time                               //定义时间类
```

```
6.  {
7.    private:
8.      int hour;
9.      int minute;
10.     int second;
11.   public:
12.     Time(int hour, int minute, int second)
13.     {   this->hour = hour;
14.         this->minute = minute;
15.         this->second = second;
16.     }
17.     friend class Date;                      //声明友元类
18.  };
19.  class Date                                 //定义日期类
20.  {
21.    private:
22.      int year;
23.      int month;
24.      int day;
25.      Time t;
26.    public:
27.      Date(int y, int m, int d,int h,int mi,int s):t(h,mi,s)
                                                //通过初始化列表对成员对象赋值
28.      {   year = y;
29.          month = m;
30.          day = d;
31.      }
32.      void showDate()                         //Time 的友元函数
33.      {
34.          cout <<"当前日期为: ";
35.          cout <<year <<"-" <<month <<"-" <<day <<"\t";
36.          cout <<t.hour <<"时" <<t.minute <<"分" <<t.second <<"秒"<<endl;
                                                //访问私有成员
37.      }
38.  };
39.  int main()
40.  {   Date date1(2019,8,10,11,56,35);
41.      date1.showDate();
42.      return 0;
43.  }
```

程序运行结果如图 5-17 所示。

一般来说,类 A 将类 B 声明为友元类,则类 B 最好从逻辑上和类 A 有比较接近的关系。例如上面的例子,Date 代表日期类,Time 代表时间类,日期拥有时间,所以

图 5-17　程序运行结果

Date 类和 Time 类从逻辑上来讲关系比较密切,把 Date 类声明为 Time 类的友元比较合理。

友元关系在类之间不能传递,即类 A 是类 B 的友元,类 B 是类 C 的友元,并不能导出类 A 是类 C 的友元。"咱俩是朋友,所以你的朋友就是我的朋友"这句话在 C++ 的友元关系上不成立。

使用友元类时应注意以下几点。

(1) 友元关系不能被继承,B 类是 A 类的友元,C 类是 B 类的友元,C 类与 A 类之间,如果没有声明,就没有任何友元关系,不能进行数据共享。

(2) 友元关系是单向的,不具有交换性。若类 B 是类 A 的友元,类 A 不一定是类 B 的友元,要看在类中是否有相应的声明。

(3) 友元关系不具有传递性。若类 B 是类 A 的友元,类 C 是 B 的友元,类 C 不一定是类 A 的友元,同样要看类中是否有相应的声明。

(4) C++ 中引入友元概念,提高了数据的共享性,增强了函数与函数之间、类与类之间的相互联系,极大提高了程序的运行效率,这是友元的优点。但友元的存在破坏了类中数据的隐蔽性和封装性,使程序的可维护性降低,这是友元的缺点。

5.8 静态成员

类是对象的抽象,对象是类的具体实例。每个对象都拥有自己的数据成员,并且相互独立,占用各自的内存空间,不存在真正意义上的共享成员。然而,程序中经常需要让所有的对象共享同一数据。因此,C++ 提供了 static 声明的静态成员,用于解决同一个类的不同对象之间数据成员和函数的共享问题。

类的静态成员有两种:静态数据成员和静态函数成员,下面分别对它们进行讨论。

5.8.1 静态数据成员

1. 静态数据成员的特点

有些人可能会问:如果想实现数据的共享,为什么不使用全局变量呢?面向对象程序设计的特点是封装,使用全局变量破坏了封装的特性;并且多个函数都可以对全局变量进行修改,无法保证数据的安全性。因此,要想实现对象之间的数据共享,可以使用静态数据成员。使用静态数据成员实现多个对象之间的数据共享,既不会破坏类的封装特性,又保证了数据的安全,还可以节省内存。

C++ 中静态数据成员的特点是:不管该类创建了多少个对象,其静态数据成员在内存中只保留一份复制,由该类的所有对象共同维护和使用,从而实现同一类中所有对象之间的数据共享。静态数据成员的值可以被更新,一旦某一对象修改静态数据成员的值之后,其他对象再访问的是更新过之后的值。

静态数据成员属于类属性(class attribute),类属性是类的所有对象共同拥有的一个数据项,对于任何对象实例,它的属性值相同。

2. 静态数据成员的声明和初始化

静态成员的定义或声明要加关键词 static,并且必须在类内声明,在类外初始化。

类内声明静态数据成员的格式如下:

```
static 类型标识符 静态数据成员名;
```

在类外进行初始化格式如下：

```
类型标识符 类名::静态数据成员名=初始值;
```

说明：

（1）静态数据成员为所有对象公有，不属于任何一个对象，独立占用一份内存空间。因此任何对象对数据成员的修改都将影响共享该数据成员的所有对象。

（2）静态数据成员的访问属性同普通数据成员一样，可以为 public、private 和 protected。

（3）静态数据成员是一种特殊的数据成员，它表示类属性，而不是某个对象单独的属性。

（4）静态数据成员使用之前必须初始化。

（5）静态数据成员是静态存储的，它是静态生存周期。程序开始时就为它分配内存空间，而不是在某个对象创建时；它不随对象的撤销而释放，而是在程序结束时释放内存空间。

（6）静态数据成员只是在类的定义中进行了引用性声明，因此必须在文件作用域的某个地方对静态数据成员用类名限定进行定义并初始化，即应在类体外对静态数据成员进行初始化（静态数据成员的初始化与它的访问控制权限无关）。

（7）静态数据成员初始化时前面不加 static 关键字，以免与一般静态变量或对象混淆。

（8）由于静态数据成员是类的成员，不是对象成员，因此在初始化时必须使用类作用域运算符::来标明它所属的类。

3. 静态数据成员的访问

静态数据成员本质上是全局变量。在程序中，即使不创建对象，静态数据成员也存在。因此，可以通过类名对静态数据成员直接访问，一般格式如下：

```
类名::静态数据成员;
```

在类内，静态数据成员可以随意被访问；但如果在类外，通过类名与对象只能访问控制属性为 public 的成员。

具体参考例 5-17 中静态数据成员的使用。

5.8.2 静态成员函数

静态成员函数和静态数据成员一样，都属于类的成员，不属于某一个对象，是所有对象共享的成员函数。只要类存在，就可以使用静态成员函数。

静态成员函数是在函数声明前加关键字 static，声明格式如下：

```
static 返回类型 静态成员函数名(形参表);
```

静态成员函数可以在类内定义，也可以在类内声明，在类外定义。在类外定义时不能使用 static 作为关键字。

静态成员函数的调用形式有以下两种。

（1）通过类名直接调用静态成员函数：

```
类名::静态成员函数名(参数表);
```

（2）通过对象调用静态成员函数：

```
对象.静态成员函数(参数表);
```

说明：

- 公有的静态成员函数可通过类名或对象名进行调用，一般非静态成员函数只能通过对象名调用。
- 通过对象访问静态成员函数之前，对象已经创建。
- 静态成员函数可以直接访问类中的静态数据成员和静态成员函数，但不能直接访问类中的非静态成员。因为静态成员函数属于整个类，在类实例化对象之前就已经分配空间，而类的非静态成员必须在类实例化对象后才有内存空间，所以不能直接访问类中的非静态成员；若要访问非静态成员，必须通过参数传递的方式得到相应的对象（对象指针），再通过对象来访问。
- 由于静态成员是独立于对象而存在的，因此静态成员没有 this 指针。
- 类的非静态成员函数可以调用静态成员函数，反之不可以。

【例 5-16】 静态成员函数访问非静态数据成员。

```
1.  /*程序名: exe5_16 */
2.  #include <iostream>
3.  using namespace std;
4.  class CRectangle
5.  {
6.    private:
7.      int w, h;                        //矩形的长和高
8.      static int totalArea;            //矩形总面积
9.      static int totalNumber;          //矩形总数
10.   public:
11.     CRectangle(int w_, int h_);
12.     ~CRectangle();
13.     CRectangle(CRectangle &r);
14.     static void PrintTotal();
15.  };
16.  CRectangle::CRectangle(int w_, int h_)
17.  {   w = w_; h = h_;
18.      totalNumber++;                   //有对象生成则增加总数
19.      totalArea += w * h;              //有对象生成则增加总面积
20.  }
21.  CRectangle::~CRectangle()
22.  {   totalNumber--;                   //有对象消亡则减少总数
23.      totalArea -= w * h;              //有对象消亡则减少总面积
24.  }
25.  CRectangle::CRectangle(CRectangle & r)
26.  {   totalNumber++;
27.      totalArea += r.w * r.h;
28.      w = r.w; h = r.h;
```

```
29. }
30. void CRectangle::PrintTotal()
31. {   cout <<w<<","<<h<<endl;
32.     cout <<totalNumber <<"," <<totalArea <<endl;
33. }
34. int CRectangle::totalNumber = 0;
35. int CRectangle::totalArea = 0;
36. //必须在定义类的文件中对静态成员变量进行一次声明
37. int main()
38. {   CRectangle r1(4, 6), r2(2, 5);
39.     //cout <<CRectangle::totalNumber;           //错误,totalNumber 是私有
40.     CRectangle::PrintTotal();
41.     r1.PrintTotal();
42.     return 0;
43. }
```

在上面的程序中,存在下列语句问题:

```
void CRectangle::PrintTotal()
{   cout <<w<<","<<h<<endl;
    cout <<totalNumber <<"," <<totalArea <<endl;
}
```

如果访问了非静态成员变量 w,而静态成员函数没有 this 指针,无法判断 w 属于当前哪个对象,因而无法取值,编译无法通过。要想解决上述问题,可以对静态成员函数进行如下修改:

```
void CRectangle::PrintTotal(CRectangle r)
{   cout <<r.w<<","<<r.h<<endl;
    cout <<totalNumber <<"," <<totalArea <<endl;
}
```

通过 r 传递对象给静态成员函数即可输出矩形的长和宽。

在第 40 行调用该函数时,进行如下修改:

```
CRectangle::PrintTotal(r1);
r1.PrintTotal(r1);
```

第 39 行如果没有注释掉,编译会出错。因为 totalNumber 是私有成员,不能在成员函数外面访问。

第 40 行和第 41 行的输出结果相同,说明二者是等价的。

从例 5-16 中可以看出,可以让静态成员函数访问非静态成员。下面介绍静态成员函数访问静态数据成员的方法。

【例 5-17】 设计一个学生类 Student,统计学生人数。

解题思路:创建学生类对象时,学生人数加 1,析构对象时人数减 1,因此可以在类内定义

一个静态成员变量来统计学生人数,每次调用构造函数对静态成员变量值加 1,调用析构函数
对静态成员变量减 1。同时定义静态成员函数,获取学生人数。

```cpp
1.  /*程序名:exe5_17*/
2.  #include<iostream>
3.  #include<string>
4.  using namespace std;
5.  class Student {
6.    private:
7.      string name;                        //姓名
8.      int num;                            //学号
9.      static int count;                   //学生人数
10.   public:
11.     static int getNum();                //静态成员函数,返回学生总人数
12.     Student(string, int);
13.     ~Student();
14.     void print();                       //输出学生信息
15.  };
16.  //在类外对静态成员初始化
17.  int Student::count = 0;
18.  Student::Student(string name, int num)
19.  {   this->name = name;
20.      this->num = num;
21.      //调用构造函数,学生人数加1
22.      count++;
23.      cout <<"当前学生人数为:" <<count <<endl;
24.  }
25.  Student::~Student()
26.  {   //释放对象,学生人数减1
27.      count--;
28.  }
29.  int Student::getNum()                   //静态成员函数定义
30.  {   return count;
31.  }
32.  void Student::print()
33.  {   cout <<"学生姓名:" <<name <<"\t学生学号:" <<num <<endl;
34.  }
35.  void fun()                              //普通函数
36.  {   Student s3("李颖", 1003);
37.      s3.print();
38.  }
39.  int main()
40.  {   //通过类名可直接访问静态成员函数,或静态数据成员
41.      cout <<"当前学生总数为:" <<Student::getNum() <<endl;
42.      Student s1("章华", 1001);
43.      s1.print();
```

```
44.        Student s2("李明", 1002);
45.        s2.print();
46.        fun();
47.        cout <<"当前学生人数为:" <<Student::getNum() <<endl;
48.        return 0;
49. }
```

程序运行结果如图 5-18 所示。

程序中定义一个静态变量 count 表示学生人数,初始值为
0。程序运行时,创建对象 s1,调用构造函数,学生人数加 1。
创建对象 s2,调用构造函数学生人数又加 1,所以当前学生人
数为 2。接着调用函数 fun 创建对象 s3,学生人数为 3。函数
调用结束,局部变量 s3 会释放,因此调用析构函数学生人数减
1,当前学生人数为 2。第 47 行通过对象调用静态成员函数获
取当前学生人数。

图 5-18　程序运行结果

5.9　常成员与常对象

C++ 虽然采用数据封装的方法来保证数据的安全性,但有些时候需要数据共享,即用户
可以通过不同的方式来访问同一数据对象。有时用户无意的操作可能修改数据的值,这会对
其他共享该数据的对象造成影响。因此,如果想要共享某一数据,但又不希望它被修改,可以
用 const 修饰,表示该数据为常量。如果某个对象不允许被修改,也可以用 const 修饰,则该对
象称为常对象。

const 用来限定类的数据成员和成员函数,分别称为类的常数据成员和常函数成员。C++ 中
常对象、常数据成员、常成员函数的访问和调用各有其特殊之处。C++ 中常对象和常成员概
念的建立,为程序中各种对象的变与不变明确规定了界线,从而进一步增强了 C++ 程序的安
全性和可控性。

5.9.1　常对象

如果希望对象中的所有成员在程序中都不能够被修改,则可以将该对象声明为"常对象",
在其生存期内不允许改变,否则将导致编译错误。常对象可以调用常成员函数,不能调用非
const 成员函数;非 const 对象,可以调用普通成员函数和常成员函数。

定义常对象的一般格式如下:

```
类名 const 对象名(实参表);
```

或

```
const 类名 对象名(实参表);
```

例如,定义一个日期对象始终为 2019 年 8 月 11 日。可以定义为

```
Date const d1(2019,8,11);                 //d1 为常对象
```

d1 是常对象,d1 中的所有成员值都不能被修改。定义常对象时必须赋初值,以下语句是
错误的。

```
Date const d2;                            //d2 为常对象
Date d3(2019,8,15);                       //d3 为普通对象
d2=d3;                                    //错误,常对象定义时必须赋初值
```

常对象不能调用非常成员函数(除了系统自动调用的构造函数和析构函数),目的是防止
这些函数修改对象中数据成员的值。

常成员函数可以访问常对象中的数据成员,但不允许其修改常对象中数据成员的值。如
果想要修改常对象中某个数据成员的值,可以用 mutable 进行声明,例如:

```
mutable int year;
```

把 year 声明为可变的数据成员,就可以用常成员函数对其值进行修改。

> **注意:**
> - 常对象的成员函数不一定都是常成员函数;同样的常对象的数据成员不一定都是常
>   数据成员。
> - 常对象一旦初始化,常对象的数据成员便不允许被修改,但并不是说常对象的数据
>   成员都是常数据成员。
> - 常对象可以调常成员函数和静态成员函数。

5.9.2 常数据成员

用 const 修饰的数据成员称为常数据成员,其用法与常变量相似。常数据成员在定义时
必须进行初始化,并且其值不能被更新(除非数据成员被 mutable 修饰时,可以被修改)。

> **注意:**常数据成员不能在声明时赋初始值,必须在构造函数初始化列表进行初始化;普
> 通数据成员在初始化列表和函数体中初始化均可。

常数据成员的声明格式:

```
数据类型 const 数据成员名;
```

或

```
const 数据类型 数据成员名;
```

说明:

(1) 任何函数都不能对常数据成员赋值。

(2) 构造函数对常数据成员进行初始化时也只能通过初始化列表进行。

(3) 常数据成员在定义时必须赋值或初始化。

（4）如果有多个构造函数，必须都初始化常数据成员。

通过下面例子来理解常数据成员。

【例 5-18】 Student 中常数据成员的使用。

```
1.  /* 程序名:exe5_18 */
2.  #include<iostream>
3.  #include<string>
4.  using namespace std;
5.  class Student {
6.    private:
7.      const string  name;                      //常数据成员
8.      const int num;                           //常数据成员
9.      static const  int count;                 //静态常数据成员
10.   public:
11.     Student(string i,int a) :name(i), num(a)
                                //常数据成员只能通过初始化列表来获得初值
12.     {   cout <<"constructor!" <<endl;
13.     }
14.     void display()
15.     {   cout <<name <<"," <<num <<"," <<count <<endl;
16.     }
17. };
18. const int Student::count = 0;                 //静态常数据成员在类外说明和初始化
19. int main()
20. {   Student s1("jane",1001);
21.     s1.display();
22.     return 0;
23. }
```

程序运行结果如图 5-19 所示。

5.9.3 常成员函数

用 const 修饰的成员函数称为常成员函数。常成员函数只能引用本类中的数据成员（非 const 数据成员和 const 数据成员），而不能修改它们的值。只有常成员函数才能访问常对象和常量，非常成员函数不能操作常对象。常成员函数的声明格式如下：

```
返回类型 函数名(参数列表) const;
```

图 5-19 程序运行结果

说明：

（1）const 是加在函数说明后的类型修饰符，它是函数类型的一部分，在实现部分也要带该关键字。函数调用时不加 const 关键字。

（2）const 关键字可以用于对重载函数的区分。

（3）常成员函数不能更新任何数据成员，也不能调用该类中没有用 const 修饰的成员函数，只能调用常成员函数和常数据成员。

（4）常对象只能调用它的常成员函数，而不能调用其他成员函数。这是 C++ 语法机制上对常对象的保护，也是常对象唯一的对外接口方式。

（5）非常对象也可以调用常成员函数，但是当常成员函数与非常成员函数同名时（可以视为函数重载），非常对象是会优先调用非常成员函数。

通过例子来理解 const 是函数类型的一部分，在实现部分也要带该关键字。

【例 5-19】 常成员函数的使用。

```
1.  /*程序名:exe5_19*/
2.  #include<iostream>
3.  using namespace std;
4.  class A {
5.    private:
6.      int w, h;
7.    public:
8.      int getValue() const;          //常成员函数
9.      int getValue();                //普通函数
10.     A(int x, int y)
11.     {   w = x, h = y;
12.     }
13.     A() {}
14.  };
15.  int A::getValue() const            //实现部分也带该关键字
16.  {   //w=10,h=10;                    //错误,因为常成员函数不能更新任何数据成员
17.      return w * h;
18.  }
19.  int A::getValue()
20.  {   w = 10, h = 10;                //可以更新数据成员
21.      return w * h;
22.  }
23.  int main()
24.  {   A const a(3, 4);               //定义常对象
25.      A c(2, 6);
26.      cout <<a.getValue() <<"\n"<<c.getValue() <<endl;
27.      system("pause");
28.      return 0;
29.  }
```

程序运行结果如图 5-20 所示。

由程序可知，getValue 函数可以通过 const 关键字进行重载。程序中定义了一个常对象 a 和普通对象 c，常对象只能调用常成员函数，因此 a.getValue 调用常成员函数；非常对象可以调用常成员函数和非常成员函数，如果函数名相同，则优先调用非常成员函数，因此 c.getValue 调用非常成员函数 getValue。

图 5-20 程序运行结果

第 16 行语句错误，常成员函数不能更新任何数据成员；但普通函数可以修改数据成员的

值,如第 20 行 w 和 h 的值改为 10、10,运行结果是 12、100。

> **注意**:常成员函数可以被其他成员函数调用,也可以调用其他常成员函数,但是不能调用其他非常成员函数。

5.10　综合实例:股票管理

1. 案例要求

拟开发一个股票管理系统,要求该系统能够记录股票的买入和卖出情况,并能更新股票价格及统计股票总值。

2. 案例分析

使用一个例子(Stock)来加深对类的理解。使用 C++ 类来表示一个实体,首先要考虑类需要包含的内容。对于股票来说,需要包含的内容很多。

第 5 章综合
实例实现

首先考虑可以对股票进行的操作:获得股票;买入;卖出;更新股票价格;显示股票信息。

然后考虑股票需要存储的信息:公司名称;股票数量;每股价格;股票总值。

类有两部分,类声明(声明数据成员和成员函数)和类定义(实现成员函数)。

以上完成了对 Stock 类的初步定义。

接下来可以使用 Stock 类创建对象。但是,对于一个类,要提供构造函数和析构函数来完成类的创建和清理。对于 Stock 类,也应提供构造函数和析构函数。

第 5 章小结　　　第 5 章自测题自由练习　　第 5 章简答题编程题及参考答案

继承与派生

面向对象编程的主要目的是代码重用,它的主要思想是封装、继承和多态,其中"封装"主要是由类来体现的。前面章节中介绍了类的概念、组成及用法,类抽象出了群体的共性并进行了封装,通过类可实例化多个对象,各个对象可以方便地共享该类的成员和方法,从一定程度上实现了代码重用,极大地简化了编码工作及代码的管理工作。

但是,现实世界中的各种事物之间是既有联系又有区别的,很多事物相似却又不同。任何创新都是在已有事物的基础上进行的,即在已有类的基础上进行扩充和改造。提高这种扩充和改造的质量和效率就要用到"继承"。

C++ 中提供了类的继承(inheritance)机制,即一个新类可以通过继承的方法,从一个已有类中派生出来,这个新类既继承了已有类的属性和行为,又可以修改已有类的属性和行为,还可以扩充新的属性和行为。继承的特点是能够直接利用已经编写、测试或运行过的代码,从而实现代码重用,降低开发和管理软件的成本。

继承机制是面向对象中最重要的部分,本章将介绍继承相关的内容。

学习目标:

- 掌握继承与派生的概念与使用方法。
- 掌握继承过程中构造和析构的顺序。
- 理解多继承时的二义性问题,并掌握解决方法。
- 掌握虚基类的概念及使用方法。
- 能熟练运用继承机制重用已有类。

6.1 继承与派生的概念

假如要求你用面向对象的方式描述漫威系列漫画里的普通人和超级英雄,该怎样来定义?超级英雄拥有普通人的各种特性,但能力级别高出好几个段位,那么应该怎样定义普通人类和超级英雄类呢?

假设有普通人的类:

```
1.  /******************************************
2.     程序名:6_1.cpp
3.     功  能:普通人的类
4.  ******************************************/
5.  class Human {
6.    public:
```

```
7.      void 生活();
8.      void 工作();
9.      void 娱乐();
10.  private:
11.      float 身高;
12.      float 体重;
13.      char 性别;
14. };
```

由于超级英雄原本也是普通人类,因此超级英雄拥有普通人类的所有特点,那么 Superhero 类显然应该包括 Human 类的所有内容。此时再定义一个超级英雄的类,如何定义?

```
1.  /*************************************
2.     程序名:6_1.cpp
3.     功  能:超级英雄的类
4.  *************************************/
5.  class SuperHero{
6.    public:
7.      void 生活();
8.      void 工作();
9.      void 娱乐();
10.     void 拯救世界();
11.   private:
12.      float 身高;
13.      float 体重;
14.      char 性别;
15.      int 超能力类型;
16. };
```

上面给出的 Superhero 类代码只是将 Human 类的内容简单地抄写下来,如果普通人的属性或行为发生了变化呢? 超级英雄的人类属性是否同步变化? 如何变化? 这是不是一个好的"软件重用"? 如何更有效地做到真正的重用? 请带着这样的疑问学习下面的内容。

6.1.1 概念介绍

C++ 中"继承"的概念与现实生活中父辈到子辈的传承关系相似。

在 C++ 中,继承与派生的概念是成对出现的。

在定义一个新类时,如果该类与某个已有类相似(即新类具备已有类的全部特点),则可以让新类继承已有类,从而拥有已有类的属性和行为,并且可以在已有类的基础上修改或扩展新的属性和行为。此时,称已有类为基类(base class)或父类(super class);称新类为派生类(derived class)或子类(sub class)。

可以说,子类继承了基类,或基类派生出了子类。

继承和派生关系的关键在于基类中的属性和行为是为子类所共享,如果基类中内容发生改变,子类继承的内容也相应改变;而子类中定义的新的成员变量和成员函数则与基类无关。

且子类具有独立性,即子类一经定义,就可以不依赖于基类而独立使用。

现实生活中也有许多这样的例子,比如"哺乳动物"这个概念,它的主要特点是多数全身被毛、恒温胎生、体内有膈以及属于脊椎动物,从这些特点上来看,显然猫和狗都是哺乳动物,但它们又分别有其特性,例如猫有"身体像液态的""傲娇的""栏杆挡不住的"等特性,狗"对主人忠心耿耿""容易驯服""舌头出汗"等这样的特性。因此在定义这两个类时,可以先定义哺乳动物类,包括"脊椎动物、恒温胎生"等哺乳动物所共有的属性和行为,然后再以其为基类,分别派生出猫类和狗类这两个子类,两个子类中分别定义出各自独有的特点(如猫"藐视铲屎官",狗"挨骂会哭"等),而无须重复定义基类中已有的属性和行为。

采用 UML 的简化符号表示法:用方框表示类,用空心箭头加实线表示继承关系(箭头由子类指向基类)。则上述类可以表示为图 6-1 所示形式。

图 6-1　继承示意图

现在你可以思考能够给出更好的定义 superhero 类的方法。

6.1.2　多重继承

上文介绍的继承方式中派生类只有一个基类,这种继承方式称为单继承或单向继承。但现实生活中事物往往不仅继承自一个事物,比如常用的智能手机,它不仅有传统电话的功能,同时还有计算机的功能、相机的功能、银行卡的功能等。与之相似,一个派生类也可以有两个或两个以上的基类,这样的继承方式称为多继承或多重继承(multiple inheritance,MI)(见图 6-2)。

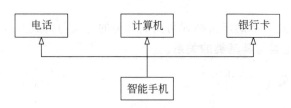

图 6-2　多继承示意图

6.1.3　多层继承(多层派生)

从继承的示意图中可以看出继承关系像一棵树一样,继承关系可以传递,也可以像树一样繁衍不止。无论子类由几个基类派生而来,它都不是继承树上的终点,它也可以作为基类,继续派生出新的子类,这样一层一层派生的方式称为多层派生,或者从继承的角度称为多层继承。最早的基类在最上层,最新的派生类在最底层。

图 6-3 中最底层的是日常生活中较常见的手机、平板、智能穿戴设备,它们形态不同、使用重点不同、适用场合不同,但是都具有"利用移动网络,支持音频、视频、数据等多媒体功能"的特点。因此,如果在某个问题域中需要定义多种智能设备时,就可以将几种设备的共同属性和行为以"智能终端类"提取出来作为基类,再由基类派生出不同的设备类,以便共享代码,提高编程和管理代码的效率。

在多层派生的过程中,各层的基类、派生类之间形成了一个相互关联的类族。在这一类族中,派生类有直接基类和间接基类,直接基类是指直接派生出这个类的基类,而这个派生类的

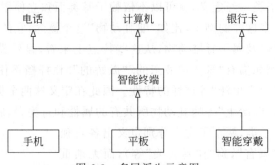

图 6-3　多层派生示意图

直接基类的基类及其更高层的基类,都称为它的间接基类。比如猫科动物类 A 派生出猫类 B,猫类 B 又派生出短毛猫类 C,短毛猫类 C 再派生出橘猫类 D,则 C 是 D 的直接基类,A、B 则是 D 的间接基类。

显然,多层派生(多层继承)是线性的,不能循环,即派生类不能成为其直接基类或间接基类的基类。

C++ 的继承机制通过共享基类代码的方式,避免相似的类不断重写相同的代码,继而避免了"一处要改,处处要改"的冗余工作,不仅利于缩减代码量,更提高了对代码后期维护的效率,提升了软件质量。

6.2　派生类的定义和构成

派生类也是类,因此基本的定义格式与构成和类的定义与构成方式是一致的,二者的区别主要在于如何表达派生类与其基类的关系。

6.2.1　派生类的定义

派生类定义格式如下:

```
class 派生类名:基类表
{
    public:
        派生类的公有成员变量、成员函数
    private:
        派生类的私有成员变量、成员函数
    protected:
        派生类的保护成员变量、成员函数
};
```

派生类定义时,类内部定义方式与普通类一致,在类名处要标出其所继承的基类表,基类表格式为:

```
继承方式 1 基类名 1,继承方式 2 基类名 2,...
```

单继承时,基类表中只有一个基类;多继承时,基类表中要列出所有的直接基类,基类之间用逗号分隔。

继承方式指定了派生类成员和外部对象,访问从基类继承的成员有三种方式:公有继承(public)、私有继承(private)和保护继承(protected)。

基类表中每个基类都按其继承方式继承,若不显示标明某基类的继承方式,则默认该基类为私有继承。

6.2.2 派生类的构成

一般来说,派生类的成员由三个部分构成。

1. 继承的基类成员

基类的全部成员变量和成员函数都被派生类继承,作为派生类成员的一部分。

2. 改造基类成员得到的成员

对基类成员的修改可以通过同名覆盖的方式进行,即派生类中的成员采用与基类成员相同的名称。这样定义的成员属于派生类的新成员,此时基类和派生类中有同名成员,但是表达了不同的内涵。

在基类和派生类有同名成员的环境下,若通过派生类生成的对象调用该同名成员,C++会自动调用派生类的成员,而不会调用从基类继承得到的同名成员,即调用的结果为派生类定义的属性或行为,以此达成改造成员的目的。

3. 增加的新成员

这部分成员变量和成员函数就与普通类的成员含义一样,都是当前的派生类描述某些新属性、新行为所需的。

以前文说过的人和超级英雄类为例,假设有这样两个类:

```
1.  /*******************************************
2.      程序名:6_2.cpp
3.      功  能:继承方式示例
4.  *******************************************/
5.  //普通人类
6.  class Human
7.  {
8.    public:
9.      void 生活();
10.     void 工作();
11.     void 娱乐();
12.   private:
13.     float 身高;
14.     float 体重;
15.     char 性别;
16. };
17. //超级英雄类
18. class SuperHero:public Human
19. {
20.   public:
21.     void 变身();
```

```
22.      void 拯救世界();
23.      void 恢复();
24.   private:
25.      int 超能力类型;
26.      int 能力等级;
27. };
```

派生类 SuperHero 共有继承了 Human 类,派生类 SuperHero 的成员构成如表 6-1 所示。

表 6-1   派生类 SuperHero 的成员构成

类　　名	成　　员　　名	
SuperHero	Human	身高、体重、性别
		生活()
		工作()
	超能力类型、能力级别	
	变身()	
	拯救世界()	
	恢复()	

从表 6-1 可以看到 SuperHero 类中包含了其基类 Human 类的所有成员变量和成员函数,这些基类的成员虽然没有写在派生类定义的大括号内,但它们实际上是和派生类中被显示定义的成员一起被包含在派生类内部的。

6.3   继承的方式

思考:如表 6-1 所示,派生类中包含了基类的所有成员,但是,派生类内部成员和其生成的对象是否能调用所有的基类成员呢?

在学习类时知道,类成员可以有三种属性,分别是公有成员(public)、私有成员(private)和保护成员(protected),不同属性的成员有对应的存取限制。比如,public 成员可以被该类的任何对象存取;private 成员只能被该类的内部成员存取;protected 成员可以被该类及其子类成员存取。

> **注意**:对类成员的访问,分为通过类的成员函数访问和通过类的对象访问,不要混淆。

从派生类定义格式中,可以知道,基类表中要给出对每个基类的继承方式,继承方式同样分为 pubic、private、protected 三类,那么不同的继承方式对调用基类成员有什么影响呢?下面分别加以说明。

6.3.1   公有继承

定义派生类时,继承方式为 public 的基类即为公有继承的。如有类 Base1 和类 Derived1 定义如下:

```
class Base1 { ... };
class Derived1:public Base1 { ... };
```

则 Derived1 类为 Base1 类的公有派生类,或者说 Derived1 公有继承 Base1 类。

如果此时 Base1 类中有 public、private、protected 三种属性的成员,则它们的属性变化如下。

(1)基类中的 public 成员,是对外可见的,因此派生类的成员函数和派生类的对象均可以直接访问它,即仍然是 public 属性。

(2)基类中的 private 成员,由于其对外不可见的属性,尽管包含于派生类中,但无论是派生类的成员还是派生类的对象都不能被直接访问。

(3)基类中的 protected 成员,有"对内可见,对外不可见"的属性,因此派生类的成员函数可以被访问,派生类的对象不能被直接访问,相当于在派生类中仍然是 protected 属性。

总结来说,公有继承中,基类成员的属性在派生类中的变化如表 6-2 所示。

表 6-2 公有继承基类成员属性变化表

基类	public	private	protected
公有派生类	public	不可访问	protected

【例 6-1】 现在举例说明公有继承的成员访问权限。

先设计普通人的类 Human 类,代码如下:

```
1.  /*******************************
2.     程序名:Human.h
3.     功  能:Human 类定义
4.  *******************************/
5.  #include <iostream>
6.  using namespace std;
7.  class Human
8.  {
9.    public:
10.      Human(int H=170,int W=60,char G='M')
11.      {
12.          this->Height = H;
13.          this->Weight = W;
14.          this->Gender = G;
15.      }
16.  void Info()
17.  {
18.      cout<<"身高,体重,性别:"<<this->Height <<","<<this->Weight <<","<<this->Gender <<endl;
19.  }
20.  void Live ()
21.  {
22.      cout<<"吃喝拉撒。"<<endl;
```

```
23. }
24. void Work ( )
25. {
26.     cout<<"认真工作!"<<endl;
27. }
28. void Entertain ( )
29. {
30.     cout<<"逛吃宅嗨..."<<endl;
31. }
32.   private:
33.     int Height;
34.     int Weight;
35.     char Gender;
36. } ;
```

再在其基础上,派生出超级英雄类 SuperHero 类,代码如下:

```
1.  /*******************************************
2.      程序名:SuperHero.h
3.      功  能:SuperHero 类定义
4.  *******************************************/
5.  #include "Human.h"
6.  using namespace std;
7.  class SuperHero:public Human
8.  {
9.    public:
10.    SuperHero(int T = 0, int Level = 2)
11.    {
12.        this->PowerType = T;
13.        this->Level = Level;
14.    }
15.    void ShowInfo()
16.    {
17.        Info();
18.        cout<<"能力类型: "<<this->PowerType<<", "<<"能力等级: "<<this->Level
   <<endl;
19.    }
20.    void SuitOn (int T, int L )
21.    {
22.        this->PowerType = T;
23.        this->Level = L;
24.        cout<<"换装备:" <<endl ;
25.        ShowInfo();
26.    }
27.    void SavingWorld ( )
28.    {
```

```
29.         cout<<"打怪兽!!!"<<endl;
30.     }
31.     void SuitOff ()
32.     {
33.         this->PowerType = 0;
34.         this->Level = 2;
35.         cout<<"掩饰身份。"<<endl;
36.     }
37. private:
38.     int PowerType;
39.     int Level;
40. };
```

派生类 SuperHero 类的成员构成及其访问权限如表 6-3 所示。

表 6-3　SuperHero 类成员构成表

类　名	成　员　名		访问权限
SuperHero	Human:	Height、Weight、Gender	private	不可访问
		Info()	public	public
		Live()	public	public
		Work()	public	public
		Entertain()	public	public
	PowerType、Level		private	private
	SuitOn(int T，int L)		public	public
	SavingWorld()		public	public
	SuitOff()		public	public
	PowerInfo()		public	public

再来测试一下派生类和基类的访问权限,设计调用函数如下:

```
1.  /**********************************
2.      程序名:6_1.cpp
3.      功　能:公有继承访问权限例1
4.  **********************************/
5.  #include "SuperHero.h"
6.  using namespace std;
7.  int main()
8.  {
9.      SuperHero IronMan ;
10.     //cout<<IronMan.Height ;            //语句错误
11.     IronMan.Info() ;
12.     //cout<<IronMan.PowerType ;         //语句错误
```

```
13.     IronMan.SuitOn ( 8 , 10 ) ;
14. }
```

程序说明：

- 第 9 句是用派生类 SuperHero 生成对象 IronMan。类生成对象时要调用构造函数，而派生类由于继承了基类的成员，因此生成对象时要先调用基类的构造函数，再调用自身的构造函数。所以，此时先调用基类 Human 的构造函数，用构造函数的默认参数给基类的私有成员变量赋值，然后调用派生类 SuperHero 的构造函数，同样用构造函数的默认形参给派生类的私有成员变量赋值。

- 第 10 句调用输出语句，输出当前 IronMan 的 Height 变量的值。Height 变量并不是派生类自定义的，而是从基类继承来的，因此是否能从外部调用要分析继承的方式及其本身的属性。表 6-3 显示，Height 是基类的私有成员，私有成员对外不可见，无法被派生类访问。因此第 10 句是错误调用，编译器会报错。

- 第 11 句与第 10 句类似，通过派生类的对象调用基类的成员函数 Info。和上一句的 Height 不同，Info 函数是基类的公有成员。由于是公有继承，因此基类的公有成员也被派生类继承为公有成员，可以被派生类的对象从函数外部调用。因此此句运行结果如图 6-4 所示。

- 第 12 句输出 IronMan 的 PowerType 值，PowerType 是派生类自己定义的成员变量，但是声明为 private 类型，因此在类外部不能通过对象进行直接访问。此句是错误调用，编译器会报错。

- 第 13 句通过派生类对象调用自身定义的公有成员函数 SuitOn 函数，可以直接调用派生类的函数，函数定义在 SuperHero.h 文件的第 20 行。可以看到在函数内部，将传递的实参值赋给了派生类的私有成员变量，并且调用了派生类的公有成员 ShowInfo 函数。ShowInfo 函数中先调用了基类的公有成员 Info 函数，Info 是被公有继承的公有成员，不仅可以通过派生类的对象从外部直接调用，也可以被派生类的内部函数直接调用，语句正确；接下来，ShowInfo 又调用了输出语句输出派生类自己的私有成员变量 PowerType 和 Level。此句的运行结果如图 6-5 所示。

```
身高，体重，性别：170，60，M
```

图 6-4　程序运行结果

```
换装备：
身高，体重，性别：170，60，M
能力类型：8，能力等级：10
```

图 6-5　程序运行结果

上面例子说明了公有继承时构造函数的调用顺序，以及公有继承后成员属性的变化及调用效果。

从例子中可以更直观地看到，派生类 SuperHero 类公有继承了基类 Human 类后，就继承了基类的所有成员，并且可以直接使用基类的除了 private 属性之外的其他属性的成员，实现对基类代码的重用，以及通过自己定义的新成员体现了自己区别于基类的特征，实现对基类的扩充。

注意： 派生类在构造时先构造基类再构造派生类；析构时与构造顺序相反，先析构派生类再析构基类。派生类的构造与析构问题在后面的章节再做详细介绍。

6.3.2　私有继承

定义派生类时,如果继承方式为 private 的基类即为私有继承时,如有类 Base1 和类 Derived1,则定义如下:

```
class Base1 { ... };
class Derived1:private Base1 { ... };
```

Derived1 类为 Base1 类的私有派生类,或者说 Derived1 私有继承 Base1 类。

此时,Base1 类中的 public、private 及 protected 三种属性的成员属性变化如下。

(1)基类中的 public 和 protected 成员,在私有继承后,成了派生类的私有成员。即基类的公有成员和保护成员被派生类继承后,可以被派生类的其他成员函数直接访问,但类外对象不能通过派生类对象来访问它们。

(2)基类中的 private 成员,在私有继承后,与公有继承后情况相同,不能被直接访问。即尽管它们包含于派生类中,但无论是派生类的成员还是派生类的对象都不能直接访问它们。

总的来说,私有继承中,基类成员的属性在派生类中的变化如表 6-4 所示。

表 6-4　私有继承基类成员属性变化表

基类	public	private	protected
私有派生类	private	不可访问	private

从表 6-4 可以看出,经过私有继承以后,基类中的成员有的成了派生类的私有成员,有的成了不可被访问的成员,后者有较高级别的保护性。

但是,如果进行进一步派生,则下一层派生类根本无法使用基类中的任何成员,也就是基类成员所代表的属性和行为无法在后续的派生类中发挥作用,相当于终止了基类特征的延续,或者可以说是终止了基类的派生。如果前面的共同属性不能够共享,那后续的派生就毫无意义,因此使用私有继承时,通常要配合使用同名覆盖等方法,后面再进行详述。

【例 6-2】　现在对例 6-1 的代码稍作修改来说明私有继承的成员访问权限。

基类与例 6-1 的定义保持一致,派生的超级英雄类 SuperHero 类改为私有继承模式,其他不变(稍作省略),代码如下:

```
1.  /*******************************************
2.     程序名:SuperHero2.h
3.     说  明:SuperHero 类私有继承示例
4.  *******************************************/
5.  #include "Human.h"
6.  using namespace std ;
7.  class SuperHero:private Human
8.  {
9.    public:
10.     SuperHero(int T = 0, int Level = 2)
11.     {
12.         this->PowerType = T ;
13.         this->Level = Level ;
```

```
14.        }
15.        void ShowInfo()
16.        {
17.            Info ( ) ;
18.            cout <<"能力类型: " <<this ->PowerType <<", " <<"能力等级: " <<this ->
    Level <<endl ;
19.        }
20.        void SuitOn (int T, int L )
21.        {
22.            this ->PowerType = T ;
23.            this ->Level = L ;
24.            cout <<"换装备:" <<endl ;
25.            ShowInfo ( );
26.        }
27.        void SavingWorld ( ) ;                          //拯救世界
28.        void SuitOff ( ) ;                              //恢复原样
29.    private :
30.        int PowerType ;
31.        int Level ;
32. } ;
```

私有继承 SuperHero 类的成员构成及其访问权限如表 6-5 所示。

表 6-5　私有继承 SuperHero 类的成员构成及其访问权限表

类　名	成　员　名			访问权限
SuperHero	Human	Height、Weight、Gender	private	不可访问
		Info()	public	private
		Live()	public	private
		Work()	public	private
		Entertain()	public	private
	PowerType、Level		private	private
	SuitOn(int T, int L)		public	public
	SavingWorld()		public	public
	SuitOff()		public	public
	PowerInfo()		public	public

再来测试一下派生类和基类的访问权限,若仍使用例 6-1 中公有继承的测试代码,运行结果会有什么不同呢?

```
1.  /****************************************
2.      程序名:6_2.cpp
3.      功  能:私有继承访问权限测试
```

```
4.    ***********************************/
5.    #include "SuperHero.h"
6.    using namespace std ;
7.    int main()
8.    {
9.        SuperHero IronMan ;
10.       //cout <<IronMan. Height ;                    //语句错误
11.       IronMan. Info();
12.       //cout <<IronMan. PowerType ;                 //语句错误
13.       IronMan. SuitOn ( 8,10 ) ;
14.   }
```

程序说明：

- 第 9 句用派生类 SuperHero 生成对象 IronMan。构造函数的调用次序与公有继承一致。

- 第 10 句调用输出语句，输出派生类对象 IronMan 的 Height 变量值。Height 变量是基类的私有成员，经过私有继承后，成了派生类 SuperHero 的无法被访问的成员。因此第 10 句是错误调用，编译器会报错。

- 第 11 句通过派生类的对象调用基类的成员函数 Info，Info 函数是基类的公有成员，但由于是私有继承，因此也被派生类继承为私有成员，可以被派生类的成员函数访问，但不能通过派生类的对象从外部调用。因此本句也是错误调用，编译器会报错。

- 第 12 句输出 IronMan 的 PowerType 值，PowerType 是派生类自己定义的成员变量，但是声明为 private 类型，因此类外部不能通过对象进行直接访问。此句是错误调用，编译器会报错。

- 第 13 句通过派生类对象调用自身定义的公有成员函数 SuitOn 函数，可以调用。此函数的最后一句又调用了 ShowInfo 函数，ShowInfo 函数是派生类的公有成员，语句也没问题，函数再跳转进入 ShowInfo 函数。是否还能正确执行下去呢？

ShowInfo 函数中先调用了基类的公有成员 Info 函数，再调用了输出语句输出派生类自己的私有成员变量 PowerType 和 Level。Info 函数是基类中被私有继承的公有成员，被派生类当作私有成员，不能通过派生类的对象被外部函数直接调用，但可以被派生类的内部函数直接访问。因此，本句没问题，运行结果如图 6-6 所示。

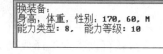

```
换装备：
身高，体重，性别：170，60，M
能力类型：8，能力等级：10
```

图 6-6　程序运行结果

上面的例子说明了私有继承后基类各成员属性的变化及调用效果。

思考： 私有继承的目的通常是为提高封装程度和数据的隐蔽程度而使用的，但从上面的分析可以看到，基类原有的公有成员函数，即原本设计的对外接口也都变为私有成员，而无法被外部访问，那如何保留基类原有的外部接口可以被外部访问呢？

前面提到要修改某个基类原有的成员的内容时，可以用"同名覆盖"的原则，即在派生类中用基类成员的标识符作为新成员的标识符，这样当派生类的对象调用这个标识符时，C++ 会自动调用派生类的成员，从而起到覆盖基类同名成员的作用。

在解决上面提出的"如何保留私有继承中基类的公有成员"的问题时,就可以运用同名覆盖的方法。

【例 6-3】 程序 6_1.cpp 中第 11 句为例,来说明同名覆盖的方法。

在程序 6_1.cpp 中第 11 句用派生类对象 IronMan 调用基类的 Info() 方法,由于 Info() 方法属性变为了 private,导致调用错误,运行失败。

```
IronMan.Info();
```

若想运行成功,可利用同名覆盖原则,在派生类中增加一个同名的公有的 Info() 成员。由于派生类的内部函数可以访问派生类的私有成员,因此再在该成员中调用基类的 Info() 方法即可达到使用基类原有接口的目的。

SuperHero 类中定义的其他成员都不需要改变,为突出重点,此处省略无须改变的代码,只写新增方法,代码如下:

```
1.  /*******************************
2.    程序名:SuperHero2.h
3.    说  明:SuperHero 类私有继承示例
4.  *******************************/
5.  #include "Human.h"
6.  using namespace std;
7.  class SuperHero:private Human
8.  {
9.      //其他成员与原来定义一样,无须改变,此处省略不写
10.     ...
11.     //新增基类的同名方法
12. public:
13. void Info()
14. {
15.     Human :: Info();
16. }
17. };
```

只要这样简单地加上一个同名函数,再运行测试代码的第 11 行,就可以正常编译成功,并得到预期输出,输出结果与公有继承结果相同,如图 6-7 所示。

身高, 体重, 性别: 170, 60, M

图 6-7　程序运行结果

注意:由于基类和派生类中有同名成员,因此在调用此成员标识符时,要指定调用域来明确调用的是哪个类中的这个成员。指定调用域的代码如下所示。

类名::成员标识符

这个例子中只是在原来的代码中增加了一个函数,而不需要修改基类和测试用的主函数,也不需要修改派生类原来定义的已有成员,就达到了改善代码的目的。从这个角度可以体现出面向对象思想中封装带来的代码高效重用、便于扩充的优越性。

同名覆盖是一个非常重要的原则,利用这个原则,可以方便快捷地对基类成员的内容进行改造、扩充。对派生类来说,同名覆盖原则使派生类能够更方便地在基类的基础上进行"继承性的创新"——接口不变,内容改变,老瓶装新酒;对基类来说,同名覆盖使它的成员既可以隐藏信息,又可以被重复利用;对程序员来说,同名覆盖使新定义的类依然可以用已经熟悉的外部接口来访问,有利于提高代码的可读性和代码编写效率。

6.3.3 保护继承

定义派生类时,继承方式为 protected 的基类即为保护继承的。如有类 Base1 和类 Derived1 定义如下:

```
class Base1 { ... };
class Derived1:protected Base1 { ... };
```

Derived1 类为 Base1 类的保护派生类,或者说 Derived1 保护继承 Base1 类。

此时,Base1 类中的 public、private 及 protected 三种属性的成员的属性变化如下。

(1) 基类中的 public 和 protected 成员,在保护继承后,成了派生类的保护成员。即基类的公有成员和保护成员被派生类继承后,可以被派生类的其他成员函数直接访问,但类外对象不能通过派生类对象访问它们。

(2) 基类中的 private 成员,在保护继承后,与公有继承、私有继承情况相同,仍然不能被直接访问。即无论是派生类的成员还是派生类的对象都不能直接访问它们。

保护继承中,基类成员的属性在派生类中的变化如表 6-6 所示。

表 6-6　保护继承基类成员属性变化表

基类	public	private	protected
保护派生类	protected	不可访问	protected

【例 6-4】 现在对例 6-3 的代码稍作修改来说明保护继承的成员访问权限。在例 6-3 代码的基础上,将派生的 SuperHero 类改为保护模式,其他不变(省略不写),代码如下:

```
1.  /*************************************
2.      程序名:SuperHero3.h
3.      说  明:SuperHero 类保护继承示例
4.  *************************************/
5.  #include "Human.h"
6.  using namespace std;
7.  class SuperHero:protected Human
8.  {
9.      //类定义同例 6-1
10.     ...
11. };
```

保护继承 SuperHero 类的成员构成及其访问权限如表 6-7 所示。

表 6-7　保护继承 SuperHero 类的成员构成及其访问权限

类　　名	成　员　名			访问权限
SuperHero	Human	Height、Weight、Gender	private	不可访问
		Info()	public	protected
		Live()	public	protected
		Work()	public	protected
		Entertain()	public	protected
	PowerType、Level		private	private
	SuitOn(int T, int L)		public	public
	SavingWorld()		public	public
	SuitOff()		public	public
	PowerInfo()		public	public
	Info()		public	public

在类的存取控制属性中，protected 属性和 private 属性对所修饰的成员本身的存取限制是相同的，即可以被类的内部成员访问，但不能通过类的对象被访问（即外部无法访问）。所以保护继承后，得到的派生类对基类成员的访问限制情况也与私有继承的情况一致。

保护继承与私有继承的主要区别体现在多层派生的情况下。假设有基类 A，类 B 为类 A 的保护继承类，类 C 为类 A 的私有继承类，如图 6-8 所示。

图 6-8　多层派生示意图

若再向下派生，类 B 派生出类 bb，类 C 派生出类 cc，则无论类 cc 是以哪种方式继承的，都无法访问到类 A 的成员；基类 A 中的公有和保护成员都被类 B 以保护成员的属性间接继承，尽管类 B 对象不能访问这些成员，但是类 B 的所有内部成员都可以访问它们，若类 bb 是公有继承或保护继承自类 B 的，则类 A 的那些特性仍然可以被保留下来。

上述特点是保护继承的优势，它既能够保护内部信息，实现成员隐蔽；又能够在子类中共享信息，实现高效的软件重用和软件扩充。因此保护继承在实际生产中也会被经常用到。

【例 6-5】 举例说明多层派生情况下保护继承的效果：定义一个异人类 Inhuman，保护继承于例 6-4 中的 SuperHero 类（即由 Human 类保护派生出的类），代码如下：

```
1.  /*******************************************
2.     程序名:Inhuman.h
3.     说  明:Inhuman 类定义示例
4.  *******************************************/
5.  #include "SuperHero.h"
6.  using namespace std;
7.  class Inhuman:protected SuperHero
8.  {
```

```
9.    public:
10.       Inhuman();                          //构造函数,略写
11.       bool Recruit(char Flag);            //是否被招募
12.    private:
13.       int PowerType;                      //能力代号
14.       int Level;                          //能力等级
15.       char SorH;                          //队伍代号
16.  };
```

保护继承类的保护派生类的成员构成如表 6-8 所示。

表 6-8　保护继承类的保护派生新类的成员构成表

类名	成　员　名				访问权限
Inhuman	SuperHero	Human	Height、Weight、Gender	private	不可访问
			Info(),...	public	protected
		PowerType、Level		private	不可访问
		SuitOn(int T,int L),...		public	protected
	PowerType、Level、SorH			private	private
	Recruit()			public	public

代码中为了节省时间,简单增加了几个成员数据和函数。

先来看表 6-8 中的内容,经过再次保护继承,Inhuman 类中以保护属性继承了基类 SuperHero 类以及其基类 Human 类的非私有成员,并定义了自己所需的成员变量和成员函数。

思考:表中 SuperHero 类和 Inhuman 类都定义了相同的变量,这是利用同名覆盖原则吗?

异人也有超自然的能力,因此 Inhuman 类也需要记录其能力类型 PowerType 和能力等级 Level,这两个变量在其基类 SuperHero 类中已经定义过了,新派生出的 Inhuman 类中对这两个变量的意义和内容也并没有修改,因此并非同名覆盖。但由于它们在基类中定义时分配的属性是私有的,新类虽接收了这些变量却无法访问和使用,因此只能做这样的重复定义。

这样重复定义的变量虽然不多,但是与希望尽可能重用代码的思想是相违背的,那是否能够修改呢? 如何修改更为合理呢?

在本例中,类的两层派生都采用了保护方式,但是变量在定义时只定义了私有属性和公有属性,这样继承后本来外部无法直接访问的成员依然无法直接访问,无法体现保护继承的共享的优势。因此这里就可以从基类成员入手修改,如果把 SuperHero 类中的能力类型和能力级别两个变量定义为保护属性,那么保护继承得到的 Inhuman 类中就可以直接使用 SuperHero 类的这两个变量,而无须重复定义了。

修改基类代码如下:

```
1.  /************************************************
2.       程序名:SuperHero3.h
3.       说　明:SuperHero 类定义修改示例
```

```
4.    *****************************************/
5.    class SuperHero:protected Human
6.    {
7.      public:
8.        //公有成员定义同例 6-1
9.        ...
10.   protected:                          //修改 private 属性为 protected 属性
11.       int PowerType;                   //能力代号
12.       int Level;                       //能力等级
13.   };
```

修改派生类代码如下：

```
1.    /*****************************************
2.        程序名:Inhuman.h
3.        说  明:Inhuman 类定义修改示例
4.    *****************************************/
5.    class Inhuman:protected SuperHero
6.    {
7.      public:
8.        //公有成员定义同上文
9.        ...
10.   private:
11.       //去掉与基类重复的两个变量
12.       char SorH;                       //队伍代号
13.   };
```

修改后在 Inhuman 类中的成员函数就可以使用基类中定义的成员变量了。基类的成员
函数也可以被新类的成员函数直接访问。定义成员函数时可以定义新成员或者用同名覆盖原
则合理修改、扩充基类的成员。

三种继承方式就介绍到这里，每种方式都有自己的优点和限制，在使用时，要根据实际情
况选择继承方式，并为基类成员和派生类成员选择合理的存取属性和标识符。

6.4 派生类的构造与析构

前面介绍继承方式时的举例中涉及了派生类的构造问题，在本节详细介绍派生类的构造
与析构的问题。

6.4.1 单继承的构造

前面提到过生成派生类对象时会先调用基类的构造函数，再调用派生类的构造函数，为什
么要遵循这个顺序呢？因为派生类从基类继承了成员，派生类自己定义的成员很有可能会调
用基类的成员，因此需要先初始化基类成员，避免发生未初始化就使用的错误。

调用基类构造函数时，有以下两种方式。

1. 显示调用

在派生类的构造函数中,列出基类的带参构造函数,为基类的构造函数提供参数,格式
如下:

派生类名::派生类名(派生类参数列表):基类名(基类参数列表)

【例 6-6】 下面给出派生类显示调用基类构造函数的示例代码:代码中定义了一个基类
Base,和它的公有派生类 Derived,基类中定义了一个成员变量和一个带参数的构造函数,派生
类中定义了一个带参构造函数:

```
1.  /**********************************************
2.      程序名:Derived_Test1.cpp
3.      说 明:派生类构造部分代码示例 1
4.  **********************************************/
5.  class Base {
6.    public :
7.      int n ;                              //基类成员变量
8.      Base(int i) : n(i)                   //基类构造函数
9.      {   cout <<"基类" <<n<<" 构造" <<endl ;   }
10. };
11. class Derived : public Base{
12.   public:
13.     Derived(int i) : Base(i)             //派生类构造函数
14.     {   cout<<"派生类构造"<<endl;   }
15. };
```

程序说明:

- 第 8 行基类构造函数给出参数 i,并通过构造函数参数列表的形式给其成员变量 i
  赋值。
- 第 9 行在基类内部输出其成员变量的值。
- 第 11 行派生类以公有的形式继承基类。
- 第 13、14 行是派生类的构造函数,派生类生成对象之前要先调用基类的构造函数给基
  类的成员数据赋值,此例中基类有一个变量 n,派生类中虽然没有成员变量,但是为了
  给基类数据 n 赋值,就需要在构造函数中定义一个形参 i,并通过显示调用基类构造函
  数的方法将这个 i 值传递给 n。

测试代码:

```
16. int main()
17. {
18.     Derived Obj(1);                      //派生类生成对象 obj,传参数 1
19.     return 0;
20. }
```

第 18 行用派生类 Derived 类生成一个对象 Obj,并传入参数 1,由于派生类中定义了带参
数的构造函数,C++编译后会调用通过派生类的这个构造函数先调用基类的带参函数,进行

参数传递,然后再执行派生类的构造函数,因此代码输出结果如图 6-9 所示。

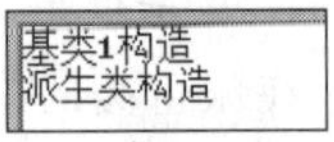

```
基类1构造
派生类构造
```

图 6-9　程序运行结果

2. 隐式调用

在派生类构造函数中,若不列出基类构造函数,则派生类构造函数会自动调用基类的默认构造函数,即无参数的构造函数。若上面例子中基类不变,派生类的构造函数又不显示调用基类的构造函数,则编译器会去自动调用基类的默认的无参构造函数,但基类显示定义了带参构造函数后,系统不会给其分配默认的无参构造函数,此时,编译器就会报错。代码如下:

```
11. class Derived : public Base{
12.   public:
13.     Derived(int i)            //未显示调用基类构造函数,基类无默认构造函数,报错
14.     {  cout<<"派生类构造"<<endl;  }
15. }
```

所以,简单地说,派生类生成对象时是先调用基类构造函数再调用派生类构造函数。

但这样的表述还不够全面,派生类除了拥有继承来的基类成员和自己新定义的成员之外,还可能有另外一种成员——成员对象,若派生类中有成员对象,构造对象时则又有不同。

成员对象:当一个类的成员是另一个类的对象时,就称其为成员对象。

出现成员对象时,该类的构造函数要包含对成员的初始化。如果构造函数的成员初始化列表没有对成员对象初始化时,则使用成员对象的默认构造函数。

【例 6-7】　举例来说明派生类的构造顺序。

```
1.  /*********************************
2.     程序名:Derived_Test2.h
3.     说　明:派生类构造部分代码示例 2
4.  *********************************/
5.  class A {
6.    private:
7.      int nTa;
8.    public:
9.      A(int ta);
10. };
11. class C{
12.   private:
13.     int nTc;
14.   public:
15.     C(int tc);
16. };
17. class B : public A{
18.   private:
19.     int nTb;
20.     C obj1, obj2;
21.   public:
```

```
22.    B(int ta,int tc1, int tc2, int tb);
23. };
```

程序说明：

此段代码中类 B 公有继承类 A，并且类 B 的成员中有类 C 的对象 obj1 和 obj2。obj1 和 obj2 是类 C 的对象，但是作为类 B 的成员存在，因此称为成员对象。

这时，如果要构造类 B 的对象，则需要调用类 A 的构造函数初始化基类的数据成员，再调用类 C 的构造函数初始化对象成员 obj1 和 obj2，最后调用类 B 自身的构造函数给自己定义的成员变量赋值。

将成员对象初始化时通常采用成员初始化列表的方式进行。

构造函数对成员对象初始化的格式如下：

```
成员对象 1 (形参表 1),成员对象 2(形参表 2),...
```

派生类构造函数仍然推荐显示调用的方式，下面给出的是本例中类外定义的构造函数代码示例：

```
B::B(int ta, int tb,int tc1, int tc2) : A(ta), obj1(tc1), obj2(tc2), nTb(tb)
{
    ...
}
```

构造函数中定义了四个形参，参数的顺序与调用顺序无关，构造列表中也依次列出需要初始化的"类名＋参数表"以及"成员对象＋参数表"，构造列表中的先后顺序也与调用顺序无关，所以列表中的次序无关紧要。

由上面的分析可以明确，单继承的情况下，派生类构造函数调用的一般顺序如下。

(1) 调用基类构造函数。

(2) 调用成员对象的构造函数，并且应该按照其在当前派生类中的定义顺序调用。

(3) 调用派生类自己的构造函数。

若继承（派生）层次有多层，则派生类构造函数的调用顺序将从最上层的基类开始，由上而下到最下层的派生类，依次按上面的一般调用顺序进行调用。

6.4.2 派生类构造函数

以类外定义格式为例，派生类构造函数定义的一般格式如下：

```
派生类名::派生类名(参数总表):基类名 1(参数表 1), ..., 基类名 n(参数表 n),
    成员对象名 1(成员对象参数表 1), ..., 成员对象名 m(成员对象参数表 m),
    新增成员 1(参数 1), ..., 新增成员 r(参数 r)
{
    //新增成员赋值也可以写在函数体内部
}
```

其中：

（1）参数总表中要给出基类数据成员、成员对象数据成员的初值，以及派生类中新增的数据成员的初值。

（2）"基类名 1（参数表 1），…，基类名 n（参数表 n）"称为基类成员的初始化表，由基类名和它的参数表构成，继承自多个基类时，基类间用逗号分隔。

（3）"成员对象名 1（成员对象参数表 1），…，成员对象名 m（成员对象参数表 m）"称为成员对象的初始化表，由成员对象名和它的参数表构成，定义了多个成员对象时，对象之间用逗号分隔。

（4）基类成员的初始化表与成员对象的初始化表构成了派生类构造函数的初始化表，表中顺序与调用顺序无关，但一般习惯是按照基类的继承顺序、成员对象的定义顺序来安排。派生类新增的成员的初始化参数可以写在初始化表中，也可以写在函数体内部。

派生类的构造函数看起来结构有点复杂，但并不是每个派生类都需要这么复杂的构造函数，只有当基类定义了带参的构造函数时才需要这样定义，以便将参数传递进去；若基类没有定义构造函数，则派生类也可以不定义构造函数，都采用默认的缺省构造函数。

6.4.3 派生类的析构

相对于派生类构造函数的复杂格式，派生类的析构就比较简单了。派生类析构的顺序与构造的顺序正好相反，即先析构派生类成员对象，再析构成员对象，最后析构基类对象。

【例 6-8】 若有类 A 为基类，类 B 继承自类 A，类 B 又派生出了类 C。若生成类 C 的对象时，构造和析构顺序是怎样的呢？

生成类 C 的对象时，其构造顺序为先构造类 A 再构造类 B 最后构造类 C。而析构时，顺序正好相反，先析构类 C，再析构类 B，最后析构类 A，如图 6-10 所示。

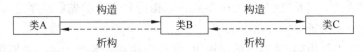

图 6-10 多层单继承构造和析构顺序示意图

类的析构函数会在类对象消亡时进行清理工作。派生类析构时，系统会自动调用基类以及成员对象所属类的析构函数，去清理派生类继承的数据或借用的其他类的对象。因此派生类自身的析构函数不需要处理那些数据，只负责清理新增的非对象成员即可，写法与普通类的析构函数一样，此处无须详述。

6.5 多 继 承

多继承的概念在 6.1 节中做过简介。多继承即派生类有两个或两个以上的直接基类。多继承比单继承更符合现实世界中具有多种特征的对象，例如电话手表既有手表的特征，又有电话的特征；水陆两用车既有车的特征，又有船的特征；便利店老板既是管理人员、财务人员，又是收银员、上货员等。

利用多继承的方法，可以方便地描述事物的多种特性，有利于软件重用。但这样的方便有时也会带来一些问题，比如比较常见的语义二义性问题，因此备受争议。

6.5.1　多继承的构造

当派生类继承自多个基类时,可以方便地描述出多种特征,但是构造对象时,构造函数的调用个数要比单继承多一些。但由于构造函数调用的原理与单继承构造的原理一样,因此并不难理解。

多继承时派生类构造函数执行的顺序如下。

(1) 按照继承表中基类声明的顺序,从左到右调用各基类构造函数。

(2) 按照类中定义的成员对象顺序,依次调用成员对象所属类的构造函数。

(3) 调用派生类的构造函数。

> **注意**:派生类多继承时,对同一个基类,直接继承次数不能超过一次。

6.5.2　多继承的析构

多继承析构时对析构函数的调用顺序也与单继承析构时相同,即先构造的后析构,后构造的先析构。

派生类自己的析构函数也只负责新增的普通成员的清理工作即可,不用处理从基类继承的成员和对象成员。

多继承析构时,系统会先调用派生类的析构函数,析构派生类新增的普通成员;再调用成员对象所属类的析构函数,析构派生类中的对象成员;最后调用基类的析构函数,析构从基类继承的成员。

6.5.3　二义性问题

对单继承来说,在派生类中对基类成员的访问是可以通过成员标识符唯一确定,系统可以根据标识符、是否同名覆盖等情况自动调用对应的类成员。

但对多继承来说,由于继承自不同的基类,而被继承的基类之间原本没有关联,因此其内部定义可能会出现同名成员,当派生类调用该成员时,由于多个基类都有同名成员可以被调用,这就造成了编译器无法确定具体调用哪个类的成员。这种由于多继承引起的对某类的某成员进行访问时不能唯一确定的情况,就称为二义性问题。

【例 6-9】 多继承的二义性问题举例。假设有一个汽车类和一个船类,现要求定义一个水陆两用车类。由于水陆两用车既具备车的特征,又有船的特征,因此可考虑让它继承汽车类和船类两个基类。代码如下:

```
1.  /*******************************************
2.     程序名:MultiDerived.cpp
3.     说　明:多继承的二义性
4.  *******************************************/
5.  #include <iostream>
6.  using namespace std;
7.  //车类
8.  class Car
9.  {
10.   public:
```

```
11.      Car(int p, int s)
12.      {
13.          power = p;
14.          seat = s;
15.      }
16.      void Show()
17.      {
18.          cout<<"汽车动力:"<<power<<", 座位数:"<<seat<<endl;
19.      }
20.    private:
21.      int power;                //马力
22.      int seat;                 //座位
23. };
24. //船类
25. class Boat
26. {
27.    public:
28.      Boat(int c, int s)
29.      {
30.          capacity = c;
31.          seat = s;
32.      }
33.      void Show()
34.      {
35.          cout<<"船载重量:"<<capacity <<", 座位数:"<<seat<<endl;
36.      }
37.    private:
38.      int capacity;             //载重量
39.      int seat;                 //座位
40. };
41. //水陆两栖车
42. class AAmobile:public Car, public Boat
43. {
44.    public:
45.      AAmobile( int power, int cseat, int capacity,int bseat ):Car(power, cseat),
     Boat(capacity, bseat) { }
46.      void ShowAA()
47.      {
48.          cout<<"水陆两用车:"<<endl;
49.          Car::Show();
50.          Boat::Show();
51.      }
52. };
53. //测试代码
54. int main()
```

```
55. {
56.     Car NormalCar(200,2);
57.     Boat NormalBoat(1000,2);
58.     AAmobile CoolCar(500,5,2000,4);
59.     NormalCar.Show();
60.     NormalBoat.Show();
61.     //CoolCar.Show();          //二义性
62.     CoolCar.ShowAA();
63.     return 0;
64. }
```

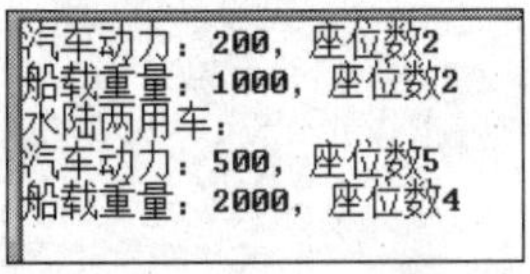

汽车动力：200，座位数2
船载重量：1000，座位数2
水陆两用车：
汽车动力：500，座位数5
船载重量：2000，座位数4

图 6-11　程序运行结果

程序运行结果如图 6-11 所示。

程序说明：

代码中 Car 类定义了两个成员变量 power 和 seat，一个带参数的构造函数和一个公有成员函数 Show；Boat 类定义了两个成员变量 capacity 和 seat，一个带参数的构造函数和一个公有成员函数 Show。

Car 和 Boat 这两个类没有关联，因此各自的对象调用相同的标识符没有问题，第 59 行 NormalCar.Show 调用的是 Car 类的 Show 函数，第 60 行 NormalBoat.Show 调用的是 Boat 类的 Show 函数。

若水路两栖车 AAmobile 类只定义构造函数，不定义 ShowAA() 方法，则公有继承了 Car 和 Boat 类后，它分别继承了来自两个基类的公有函数 Show，那么在第 61 行当 AAmobile 类的对象调用 Show 时，编译器就不知道到底应该选择调用哪个 Show 函数了。因此应该定义一个自己的显示函数，内部再用定义域的方式规定具体访问哪个基类的 Show。

注意：此处代码是为了突出二义性而写的，因此给出了 ShowAA() 方法与 Show() 进行区别，在实际操作中，可以利用同名覆盖原则，直接在 AAmobile 中定义 Show() 方法。

也可以根据情况用虚函数或虚基类解决，此处不做详述。

6.6　类型兼容

类型兼容是指把公有派生类的对象作为基类对象使用的情况。

公有继承后，派生类得到了基类的所有成员，并且对基类中除私有成员外的其他成员的访问控制属性也与在基类中完全相同，相当于派生类包含基类，或者用集合的形式描述，基类是派生类的一个子集（见图 6-12）。

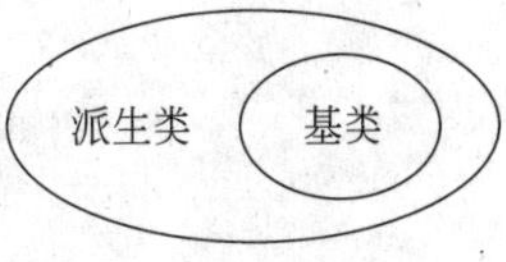

派生类对象都有基类的特征，因此可以把派生类对象当作基类对象对待，去处理从基类继承的成员。

在 C++ 中，类型兼容主要是指以下三种情况。

（1）派生类对象可以赋值给基类对象。

（2）派生类对象可以初始化基类的引用，或者说基类引用可以直接引用派生类对象。

图 6-12　派生类和基类的
包含关系示意图

（3）派生类对象的地址可以赋给基类指针，或者说基类指针可以指向派生类对象。

【例 6-10】 以基类 A 和其公有派生类 B 为例，演示 C++ 中派生类和基类的兼容性。代码如下：

```
1.  /*******************************************
2.      程序名:Derived_test1.cpp
3.      说   明:类型兼容示例代码
4.  *******************************************/
5.  #include<iostream>
6.  using namespace std;
7.  //基类 A
8.  class A
9.  {
10.   private:
11.      int na;
12.   public:
13.      A( int na )
14.      {  this->na = na;   }
15.      void Show ( )
16.      {  cout <<na<<endl;     }
17.  };
18.  //派生类 B
19.  class B : public A
20.  {
21.   private:
22.      int nb;
23.   public:
24.      B ( int na, int nb ) : A( na )
25.      {   this->nb = nb;   }
26.      void ShowInfo ( )
27.      {  cout <<nb<<endl;   }
28.  };
29.  //测试代码
30.  int main ( )
31.  {
32.      //对象调用所属类的成员函数
33.          A a (1);
34.          a.Show ( );            //1
35.          B b( 200,200 );
36.          b.ShowInfo ( );        //200
37.          cout <<endl;
38.
39.      //子类对象调用父类的成员
40.          b.Show ( );            //200
41.          cout <<endl;
```

```
42.
43.     //基类指针指向不同对象
44.         A * pa = NULL;
45.         pa = &a;                    //基类指针指向基类对象
46.         pa->Show ( );               //1
47.         pa = &b;                    //基类指针指向派生类对象
48.         pa->Show ( );               //200
49.         cout<<endl;
50.
51.     //派生类对象赋值给基类对象
52.         a = b;
53.         a.Show ( );                 //200
54.         cout<<endl;
55.
56.     //基类引用派生类对象
57.         A &ra = b;
58.         ra.Show ( );                //200
59.         return 0;
60. }
```

程序说明：

- 第 33~36 行分别使基类 A 和派生类 B 生成了它们自己的对象 a 和 b，派生类的构造函数要求传入两个参数，其中 na 是传递给基类 A。两个对象分别调用自己类定义的显示函数 Show 和 ShowInfo，分别显示自己的私有变量值 1 和 200。

- 第 40 行是用派生类 B 的对象 b 调用基类 A 的显示函数 Show，这样的调用结果是通过 b 访问从基类 A 继承来的公有成员，在生成对象 b 时，B 类的构造函数传递给基类 A 构造函数的参数值是 200，因此此处的调用结果是 200。

- 第 44 行定义了一个基类 A 的指针 pa，并赋值为空。

- 第 45 句 pa＝&a 是将基类对象 a 的地址赋给基类的指针 pa，也就是用基类指针 pa 指向基类对象 a。第 46 句用指针 pa 调用显示函数 Show 时，显示的是基类对象 a 中的基类变量，运行结果为 1。

- 第 47 句 pa ＝ &b 是将派生类对象 b 的地址赋给基类的指针 pa，也就是用基类指针 pa 指向派生类对象 b。第 48 句用指针 pa 调用显示函数 Show 时，显示的是派生类对象 b 中的基类变量，运行结果为 200。

- 第 52 句 a = b，意思是用派生类对象 b 给基类对象 a 赋值，这样的赋值会调用基类的复制构造函数，若没有显示定义复制构造函数，系统会调用系统默认分配的复制构造函数。此时的赋值原理为将派生类对象 b 中基类的成员值赋值给基类对象 a 对应的成员。

- 第 53 句再用基类对象 a 调用 Show 函数时，a 的成员变量 na 的值已经被派生类对象 b 中的 na 值修改过了，因此显示的值是 200。

- 第 57 句 A ＆ra ＝ b 定义了基类的引用 ra，并用派生类对象 b 为其初始化，或者说基类 A 引用了派生类对象 b，此时再用基类引用 ra 调用 Show 函数，显示的也是派生类对象 b 的 na 值，即显示 200。

这个例子是为了用最简洁的方式说明 C++ 的类型兼容规则,给出的类名、成员名设计的尽量简单、抽象,也没有赋予其深层含义。

实际上类型兼容规则的引入,使程序员用 C++ 编码时,可以很方便地实现基类和派生类之间的类型转换,这在实际操作时能减轻代码编写负担,提高程序设计效率。

比如,若在例 6-8 代码的基础上再增加外部的显示函数时就可以用到类型兼容的原则,先看一段代码:

```
1.  /**********************************
2.     程序名:Derived_test1.cpp
3.     说  明:类型兼容示例代码(续)
4.  **********************************/
5.  void Display(A aobj)
6.  {
7.      aobj.Show();
8.  }
9.  int main()
10. {
11.     A a(1);
12.     B b(200);
13.
14.     Display(a);              //1
15.     Display(b);              //200
16. }
```

这段代码中首先定义了一个 Display 的外部函数,它的参数定义为基类 A 的对象,若没有类型兼容规则,则主函数中的第 15 行会调用失败,因此只能增加一个重载函数,改变其参数的类型为 B 类对象,才能正确编译运行。但 C++ 提供的类型兼容规则,使编译器可以自动地在派生类和基类之间进行隐式的类型转换,传入派生类对象也可以调用成功,无须手动增加重载代码,非常简便。

类似地,也可以利用指针和引用的类型兼容,比如,可以把上面代码中的 Display 函数的参数进行修改。

以将参数改为基类指针为例:

```
1.  void Display(A * pa)
2.  {
3.      pa->Show();
4.  }
```

则调用时可以传入基类对象或派生类对象的地址:

```
5.  int main()
6.  {
7.      A a(1);
8.      B b(200);
9.      Display(&a);             //1
```

```
10.    Display(&b);                //200
11. }
```

也可以将外部函数参数改为基类引用：

```
12. void Display(A &ra)
13. {
14.     ra.Show();
15. }
```

则调用时可以直接传入基类对象或派生类对象：

```
16. int main()
17. {   A a(1);
18.     B b(200);
19.     Display(a);                //1
20.     Display(b);                //200
21. }
```

　　类型兼容使 C++ 编译器隐式地将基类与派生类的对象、指针、引用进行类型转换,这使基类的指针(对象/引用)可以访问不同的派生类对象。但是要注意:这样访问,只能访问派生类中从基类继承到的成员,而不能访问派生类的新增成员。

　　如果想通过基类指针访问到派生类的新增成员,要用到 6.7 节的内容——虚基类。

6.7　虚　基　类

　　6.5 节中讲到了多继承中多个基类有同名成员时带来的二义性问题,这种二义性称为直接二义性,可以通过同名覆盖等方法解决。

　　除了直接二义性问题外,还有间接二义性问题。间接二义性指的是:在多继承中,当派生类的两个或以上直接基类都是从一个共同的基类派生出来的,那么这些直接基类中就都包含从上层基类继承来的相同成员。当派生类生成了对象,则从不同直接基类中继承的同名成员在内存中就同时拥有多个副本(复制),这种情况称为间接二义性。

　　【例 6-11】　若现在有基类 A,派生出了 A1 类、A2 类,又有 B 类继承了 A1 类和 A2 类,代码如下:

```
1. /*******************************************
2.     程序名:Virtual_test1.h
3.     说  明:虚基类示例代码
4. *******************************************/
5. #include<iostream>
6. using namespace std;
7. //基类 A
8. class A {
9.   public:
```

```
10.    int na;
11.    A(int a) {  na = a;  }
12. } ;
13. //一级派生类
14. class A1 :public A
15. {  public:  A1(int a) : A(a){ };  } ;
16. class A2 :public A
17. {  public:  A2(int a) : A(a){ };  } ;
18. //二级派生类
19. class B:public A1,public A2
20. {  public:  B(int a) : A1(a) , A2(a) { };  } ;
```

则继承关系示意图如图 6-13 所示。

从图 6-13 中,可以看到四个类之间的继承关系,图 6-14 中用更简单的方式画出了 B 类成员构成。从两个图中可以明确地看出,B 类继承了 A1 和 A2,A1 和 A2 又继承自 A,因此 A1 中包含了一份 A 的公有变量 na 的复制,A2 中也包含了一份 na 的复制。那么如果生成一个 B 类对象 b,通过 b 访问 na 时,到底是访问了 A1 中的 na,还是 A2 中的 na 呢? 这就是多继承情况下的间接二义性问题。

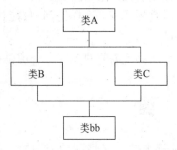

图 6-13   例 6-11 继承关系示意图

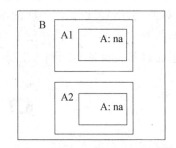

图 6-14   例 6-11 成员结构图

这种情况下若使用同名覆盖或作用域分辨符能够消除调用时的二义性。但是由于在类内部有多个来源不同的相同数据的副本,那就很有可能来源不同的副本值也不相同,从而造成数据不一致的问题。比如假设 A1 类中把 na 设为 5,A2 类中把 na 设为 10,那 B 类对象的 na 值到底是几呢?

要解决这样的数据不一致问题,应该从根源入手,即从一开始就不让同一个成员产生多个副本,怎样才能达到这样的目的呢? ——运用虚基类。

6.7.1   虚基类的定义

虚基类并不是完全有别于普通类而独立存在的一种类的定义形式,它是在派生类的定义中,用关键字 virtual 对继承方式进行修饰得到的,定义格式如下:

```
class 派生类名: virtual 继承方式 基类名
```

其中:

(1) 在某基类的继承方式前使用 virtual 关键字时,说明该基类为此派生类的虚基类。

（2）virtual 关键字只限定紧跟其后的一个类。

（3）派生类声明虚基类后，其效果对后续的派生一直有效。

用虚基类的方式修改一下例 6-11 的代码：

```
1.  /*****************************************
2.      程序名:Virtual_test2.h
3.      说　明:虚基类示例代码
4.  *****************************************/
5.  //基类 A
6.  class A {
7.    public:
8.       int na;
9.       A ( int a = 0 ) { na = a; }
10. };
11. //一级派生类
12. class A1 :virtual public A
13. {
14.   public:
15.      A1(int a) : A(a) { }
16. };
17. class A2 : virtual public A
18. {
19.   public:
20.      A2(int a) : A(a) { }
21. };
22. //二级派生类
23. class B : public A1,public A2
24. {
25.   public:
26.      B(int a) : A1(a) , A2(a) { }
27. };
```

代码中将第 12 行和第 17 行的继承方式前都加了 virtual，即 A1 类和 A2 类均以虚基类的方式继承 A 类，这样 A 的成员变量 na 在 A1 和 A2 中就只有一个副本了，其继承关系图如图 6-15 所示，虚基类用虚线表示；成员构成图如图 6-16 所示，A1 和 A2 共享一个 A 成员副本。

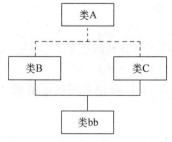

图 6-15　虚基类继承关系示意图

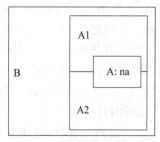

图 6-16　虚基类的成员结构图

还有一点要注意,虚基类继承时基类必须有默认构造函数,如果没有则编译出错,因此要给第 9 行中 A 基类的构造函数加上参数默认值。

6.7.2 虚基类的构造

运用虚基类能够使多重继承过程中,公共基类在派生类中只保留一份基类复制,这其实是通过虚基类的构造机制达成的。存在虚基类时,对象构造函数的调用顺序与一般情况又有所不同,一般主要遵循以下规律。

(1) 虚基类的构造函数在非虚基类构造函数之前调用。

(2) 若同一个继承层次中包含多个虚基类,则按照它们的声明次序依次调用虚基类的构造函数。

(3) 若虚基类是有非虚基类派生的,则遵守先调用基类构造函数,再调用派生类构造函数的规则。

【例 6-12】 下面给出虚继承的简略代码来说明其构造函数的调用顺序。

```
1.  /*********************************
2.     程序名:Virtual_test3.h
3.     说  明:虚基类构造顺序示例 1
4.  *********************************/
5.  class A1 {...};
6.  class A2 {...};
7.  class B1 : public A2,virtual public A1 {...};
8.  class B2:public A2, virtual public A1 {...};
9.  class C : public B1, virtual public B2 {...};
```

程序说明:代码中定义了五个类,从继承层次的角度来讲,一共三层,第一层是 A1、A2 两个类;第二层 B1 和 B2,分别多重继承了第一层的两个 A 类;第三层是一个 C 类,多重继承了第二层的两个 B 类。继承关系如图 6-17 所示。

那么生成 C 类对象时,这个看起来比较复杂的继承树到底是按照什么顺序来调用构造函数的呢?生成的是 C 类对象,因此先看代码第 9 行,从这行可以看出类 C 继承自 B1 和 B2,声明顺序 B1 在先,B2 在后,但是 B2 前面加了 virtual 关键字,即 B2 为虚基类。根据上面的规则,要先调用虚基类的构造函数再调用基类的构造函数,因此,应该先构造基类 B2,再构造基类 B1,最后调用 C 类的构造函数来完成构造。

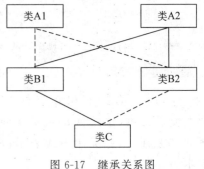

图 6-17 继承关系图

(1) 构造 B2。代码第 8 行 B2 类的定义,B2 按声明顺序分别继承了 A2 类和 A1 类,A1 类被声明为虚基类,因此应该先构造 A1 类,再构造 A2,最后构造 B2。

第 5 行是 A1 的定义语句,A1 为最上层的基类,可以直接调用它的构造函数。A2 也是最上层基类,直接调用其构造函数。

最后调用 B2 的构造函数,则基类 B2 构造完毕。

(2) 构造 B1。从第 7 行代码中能看到,B1 继承自 A2 和 A1,其中 A1 为虚基类,则应该先调用 A1 的构造函数,但由于 A1 在上一步中已经构造过了,有了一份复制,因此,此处不需要再次构造。再到 A2,由于 A2 并非虚基类,因此还会再调用一次 A2 的构造函数。最后调用 B1 自己的构造函数,结束基类 B1 的构造。

(3) 最后调用 C 类自己的构造函数,就完成了 C 类对象的生成。

构造函数的调用顺序可以简单地表示为:A1→A2→B2→A2→B1→C。

这里可以看到有五个类,却调用了六次构造函数。其中 A2 被两个类继承,被构造了两次,也就有两个复制;而 A1 由于两次被继承时都被声明为虚基类,因此只被构造了一次,只有一个复制。

显然两次构造会造成多个副本,导致数据不唯一,因此应该对上面代码进行修改,避免基类被多次构造。应该修改哪里呢?

```
1.   /*********************************
2.     程序名:Virtual_test4.h
3.     说   明:虚基类构造顺序示例 2
4.   *********************************/
5.   class A1 {...};
6.   class A2 {...};
7.   class B1:virtual public A2,virtual public A1 {...};
8.   class B2: virtual public A2, virtual public A1 {...};
9.   class C : public B1, virtual public B2 {...};
```

把被两个类继承的 A2 前面也加上 virtual 关键字,也改为虚基类,那么再构造 A2 时,系统会检查它是否被构造过了,以保证虚基类在构造时只有一个复制。

这样修改后还要注意,构造函数的调用顺序并不是简单地在前面的调用序列中去掉一个 A2 就可以了。

由于 A2 成了虚基类,那么 B2 在构造时就会按照两个虚基类的声明顺序进行构造,因此会先构造 A2,再构造 A1,所以构造顺序就会变为:A2→A1→B2→B1→C。

上面这个例子,说明的是多继承情况下虚基类的构造顺序。

6.7.3 虚基类的构造与析构

调用虚基类的构造函数时,有以下三种情况。

(1) 虚基类没有定义构造函数,则程序会自动调用系统默认的构造函数。

(2) 虚基类定义了无参构造函数,程序自动调用自定义的无参构造函数。

(3) 虚基类定义了带参数的构造函数,这种情况下,直接继承或间接继承这个虚基类的派生类中都必须在初始化列表中对虚基类的进行初始化。

注意:尽管在虚基类的每个派生类的初始化列表中都要给出初始化值,不能省略,但虚基类的构造函数只被构造一次。

跟单继承析构顺序与构造顺序相反的情况类似,虚基类的析构顺序也与其构造顺序相反,即先构造的后析构,后构造的先析构。

6.8　应用案例：继承派生应用

1. 案例要求

拟开发一个社区诊所的简单信息管理系统,要求系统能够记录医生、患者、病例的信息,并能对这些信息进行简单的增加、删除、查找处理。

2. 案例分析

用一个简单的 C++ 程序来描述各种信息,则设计几个类来描述信息。

第 6 章应用
案例实现

- 医生类 Doctor 中记录医生的个人信息,包括医生 ID、姓名、性别、年龄、科室和职称等。
- 患者类 Patient 中记录患者的个人信息,包括患者 ID、姓名、性别、年龄和病例记录等。
- 病例记录 Case 中记录各个医生为各个患者看病的记录,包括每次看病的日期、医生 ID、患者 ID 等。
- 由于医生和患者有多项信息重复,因此可以抽象出一个 Person 类作为他们的基类,包括 ID、姓名、性别、年龄等相同的信息。

第 6 章小结

第 6 章程序分析题及参考答案

多　态

现实生活中,动词的数量及表达的含义与名词的数量及含义相比,要少得多。动词加上名词组成的词组数量却非常大,根据所加名词不同,表达的含义或者反映的信息就有所不同。比如,同样是"上课",上 C++ 课、上体育课、上英语课,由于课程不同,同学们上课的内容、上课的准备活动、上课的心情、上课的气氛都有所不同;同样是"叫",猫叫、狗叫、狼嚎叫,声音都不同。

对应到程序设计中也是一样,相同的函数名,会因为参数不同、所属的对象不同而有不同的处理。这样的外部看起来相同,内部表现不同的情况,在程序设计中就叫作多态,这一节将详细介绍多态的概念以及处理机制。

学习目标:

- 掌握多态的概念。
- 掌握运算符重载的规则,学会重载运算符的方法。
- 掌握虚函数的概念和用法。
- 理解静态多态性和动态多态性的区别和实现机制。
- 掌握抽象类的概念和设计方法。

1.1　多态的概念

多态(polymorphism)是指同样的消息被不同类型的对象接收时,会表现出不同的行为。实际使用中,即指调用相同函数名时,不同对象的函数体不同,因此实现的结果也不同。多态也是面向对象程序设计的重要特性之一。

虽然现在才开始具体学习多态的运行机制,但实际上早在刚开始学习编程时就在使用了,比如"+"运算,开始学习基本数据类型时,整型数据相加、浮点型数据相加、双精度数据相加,都用了一样的"某数＋某数"的表达式,得到结果却有整型、浮点型、双精度型的数据,这其实就是通过多态的机制完成的。

多态在实现时又可以分为静态联编和动态联编两种:静态联编是指在编译、连接的过程中能够确定操作对象的多态;动态联编是指在编译、链接过程中无法确定操作对象,在运行时才能确定的多态。

下面,就依次看一下多态的相关知识细节。

1.2　运算符重载

基本的运算符大家比较熟悉,在初学程序设计时已经接触到了,在后续的编程中只要涉及运算,就离不开运算符。但 C++ 中预定义的运算符的操作对象只有基本数据类型,那么当用户自定义的数据类型(如类类型)也需要进行基本运算时,就无法直接使用系统定义的运算符。

利用运算符重载,就可以使同一个运算符对不同的、自定义的数据类型都可以做出相类似的运算操作,所以运算符重载相当于扩展了运算符的功能;用户在进行运算操作时,也可以直接用表达式完成,无须调用函数,直观易理解,也为用户操作提供了方便。

7.2.1 重载机制

前面提到过 C++ 对基本数据类型提供了简单的运算符重载功能,比如 int 型、float 型、double 型数据都可以直接用＋、－、*、/符号做四则运算。

运算符重载其实是函数重载,实际上是通过重载运算符函数来实现的,运算符函数的名称与普通函数的格式不同,是一种特殊的函数,它的定义格式如下:

```
<返回类型说明符>operator <运算符符号>( <参数表>)
{    函数体;    }
```

写一个简单的表达式：$a+b$ 时,编译器实际上把它翻译成下面的形式来进行处理:

```
operator +( a, b ) ;
```

C++ 中提供的加法运算符函数原型有以下几个。
整型:

```
int operator +( int, int );
```

单精度浮点型:

```
float operator +( float, float );
```

双精度浮点型:

```
double operator +( double, double );
```

【例 7-1】 如果给出了表达式 $14+47$ 和 $48.5+3.7$,代码实现过程中会先将指定的运算表达式转换为对运算符函数的调用,然后将运算的对象转换为运算符函数的实参,即会把两个表达式分别编译为:

```
operator +(14, 47 ) ;
operator +( 48.5, 3.7 ) ;
```

两个表达式的实参类型不同,编译器会再根据参数类型和返回值类型确定应该调用哪个函数原型进行计算。

由于运算符重载在编译阶段就可以确定应该调用哪个函数,所以运算符重载属于静态联编。

7.2.2 重载规则

(1) C++ 中,除了类属关系运算符“.”、成员指针运算符“. * ”、作用域运算符“::”、sizeof

运算符和三目运算符"?："以外的运算符都可以重载。

可以重载的运算符如下。

- 算术运算符：＋、－、＊、/、％、＋＋、－－
- 位操作运算符：＆、|、～、^、＜＜、＞＞
- 逻辑运算符：!、＆＆、||
- 比较运算符：＜、＞、＜＝、＞＝、＝＝、!＝
- 赋值运算符：＝、＋＝、-＝、＊＝、/＝、％＝、＆＝、|＝、^＝、＜＜＝、＞＞＝
- 其他运算符：[ ]、( )、-＞、,(逗号运算符)、new、delete、new[ ]、delete[ ]、-＞＊

（2）重载运算符限制在 C++ 语言中已有的允许重载的运算符中，不能创建新的运算符。

（3）运算符重载实质上是函数重载，因此编译程序对运算符重载的选择，遵循函数重载的选择原则。

（4）重载之后的运算符既不能改变运算符的优先级和结合性，也不能改变运算符操作数的个数及语法结构，所以重载运算符的函数不能有默认的参数。

（5）重载的运算符只能是用户自定义的类型，只能和用户自定义类型的对象一起使用。

（6）运算符重载是针对新类型数据的实际需要，对原有运算符进行的适当改造，重载的功能应当与原有功能相类似。

（7）运算符重载可以采用成员函数的形式，也可以采用友元函数的形式，一般单目运算符最好重载为类的成员函数，双目运算符最好重载为类的友元函数，但这不是绝对的规则，根据实际操作数的情况分析。

（8）对自定义类型来说，运算符"＝"可以不重载，当不重载"＝"运算符时，编译器会生成一个缺省的赋值运算符函数，作用是通过位复制的方式把源对象的结果复制到目的对象中。赋值运算函数与复制运算函数的相同之处在于它们都是将一个对象的成员复制到另一个对象中；不同之处在于复制构造函数需要构造一个新的对象，赋值运算函数是要改变一个已经存在的对象。

进行运算符重载时应该遵循上面的规则，避免修改运算符原来的意义，以及避免盲目重载运算符。

7.2.3　重载为类的成员函数

自定义类型进行运算需要运算符的帮助，因此需要进行运算符重载，那么很自然地就会想到把运算符重载函数放在类内部作为类的成员函数来定义。

重载运算符为类的成员函数的定义格式如下：

```
返回类型 类名::operator 运算符(形参表)
{
    函数体;
}
```

总体的定义格式与普通的函数一样，类名即重载该运算符的类，若在类中定义，则可以省略"类名::"。

"operator 运算符"为运算符函数名。

要特别注意的是参数个数问题：当把运算符函数重载为类的成员函数时，对运算符函数的调用方式是用类对象本身作为参与运算的第一参数,其他数据作为剩余参数,即若代码中表达式是 obj1+obj2,则编译器的调用方式如下:

```
obj1 . operator +( obj2 ) ;
```

因此,作为成员函数的运算符重载函数的参数个数要比实际参与运算的参数个数少一个。由此可以得出以下结论。

(1)双目运算符重载为类的成员函数时,形参表中只需显示说明一个参数,编译器会在运算时传递运算符的右操作数,而调用运算符函数的对象即运算符的左操作数。

(2)前置单目运算符重载为类的成员函数时,不需要显示说明参数。

(3)后置单目运算符重载为类的成员函数时,本来不需要形参,但是为了与前置运算符区分开,它的形参表中通常给出一个整型形参。

【例 7-2】 现在以复数类为例,给出常见运算符的重载函数作为类的成员函数的代码示例。设复数 $A+Bi$ 的表示格式为 (A,B),A 为实部,B 为虚部的运算规则定义如下。

双目运算符加、减运算规则为

```
(a , b) +(c , d) = (a +c , b +d) ;
(a , b) -(c , d) = (a -c , b -d) ;
```

单目运算符++的运算规则定义为

```
++(a , b) = (a +1 , b) ;
(a , b) ++= (a ++ , b) ;
```

复数是由实部和虚部两个部分构成的,整型、实型等基本类型只有一个实部,所以如果不重载运算符,是无法按照给定的复数计算规则得到想要的结果的。

复数类及其运算符重载为成员函数的代码如下:

```
1.  /************************************
2.    程序名:OPoverload.cpp
3.    说  明:以复数类为例,重载+、-、++为成员函数
4.  ************************************/
5.  #include<iostream>
6.  using namespace std;
7.  //复数类
8.  class Complex
9.  {
10. private:
11.    double re;                                      //复数的实部
12.    double im;                                      //复数的虚部
13. public:
14.    Complex ( double real = 0.0 , double image = 0.0 )    //构造函数
15.    {
16.       re = real;
```

```
17.          im = image;
18.     }
19.     void Disp()                                          //显示函数
20.     {
21.         cout <<" ( "<<this ->re <<", "<<this ->im <<") " <<endl;
22.     }
23.     Complex operator + ( Complex T )                     //+重载为成员函数
24.     {
25.         return Complex ( re +T.re , im +T.im );
26.     };
27.     Complex operator - ( Complex T )                     //-重载为成员函数
28.     {
29.         return Complex ( re -T.re , im -T.im );
30.     }
31.     Complex operator ++()                                //前置++重载为成员函数
32.     {
33.         return Complex ( ++re , im );
34.     }
35.     Complex operator ++( int )                           //后置++重载为成员函数
36.     {
37.         return Complex ( re++, im );
38.     }
39. };
40. //测试函数
41. int main()
42. {
43.     Complex A( 10.0 , 100.0 ), B( 20.0 , 200.0 ), C ;    //定义三个复数,C取默认值
44.     cout <<" A = " ; A.Disp( ) ;
45.     cout <<" B = " ; B.Disp( ) ;
46.     //两复数相加
47.     C = A +B ;
48.     cout <<" C = A +B = " ; C. Disp( ) ;
49.     //两复数相减
50.     C = B -A ;
51.     cout <<" C = B -A = " ; C. Disp( ) ;
52.     //复数加整数
53.     C = A +9 ;
54.     cout <<" C = A +9 = " ; C. Disp( ) ;
55.     //复数后置++
56.     C = A ++;
57.     cout <<" C = A ++, C = " ; C.Disp( ) ;
58.     //复数前置++
59.     C = ++A ;
60.     cout <<" C = ++A , C = "; C.Disp( ) ;
61.     return 0;
62. }
```

程序运行结果如图 7-1 所示。

程序说明：

```
A = 〈 10.0 , 100.0 〉
B = 〈 20.0 , 200.0 〉
C = A + B = 〈 30.0 , 300.0 〉
C = B - A = 〈 10.0 , 100.0 〉
C = A + 9 = 〈 19.0 , 100.0 〉
C = A ++ , C = 〈 10.0 , 100.0 〉
C = ++ A , C = 〈 12.0 , 100.0 〉
```

图 7-1　程序运行结果

- 运算符的重载函数定义的写法与普通类定义的写法，只有是否加关键字 operator 的区别。

- 运算符重载函数中都直接采用"return　表达式；"的方式直接返回结果，但实际在这个 return 的过程中，系统隐式地建立了一个临时的无名对象作为返回值。这里也可以采取显示建立临时变量的方法，比如：

```
1.   Complex operator +( Complex T )
2.   {
3.        Complex C;                    //或者 Complex C( re +T.re, im +T.im );
4.        C = re +T.re, im +T.im ;
5.        return C;
6.   }
```

- 第 56 行 C＝A＋＋，调用了复数类的后置＋＋重载函数，后置＋＋符号原本是表示先操作再＋＋的含义，可以看到重载函数中仍然利用其原有的含义对实部进行后置＋＋的操作，所以这行调用的结果为先将复数 A 赋值给 C，再对 A 的实部 $A.re$ 加 1，因此运行结果 C 等于 A 原来的值。

- 第 59 行 C＝＋＋A，调用复数类的前置＋＋重载函数，函数中依然沿用前置＋＋的本来含义，因此执行时也与基本运算符的运算顺序一致，先对 A 的实部 $A.re$ 加 1，再将 A 赋值给 C，而此时的 $A.re$ 在上一步的后置＋＋操作中已经加过一次 1，变为 11.0，在这行再次加 1，变为 12.0。

- 在遇到运算符时，运算符的重载函数是隐式调用的。例如，当遇到 $A+B$ 时，编译器的调用形式实际上是：

```
A. operator +( B )
```

在遇到第 53 行的 $A+9$ 的表达式时，编译器是怎样调用的呢？其实调用形式和 $A+B$ 是一样的，只是这里的 9 是一个整型数据，而＋运算符的重载函数的形参是复数型的，所以调用时 9 被隐式地进行了强制转换，转换为复数形式进行了处理，转换时整型数 9 被默认为复数的实部，即（9，0）。所以 $A+9$ 的调用形式如下：

```
A. operator +( Complex ( 9 ) );
```

能够正常运行得出预期结果。加法是符合交换律的，如果把 $A+9$ 改为 $9+A$，是否仍然能够正确调用呢？9 是一个整型数据，不能自动调用复数类的加法运算符的重载函数，而只能调用整型的加法运算函数，整型的＋运算符只接受整型的参数，显然会存在问题。可以显式地对 9 进行强制转换，转换为复数类型再进行运算，即 Complex（9）.operator＋（A）。

这也是运算符重载为成员函数时存在的主要问题，当表达式为混合类型的，即不全是自定义类型的数据时，作为成员函数的运算符不支持交换律。

因此如果将运算符重载为成员函数，那么在写表达式时，必须把自定义类的数据放在前面,即作为左操作数。若不能保证将自定义类的数据作为左操作数,则最好把运算符函数重载为友元函数。

从这个例子中,能够看出将运算符重载为类的成员函数的方法与普通类定义的方法区别不大,比较简单,容易掌握,并且运行起来能够得到想要的结果。

7.2.4 重载为类的友元函数

运算符函数可以重载为类的友元函数。友元函数在前面章节中有详细讲解,不是类的内部成员,但是可以自由地访问该类的任何属性的数据成员。

友元函数的定义格式是:

```
friend 函数类型 operator 运算符(形参表)
{
    函数体;
}
```

所以从对类内成员的访问能力这个角度来看,将运算符函数重载为类的成员函数和重载为类的友元函数的效果是一样的,但比重载为成员函数有优势的地方在于:重载为友元函数时,可以满足混合数据计算时的交换律,即自定义类的数据不必处于第一操作数的位置。友元函数为什么有这样的优势呢?我们来举个例子。

【例 7-3】 针对例 7-2 的复数类计算问题,将运算符改为重载为友元函数,代码如下:

```
1.  /******************************************
2.      程序名:OPoverload2.cpp
3.      说  明:以复数类为例,重载+、-、++为友元函数
4.  ******************************************/
5.  #include<iostream>
6.  using namespace std;
7.  //复数类
8.  class Complex
9.  {
10. private:
11.     double re;                              //复数的实部
12.     double im;                              //复数的虚部
13. public:
14.     Complex ( double real = 0.0 , double image = 0.0 ) //构造函数
15.     {
16.         re = real;
17.         im = image;
18.     }
19.     void Disp()                             //显示函数
20.     {
21.         cout <<" ( " <<this ->re <<" , " <<this ->im <<" ) " <<endl;
22.     }
23.     friend Complex operator + ( Complex T1 , Complex T2 );
24.     friend Complex operator - ( Complex T1 , Complex T2 );
```

```
25.      friend Complex operator ++ ( Complex& T1 );
26.      friend Complex operator ++ ( Complex& T1 , int );
27. };
28. //友元函数定义
29. Complex operator + ( Complex T1 , Complex T2 )              //+重载为友元函数
30. {
31.      return Complex ( T1. re +T2. re , T1. im +T2. im );
32. };
33. Complex operator - ( Complex T1 , Complex T2 )              //-重载为友元函数
34. {
35.      return Complex ( T1. re -T2. re , T1. im -T2. im ) ;
36. }
37. Complex operator ++ ( Complex& T1 )                         //前置++重载为友元函数
38. {
39.      return Complex ( ++T1. re , T1. im ) ;
40. }
41. Complex operator ++ ( Complex& T1 , int )                   //后置++重载为友元函数
42. {
43.      return Complex ( T1. re ++, T1. im );
44. }
45.
46. //测试函数
47. int main()
48. {
49.      Complex A( 10.0 , 100.0 ) , B( 20.0 , 200.0 ) , C ;    //定义三个复数,C取默认值
50.      cout <<" A = " ; A. Disp( ) ;
51.      cout <<" B = " ; B. Disp( ) ;
52.      //两复数相加
53.      C = A +B ;
54.      cout <<" C = A +B = " ; C. Disp( ) ;
55.      //两复数相减
56.      C = B -A ;
57.      cout <<" C = B -A = " ; C. Disp( ) ;
58.      //复数加整数
59.      C = A +9 ;
60.      cout <<" C = A +9 = " ; C. Disp( ) ;
61.      //整数加复数
62.      C = 9 +A ;
63.      cout <<" C = 9 +A = " ; C. Disp( ) ;
64.      //复数后置++
65.      C = A ++;
66.      cout <<" C = A ++, C = " ; C. Disp( ) ;
67.      //复数前置++
68.      C = ++A ;
69.      cout <<" C = ++A , C = " ; C. Disp( ) ;
```

```
70.
71.     return 0;
72. }
```

程序运行结果如图 7-2 所示。

程序说明：

- 代码中在类内用 friend 关键字将四个运算符重载函数声明为友元函数。函数定义放在类外部，由于友元函数并非类的内部函数，因此在类外定义时无须标明类名，也无须再次标注 friend 关键字。

```
A = ( 10.0 , 100.0 )
B = ( 20.0 , 200.0 )
C = A + B = ( 30.0 , 300.0 )
C = B - A = ( 10.0 , 100.0 )
C = A + 9 = ( 19.0 , 100.0 )
C = 9 + A = ( 19.0 , 100.0 )
C = A ++ , C = ( 10.0 , 100.0 )
C = ++ A , C = ( 12.0 , 100.0 )
```

图 7-2　程序运行结果

- 运算符重载为友元函数与重载为成员函数的区别还有参数个数，重载为友元函数时，参数的个数和类型要与实际参与计算的操作数的个数和类型相同。

所以双目运算符的函数声明格式为：

```
friend operator 运算符 ( 参数 1，参数 2）；
```

则表达式 a＋b 的调用格式为：

```
operator +（ a，b）；
```

就这个例子来说，定义的两个参数都是复数类型（Complex）的，那么传递实参以后，就会隐式地将整型数据 9 转换为复数形式再继续计算，因此交换两个参数的位置也可以调用成功。

- 单目运算符＋＋的重载数在改为友元函数后，函数形式除了参数个数有变化——比成员函数时增加了一个，参数的形式也由对象变为了引用。这是因为＋＋函数，无论是前置还是后置，都需要对参数本身的实部进行加 1 操作，所以为了退出＋＋函数后参数能够记住自身的变化，采用引用的方式将变化返回给参数本身。除此之外复数类单目运算符的运算方法与例 7-2 一样，不再详细解释。

通过上面两节的讲解，我们学习了将运算符重载为自定义类的成员函数和重载为自定义类的友元函数两种情况的具体方法以及适用场合，在程序设计时可根据实际需要选择合适的函数类型重载运算符。

7.2.5　常用运算符重载示例

【例 7-4】 输出运算符＜＜的重载。

C++ 中的输出通常使用 iostream.h 中定义的流输出，格式为"cout ＜＜ 待输出变量"。如果想用流输出的代码格式输出自定义类型的数据，可以在自定义类中重载这个输出运算符。

重载输出运算符＜＜的函数格式为

```
ostream &operator <<(ostream &os, 自定义类名 & 对象名)
{
...                         //自定义输出格式
return os ;
}
```

程序说明:

- 第一个形参为对 ostream 对象的引用,在该对象上将产生输出,由于流对象不支持复制(无公有复制构造函数),所以第一个形参是一个 ostream 对象的引用。第二个参数一般可以用一个自定义类型的引用。用引用是为了避免复制实参。有些资料中为了避免输出过程修改数据,将第二个参数用常量引用,即加 const 限定。
- 返回类型也是一个 ostream 引用,它的值即第一个形参,返回这个值的主要目的是实现连续输出,达到用多个输出操作符操作一个 ostream 对象的效果。如 cout $<<$ a $<<$ b;这样的语句可以做到连续输出 a 和 b 的值,连续的两个$<<$操作符实际上是针对一个对象的,而 cout $<<$ a ; cout $<<$ b ;这样的操作是将输出值输出给两个临时对象。
- 输出运算符是双目运算符,左侧是 ostream 对象,右侧是待输出的对象,因此最好将其定义为类的友元函数。

```
1.   /*******************************************
2.      程序名:OPoverload3.cpp
3.      说   明:以复数类为例,重载输出运算符<<为友元函数
4.
5.   *******************************************/
6.   #include <iostream>
7.   using namespace std;
8.   //复数类
9.   class Complex
10.  {
11.    private:
12.      double re;                                    //复数的实部
13.      double im;                                    //复数的虚部
14.    public:
15.      Complex ( double real = 0.0 , double image = 0.0 )    //构造函数
16.      {
17.          re = real;
18.          im = image;
19.      }
20.      friend ostream &operator <<( ostream &os, const Complex &ob );
21.  };
22.  ostream &operator <<( ostream &os, const Complex &ob )
23.  {
24.      os <<" ( " <<ob.re <<" +" <<ob.im <<" i ) " <<endl ;
25.      return os;
26.  }
27.  int main()
28.  {
29.      Complex obj1 ( 10.0, 100.0 );
30.      Complex obj2 ( 20.0, 200.0 );
31.      cout <<obj1 <<obj2 <<endl;
```

```
32.
33.     system("pause");
34.     return 0;
35. }
```

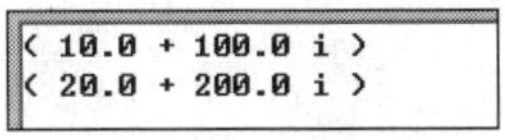

程序运行结果如图 7-3 所示。

在例 7-2 的代码中,没有重载复数类的输出运算符,每次输出复
数时都需要显示调用复数类对象的显示函数 Disp,调用语句为 obj.
Disp()。

图 7-3　程序运行结果

本例中重载了复数类的输出运算符,输出时直接用 cout << obj 的方式即可得到需要的
输出格式。

【例 7-5】　如果在自定义类中没有对=运算符进行重载,编译器就会生成一个默认的赋
值运算符函数。默认的赋值运算符函数在很多时候是可以正常工作的,比如在前面给的复数
类例子中,就没有重载=运算符,赋值依然可以成功。但默认的赋值运算符函数也有缺陷,并
非对所有情况都适用。

假设有一个类 A,它定义了一个复制构造函数 A(A&obj),没有重载=运算符,代码如下:

```
1.  /*********************************************
2.     程序名:OPoverload3.cpp
3.     说　明:以复数类为例,重载=运算符
4.  *********************************************/
5.  #include <iostream>
6.  using namespace std;
7.  //类A
8.  class A
9.  {
10.   private:
11.     int nlen;
12.     char * pbuf;
13.   public:
14. //构造函数
15.     A ( int n )
16.     {
17.         nlen = n ;
18.         pbuf = new char[ n ] ;          //开辟数组空间赋给指针,指针指向一个字符数组
19.         cout <<"A ( )开辟空间" <<nlen <<endl ;
20.     }
21.     //复制构造函数
22.     A ( A & obj )
23.     {
24.         nlen = obj. nlen ;
25.         pbuf = new char[ nlen ] ;
26.         strcpy ( pbuf , obj. pbuf ) ;
27.         cout <<"A (A & obj)开辟空间" <<nlen <<endl ;
```

```
28.
29.        }
30.     //析构函数
31.     ~A ( )
32.     {
33.         delete [ ] pbuf ;              //清理开辟的空间
34.         cout <<"~A( )释放空间" <<endl ;
35.     }
36. } ;
37. //普通函数
38. void func ( )
39. {
40.     A obj1 ( 16 ) , obj2 ( 8 ) ;      //定义两个对象 obj1,obj2
41.     A obj3 = obj1 ;                    //调用复制构造函数用 obj1 为 obj3 赋值
42.     obj2 = obj3 ;                      //生成默认赋值运算符函数,用 obj3 为 obj2 赋值
43. }
44. //测试代码
45. int main ( )
46. {
47.     func ( ) ;                        //调用 func 函数
48.     return 0 ;
49. }
```

程序说明:

代码中定义了类 A 的构造函数、复制构造函数、析构函数;类 A 有两个成员变量,一个是整型成员变量 nlen,另一个是字符型指针 pbuf;构造函数中会将指针指向新开辟的字符数组,数组的大小有 nlen 的初始值决定。上述还定义了一个普通函数 func,func 内部是关于 A 类对象的几个赋值操作,下面分别来分析一下。

- 第 40 行 A obj1(16), obj2(8);指令定义了 A 类的两个对象 obj1 和 obj2,并调用 A 的构造函数分别用 16 和 8 为 A 类的成员变量 nlen 赋初值。定义两个对象后,obj1 的 nlen 值为 16,pbuf 指针指向一块 16 字节的内存;obj2 的 nlen 值为 8,pbuf 指针指向一块 8 字节的内存。用示意图表示如图 7-4 所示。

图 7-4 对象内容示意图 1

- 第 41 行的语句 A obj3 = obj1;的作用是调用复制构造函数 A (A & obj)。用对象 obj1 为 obj3 赋值,实际上是生成新对象 obj3,再将 obj1 的变量 nlen 值复制过去,而对数组的操作与构造函数中一样,为 obj3 新开辟一个空间,并将 obj1 的数组值复制到新空间中。因此对象 obj3 的 nlen 值与 obj1 的 nlen 值一样,也为 16;而 pbuf 指针指向与 obj1 不同的一块 16 字节内存(见图 7-5)。

- 第 42 句 obj2 = obj3;? 因为类定义中并未给出 = 运算符的重载函数,所以编译器会在此时生成默认的赋值运算符函数,并用 obj3 为 obj2 赋值。前面提到过,默认的赋值

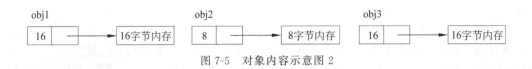

图 7-5   对象内容示意图 2

运算符函数是用位复制的方式进行赋值的,因此这样操作后,obj2 的值与 obj3 完全一致,即 obj2 的 nlen 值为 8,pbuf 指针指向 obj3 的 pbuf 指针指向的那块 16 字节的内存,示意图如图 7-6 所示。

图 7-6   对象内容示意图 3

这样原来由 obj2 的指针 pbuf 指向的那块 8 字节的内存就变成游离的,即没有指针指向它,并且这块内存无法再被利用或销毁。除此之外,由于两个对象 obj2 和 obj3 都指向了同一块内存,那么在 func 函数调用结束,函数内的临时对象析构,到销毁指针指向的内存时,同一块内存会被要求释放两次,也会报错。

因此应该在 A 类中重载=运算符函数,本例中,将=运算符重载为类的成员函数,加在析构函数~A 后面。重载代码如下:

```
36. A operator = ( A& sr )
37. {
38.     if ( this != & sr )
39.     {
40.         //释放当前自己所指向的空间
41.         char * tmp = pbuf ;
42.         delete [ ] tmp ;
43.         pbuf = NULL ;
44.         cout <<" = 释放旧空间" <<endl ;
45.
46.         //重新开辟空间
47.         nlen = sr . nlen ;            //成员变量赋值
48.         pbuf = new char [ nlen ] ;
49.         cout <<" = 开辟新空间" <<nlen <<endl ;
50.         //strcpy ( pbuf , sr . pbuf ) ;    //将源对象的字符数组的内容复制到新数组中
51.     }
52.     return * this ;
53. }
```

这个=运算符函数中,先将目标对象自身的数组释放,再按照源对象的数组大小重新开辟新空间,并复制源对象的数组值,以避免两个指针指向一块内存以及内存被分配却无法被利用和销毁的问题。并且为了避免"="左右两边的操作数是同一个对象时,释放再开辟源对象空间的问题,加上了第 38 行的保护语句,即如果发现自己给自己赋值的情况,无须后续操作,返

回即可。

如此修改后,执行结果如图 7-7 所示。

图 7-7 程序运行结果

这就是＝赋值运算符函数重载的例子,对自定义类到底是否有必要重载这个＝运算符,也要根据自定义类的成员类型和情况适当选择。

运算符重载本质上是函数重载,它的操作使自定义类可以更简单、方便地表示运算关系。但是要注意不要滥用运算符重载,要充分考虑实际的使用环境以及表达的意义,避免过多或不合理地使用这个方法。

7.3 虚 函 数

多态分为静态多态和动态多态两种形式,7.2 节学习的运算符重载就是静态多态的一种形式。动态多态离不开虚函数的应用,本节将介绍虚函数的作用及具体用法。

7.3.1 静态联编与动态联编

联编(binding)又称为绑定,绑定的是调用对象与调用的函数体。联编又分为静态联编和动态联编。

静态联编是指在编译、连接阶段即根据函数调用时参数的类型、个数等(语法规则),将调用对象和调用的函数体绑定的过程。函数重载就是静态联编的一种。

动态联编是指在编译、连接阶段无法确定应该绑定的对象,绑定的对象要在程序运行的过程中根据运行状态才能确定的过程。

面向对象的多态性也根据联编状态可以分为静态多态性和动态多态性。静态多态性也被称为编译时的多态性。

【例 7-6】 通过函数的同名覆盖(或称重写)的示例代码演示静态多态性的实现效果。基类和派生类的定义代码用与例 6-8 相似的代码,稍作改动。代码如下:

```
1.  /*******************************************
2.     程序名:binding1.cpp
3.     说  明:静态多态示例代码
4.  *******************************************/
5.  #include<iostream>
6.  using namespace std;
7.  //基类 A
8.  class A
9.  {
10. private:
11.     int na;
12. public:
13.     A(int na = 0)
14.     {  this->na = na;   }
15.     void Show ()
16.     {  cout <<"0";    }
17. };
```

```
18. //派生类 B
19. class B :public A
20. {
21.   private:
22.     int nb;
23.   public:
24.     B(int na, int nb):A( na)
25.     {  this->nb = nb;  }
26.     void Show ()                    //主要改动处,改为与基类同名的函数
27.     {  cout <<nb;  }
28. };
29. //测试代码
30. int main()
31. {
32.     A a ( 10 );
33.     cout <<" a. Show ( ) = " ; a. Show ( ) ;
34.     cout <<endl;
35.     B b ( 10, 200 );
36.     cout <<" b. Show ( ) = " ; b. Show ( ) ;
37.     cout <<endl;
38.     A * pa;
39.     pa = &b ;
40.     cout <<" pa ->Show ( ) = " ; pa ->Show ( ) ;
41.     cout <<endl;
42.     A &ra = b;
43.     cout <<" ra. Show ( ) = " ; ra. Show ( ) ;
44.     cout <<endl;
45. }
```

程序运行结果如图 7-8 所示。

程序说明:

```
a. Show ( ) = 0
b. Show ( ) = 200
pa -> Show ( ) = 0
ra. Show ( ) = 0
```

图 7-8　程序运行结果

- 测试代码中分别生成了基类 A 类的对象 a,派生类 B 类的对象 b,并为 a 和 b 赋初值。第 33 行和第 36 行的 Show 语句是对象直接调用自己的成员函数,没有问题。

- 与例 6-9 相比,这段类定义的代码主要是将派生类 B 类的公有函数成员的声明形式改为与基类的公有函数成员 Show 完全一致。这样的操作相当于是对成员函数的同名覆盖,也可以简称为覆盖或重写。

代码第 38 行、第 39 行定义了一个基类指针 pa,并指向了派生类对象 b;第 42 行定义了一个基类引用 ra,并用派生类对象 b 为它赋值。第 40 行通过指针 pa 调用了 Show 函数,第 43 行通过引用 ra 调用了 Show 函数,那么这两种情况调用到的是基类的 Show 函数,还是派生类的 Show 函数呢?

在第 6 章中学习类型兼容时,例 6-8 中用基类指针或引用指向派生类对象时,这个指针或引用代表的是派生类对象,可以通过这个指针或引用调用到派生类中从基类继承到的成员函数 Show。这个例子中,派生类中有同名覆盖的成员,同名覆盖的情况下,通过代表了派生类

对象的指针或引用调用同名函数时,应该可以直接调用派生类的成员才对,那么,为什么运行后,指针调用 Show 和引用调用 Show 的运行结果都是 0 呢?按照理解应该调用派生类成员的情况为什么调用了基类成员呢?

正是静态联编导致了这样的结果,编译器在编译时,由于指针 pa 的定义类型是 A 类,就将由 A 类继承来的成员函数绑定给了 pa,因此调用的结果是基类中成员函数的执行结果 0;对后面的引用 ra,同样通过静态联编,将从基类继承的成员函数绑定给了 ra,导致执行的也是基类的成员函数。

这个例子让我们看到了静态联编的特点:静态联编只根据指针和引用的类型去确定调用对象,而不管实际情况中指针和引用到底指向了哪个对象。

静态联编的这种特点对采用类型兼容、同名覆盖等方法编写的程序达不到预期的运行效果。

而动态联编是在程序运行中,根据指针、引用的实际指向为调用对象去调用成员的。因此,应该在这段代码中应用动态联编。如何使语句能够在运行时才绑定调用函数与函数体的关系呢?这就需要"虚函数"的帮助了。

7.3.2　虚函数的定义与使用

虚函数与一般成员函数的区别在于关键字 virtual 的限定,语法格式如下:

```
virtual 函数类型 函数(形参表)
{
    函数体;
}
```

virtual 限定的成员函数,就能够避免静态编译,允许函数调用与函数体之间的联系在运行时才建立,是动态联编的基础。虚函数只有在继承关系中才有意义,因此在基类中的成员函数才能被声明、定义为虚函数,类外的一般函数不能被声明、定义为虚函数。

一般来说,虚函数在基类中定义,在派生类中被重新定义,在派生类中再定义时无须再次表明 virtual 关键字,即只要定义了虚函数,那么在后续的派生类中,同名的成员都保持虚函数的特性。声明为虚函数的成员函数在一般情况下的调用方法、访问权限与普通类无异,只有用基类指针或引用调用虚函数时,才体现虚函数的动态联编作用。

下面通过示例代码来看一下虚函数的具体用法和执行效果。

【例 7-7】　动态联编代码示例。将例 7-6 的代码改为使用虚函数的动态联编代码。

```
1.  /***********************************
2.     程序名:binding2.cpp
3.     说　明:动态多态示例代码
4.  ***********************************/
5.  #include<iostream>
6.  using namespace std;
7.  //基类 A
8.  class A
9.  {
10.   private:
11.     int na;
```

```
12.    public:
13.      A(int na = 0)
14.      {  this->na = na;  }
15.      virtual void Show ()        //基类成员函数改为虚函数
16.      {  cout <<"0";      }
17.  };
18.  //派生类 B
19.  class B :public A
20.  {
21.    private:
22.        int nb;
23.    public:
24.      B(int na, int nb):A( na)
25.      {  this->nb = nb;  }
26.      void Show ()                //对虚函数的再定义
27.      {  cout <<nb;  }
28.  };
29.  //测试代码
30.  int main()
31.  {
32.      A a ( 10 );
33.      cout <<" a. Show ( ) = " ; a. Show ( );
34.      cout <<endl;
35.      B b ( 10 , 200 );
36.      cout <<" b. Show ( ) = " ; b. Show ( );
37.      cout <<endl;
38.      A * pa;
39.      pa = &b ;
40.      cout <<" pa ->Show ( ) = " ; pa ->Show ( );
41.      cout <<endl;
42.      A &ra = b;
43.      cout <<" ra. Show ( ) = " ; ra. Show ( );
44.      cout <<endl;
45.  }
```

程序运行结果如图 7-9 所示。

程序说明：

这段程序与例 7-6 代码相比，其实只改动了第 15 行，给基类的
Show 函数加了一个 virtual 关键字，使其变为虚函数；而派生类中已
经有了 Show 函数的同名覆盖成员，无须改动。

```
Show ( ) = 0
b. Show ( ) = 200
pa -> Show ( ) = 200
ra. Show ( ) = 200
```

图 7-9　程序运行结果

这点细微的改动就使运行结果有了很大的改变，同样是用基类指针 pa 和基类引用 ra 去
调用 Show 函数，这次的运行结果显示的却是派生类的成员函数 Show 的运行结果，达到了通
过实际情况判断当前指针和引用所指向的调用对象的效果，实现了动态联编。

因此如果实现动态联编，要求满足以下几点。

(1) 在基类中声明虚函数。

（2）在派生类中再定义同名函数（重写），赋予新内容。

（3）通过基类指针或引用调用虚函数。

> **注意**：重写与重载是完全不同的概念，重写也可以称为同名覆盖，意思是两个函数的函数名、返回类型、参数表都是完全一致的，只有函数体内部的实现有区别，无法在编译时通过函数的名称、参数的个数或类型以及返回类型进行区分。重载是指不同的函数，名称相同，但返回类型或形参表有区别，可以在静态编译时区分开。

在例 7-7 基础上再补充几个例子说明虚函数的用法。

【例 7-8】   如果在例 7-7 的代码基础上，将派生类的成员函数 Show 去掉，相当于派生类中没有重写虚函数，则基类的指针和引用虽然指向了派生类对象，但是调用的仍然是从基类继承来的成员函数，显示结果为 0。

```
a. Show ( ) = 0
b. Show ( ) = 0
pa -> Show ( ) = 0
ra. Show ( ) = 0
```

图 7-10   程序运行结果

程序运行结果如图 7-10 所示。

【例 7-9】   如果在例 7-7 的代码基础上，将派生类的 void Show 函数改为

```
void Show ( int i )
{    cout <<i <<end1;
}
```

新改的函数与虚函数的形参表不同，是虚函数的重载函数；而虚函数没有被重新定义，也就没有同名的接口，那么测试代码中的语句 pa ->Show()；和 ra. Show()；就是错误的调用语句，编译无法通过。

【例 7-10】   如果在例 7-7 的代码基础上，在派生类中加上例 7-9 中的带参数的 Show 函数，则测试代码中对虚函数的调用不受影响，运行结果与例 7-7 相同。

通过例 7-8 到例 7-10，可以看出使用虚函数时需要注意以下几个问题。

（1）若在派生类中没有重新定义虚函数，但是定义了虚函数的重载函数时，则试图通过派生类对象、指针或引用去调用虚函数时，会报错。

（2）若基类定义了虚函数，但派生类中未重新定义时，虚函数与一般函数的调用含义相同。即此时无论通过基类还是派生类的对象、指针或引用调用虚函数时，调用的都是基类的虚函数。

在使用虚函数时，还要注意以下几点。

（1）无论虚函数的函数体是定义在类内部还是类外部，在编译时都将其看作非内联的。

（2）虚函数既不能是友元函数也不能是静态成员函数。

（3）构造函数不能是虚函数，析构函数可以是虚函数。

（4）使用继承类编程时，为了便于代码中对象的所指与预期相同，可以将基类的成员函数都定义为虚函数。但此时在派生类中要注意系虚函数的重载函数与重写函数最好同时定义。

使用虚函数，可以保证在继承类族中实现动态联编，充分体现面向对象思想中多态性的优势。

7.3.3   虚析构函数

在虚函数使用时，构造函数不能作为虚函数，而析构函数可以声明为虚函数，这是为什

么呢？

这是由构造函数和虚函数的特点决定的：构造函数是在类的对象被建立时使用的，为类成员初始化的函数；而虚函数的作用是在函数被调用时才区分应该调用哪个对象的哪个函数体。构造函数被调用时，对象正要被建立，构造函数是在对象能够调用函数之前的先行函数，不能作为虚函数。也可以理解为构造函数是必须确立对应关系的，不能切换调用对象。

析构函数与构造函数不同，析构函数是类对象销毁时调用的资源回收函数，每个类都有自己的资源分配，也会根据实际的存储分配类型决定是否自定义析构函数，那么当基类或派生类对象、指针或引用调用析构函数时，当然应该根据实际调用的对象确定调用哪个析构函数。因此，析构函数可以是虚函数，而且通常都声明为虚函数，即虚析构函数。

虚析构函数的定义也与其他虚函数一样，要加 virtual 关键字，形式如下：

```
virtual ~ 类名 ( ) ;
```

当基类的析构函数被声明为虚函数时，派生类的析构函数无须使用 virtual 关键字声明，都自动成为虚函数。而基类和派生类的析构函数显然不同名，因此这也是虚析构函数与普通虚函数不同之处。

当析构函数声明为虚函数后，则程序析构时也会自动采用动态联编，基类的指针能自动地调用适当的析构函数对不同对象进行资源回收。

虚析构函数使用方法效果示例如下。

【例 7-11】 通常 C++ 中动态分配的数组、指针等资源需要手动回收，以动态生成的数组为例，设计代码如下：

```
1.  /*******************************************
2.     程序名:binding2.cpp
3.     说  明:动态多态示例代码
4.  *******************************************/
5.  #include<iostream>
6.  using namespace std;
7.  //基类 A
8.  class A
9.  {
10.   public:
11.    A ( )                          //基类构造函数
12.    {
13.        cout <<" This is A :: A ( ) ; " <<endl;
14.    }
15.    ~A ( )                         //基类析构函数
16.    {
17.        cout <<" This is A :: ~A ( ) ; " <<endl;
18.    }
19. };
20. //派生类 B
21. class B : public A
22. {
```

```
23.   private :
24.     int * pB ;                        //指针型成员变量
25.     int nB ;
26.   public :
27.     B ( int n = 0 )                    //派生类构造函数
28.     {
29.         nB = n ;
30.         pB = new int [ nB ] ;          //动态创建大小为 nB 的整型数组
31.         cout <<" This is B :: B ( ) ; " <<endl ;
32.     }
33.     ~B ( )                             //派生类析构函数
34.     {
35.         delete pB ;                    //销毁动态数组
36.         cout <<" This is B :: ~B ( ) ; " <<endl ;
37.     }
38. };
39. //测试代码
40. int main ( )
41. {
42.     A * p = new B ( 5 ) ;
43.     delete p ;
44.     return 0 ;
45. }
```

程序运行结果如图 7-11 所示。

程序说明：

```
This is A :: A ( ) ;
This is B :: B ( ) ;
This is A :: ~ A ( ) ;
```

图 7-11　程序运行结果

- 测试代码中第 42 行,定义一个基类 A 的指针,指向用关键字 new 生成的一个 B 类对象。所以先调用基类构造函数 A,再调用 B 类构造函数 B。

- 基类 A 和派生类 B 中都没有定义虚函数,因此代码采用静态联编,指针 p 是 A 类型的,编译时就将基类的成员函数绑定给指针 p,第 43 行调用 delete p;时,系统就会自动调用基类的析构函数清理基类资源。但是派生类 B 的构造函数被调用却没有析构,其构造函数中动态分配 10 个空间的数组也没有进行资源回收,指向它的指针 p 被基类销毁了,这个数组变成了游离态的,无法再进行资源回收和利用,造成了内存泄漏。

【例 7-12】　如果修改上面的代码,将基类 A 中的析构函数~A 改为虚函数,即在基类中将析构函数加 virtual 关键字变为虚析构函数,其他代码不变,那么例 7-7 代码的第 15 行变为:

```
15.   virtual ~A ( ) ;
```

程序运行结果会变为如图 7-12 所示。

```
This is A :: A ( ) ;
This is B :: B ( ) ;
This is B :: ~ B ( ) ;
This is A :: ~ A ( ) ;
```

图 7-12　程序运行结果

这是因为基类的析构函数声明为虚析构函数后,程序采用动态联编,基类 p 指向派生类对象,程序调用 delete p;时,相当于用基类指针删除派生类对象,因此会先调用派生类的析构函数回收派生类的资源,再调用基类的析构函数清理基类资源。

使用虚析构函数,一句调用即可回收派生类和基类分配的内存资源,非常方便。所以编程时,当遇到基类指针指向的派生类对象用到了类似 new-delete 这样的动态分配-销毁语句时,应该将基类的析构函数声明为虚析构函数。

7.4 纯虚函数与抽象类

抽象是面向对象主要的思想之一,面向对象中讲到的类是抽象出来的,在实际操作中,通常会用一个类对应一个现实世界的事物。分析问题时也会用到抽象的方法,但是并不是对所有问题的分析都是按照由概括到细节这个顺序的,有时候是先分析基类,再依次根据特点得到相继的派生类;而有时候是根据多个简单类的联系和区别,进一步抽象出上层的基类。

比如有一些图章要处理,图章各式各样,有的是正方形,有的是圆形,有的是三角形,形状不同;有红色的、黄色的、绿色的,颜色不同。那么分析问题时就可以从实际的对象开始分析,从一个红色三角形图章对象的特征去分析应该抽象出的属性,再从多个图章对象的共性上去抽象出整个的图章类需要哪些属性和行为。很显然可以抽象出颜色和形状这两个属性作为图章类的属性。

这是一种从个性到共性的抽象过程,在这个过程中从对象一步一步往上可以抽象出上层基类。当抽象程度非常高时,这个上层基类可能就会变成一种纯粹的概念。比如,可以按照不同的方式将“数字”分为不同的种类,如可以分为整数类、小数类、正数类、负数类、奇数类、偶数类、实数类、复数类等,这些类别其实相当于数字类的多个下层派生类。根据分类所对应的概念很容易就可以找到相应分类的实例,比如 15 是一个整数,-2 是一个负数,$(34.5+66.7i)$ 是一个复数等。但是却无法列出一个只属于“数字类”而不属于其下层派生类的对象,因为“数字”这个名称是为了方便地称呼那些下层派生类而抽象出来的一个统称,它是一个纯粹的概念,无法实例化。

这种类似“数字”“人”“颜色”“形状”等表达高度抽象意义的类,就称为抽象类。抽象类是为了抽象的目的而建立的,它描述的是其派生类高度抽象的共性,其自身是无法实例化的,只能通过继承机制派生出非抽象的派生类,然后再实例化。

既然抽象类所描述的共性无法具体化,在其派生之后才有具体的内容,那么在抽象类中也就没有必要去具体描述它的行为,但 7.3 中节虚函数的特性告诉我们,如果是公有的特性,应该用虚函数的形式将这个接口保留下来,抽象类中这种以保留接口为目的无须实现的函数就称为纯虚函数。带有纯虚函数的类即可称为一个抽象类,即一个抽象类至少有一个纯虚函数。

7.4.1 纯虚函数

纯虚函数(pure virtual function)是一个在基类中说明的虚函数,并且没有具体实现,派生类中要根据实际的需要定义其函数体。所以纯虚函数的“虚”表示它是一个虚函数;加个“纯”字,是因为它只声明了接口,并没有实现函数体,可以理解为比虚函数还虚的一种函数。

纯虚函数的定义格式如下:

```
virtual 函数类型 函数名(参数表) = 0
```

这个格式只看前面一部分,和普通虚函数无异,区别在于后面的“= 0”。“= 0”就表示后面没有函数体,而不是函数体为空。

在前面学习的过程中,也遇到过一些空函数,即有声明和函数体结构,但是函数体内部为空,没有做任何处理,例如 void getvalue(){}这种函数称为空函数。若声明为虚函数,则称为空虚函数,空函数与纯虚函数有本质的不同:

(1)出现场合不同,纯虚函数是定义在抽象类中的,不能实例化;空函数可以出现在普通类中,能够实例化;

(2)作用不同,纯虚函数是为后续派生类提供统一接口的;空函数表示的是当前类没有做什么动作,也可能是为了保护基类虚函数接口而存在的。

但这两种函数都可以在其所属类的派生类中被重新定义,以实现多态性。

7.4.2 抽象类

抽象类的含义,前面已经提到过,它是高度抽象的类,抽象到只是一个统称的概念,不能实例化,只能作为基类,由派生类加上各自的特征再去生成实例。

判断一个类是否是抽象类是通过判断其内部是否有纯虚函数实现的,因此一个抽象类中至少包含一个纯虚函数。换句话说,就是抽象类中可以有多于一个纯虚函数,而其派生类中若没有把所有纯虚函数都重新定义,则派生类也依然是个抽象类,不能生成对象;而当派生类中对所有纯虚函数全部重新定义,则派生类就是一个具体类,可以实例化。

抽象类虽然不能实例化对象,但是可以定义抽象类的指针和引用,而定义后的指针和引用可以指向派生类对象或访问派生类的成员,实现多态性。

下面通过实例说明抽象类的用法。

【例 7-13】 举一个经典的图形继承例子,点是最基础的图形,任何图形都可以由点组成,横、纵坐标可以表示一个点所处的位置,其他图形都可以由点得到,比如圆形,可以由圆心点的位置和半径决定,而以圆形为基础又可以得到圆柱体、圆锥体、球体等图形。但向上抽象,点、圆、圆柱、圆锥、球都是图形,因此可以增加上层图形基类。代码如下:

```
1.  /**********************************************
2.      程序名:VirtualDerived.cpp
3.      说  明:抽象类使用示例
4.  **********************************************/
5.  #include <iostream>
6.  using namespace std ;
7.  const double PI = 3.14 ;
8.  //抽象类
9.  class Shape
10. {
11.   public:
12.     virtual void Show ( ) = 0 ;          //显示函数,派生类共有的接口定义为纯虚函数
13.     virtual double Area ( ) = 0 ;        //返回图形面积值
14. };
15. //点类
16. class Point : public Shape
17. {
```

```
18.    protected :
19.      double X , Y ;                        //横纵坐标值
20.    public:
21.      Point (double x = 0.0 , double y = 0.0)
22.      {
23.          X = x ;
24.          Y = y ;
25.      }
26.      void Show()
27.      {
28.          cout <<" ( " <<X <<" , " <<Y <<" ) " <<endl;
29.      }
30.      double Area ( )
31.      {
32.          return 0.0 ;
33.      }
34. };
35. //圆类
36. class Circle : public Point
37. {
38.    protected :
39.      double R;
40.    public:
41.      Circle (double x , double y , double r) : Point ( x , y )
42.      {
43.          R = r;
44.      }
45.      void Show()
46.      {
47.          cout <<" 原点:";
48.          Point :: Show ( ) ;
49.          cout <<" 半径:" <<R <<endl ;
50.      }
51.      double Area ( )
52.      {
53.          return PI * R * R ;
54.      }
55. };
56. //圆柱
57. class Cylinder : public Circle
58. {
59.    protected:
60.      double H;
61.    public :
62.      Cylinder ( double x , double y , double r , double h ) : Circle ( x , y , r )
```

C++ 程序设计

234

```
63.        {
64.           H = h;
65.        }
66.     void Show ()
67.        {
68.           Circle :: Show ( ) ;
69.           cout <<" 高度:" <<H <<endl;
70.           }
71.        double Area ( )
72.        {
73.           return 2 * Circle :: Area( ) +2 * PI * R * H;
74.           }
75. };
76.
77. //测试代码
78. int main()
79. {
80.     Circle CR ( 1.0 , 1.0 , 10.0 ) ;
81.     Shape * pS ;                        //抽象类指针
82.     pS = &CR ;                          //抽象类指针指向对象
83.     pS ->Show() ;                       //抽象类指针调用函数
84.     Cylinder CY ( 0.0 , 0.0 , 10.0 , 55.0 ) ;
85.     Shape &rS = CY ;                    //抽象类引用指向派生类对象
86.     rS. Show( ) ;                       //抽象类引用调用函数
87.     cout <<" 圆面积:" <<pS->Area() <<",圆柱面积:" <<rS. Area() <<endl;
88.     return 0;
89. }
```

程序运行结果如图 7-13 所示。

程序说明:

为各个图形设计抽象类 Shape,将各图形中的公共行为——求面积和显示作为纯虚函数在抽象类中声明,并在各个派生类中重新定义,赋予新的含义。

```
原点: < 1.0 , 1.0 >
半径: 10.0
原点: < 0.0 , 0.0 >
半径: 10.0
高度: 55.0
圆面积: 314.0 ，圆柱面积: 4082.0
```

图 7-13　程序运行结果

代码中一共三层派生,由图形类 Shape 先派生出点类 Point 类,再由 Point 类派生出圆类 Circle 类,在 Circle 类基础上再派生出圆柱体类 Cylinder 类,每次公有继承,都将内部成员变量定义为保护类型,这样派生类就可以访问所有上层基类的成员变量,而无须重复定义。

测试代码中生成了抽象类的指针 pS 和引用 rS,并分别指向了派生类圆类的对象 CR 和圆柱体类的对象 CY,再通过指针和引用去调用显示函数 Show 和求面积的函数 Area。从运行结果中可以看出,调用到的是派生类的成员函数。由此可知,抽象类的指针和引用可以采用动态联编的方式实现多态的功能。

7.5 应用案例：多态性应用

1. 案例要求

合理运用虚函数实现动态联编，使基类指针指向派生类对象时，可以按预期调用派生类的成员函数。设计代码，实现"花木兰替父从军"。

2. 案例分析

木兰替父从军的故事背景是兵部要求一家出一男丁从军，在设计代码时就可以将兵部当作外部对象，外部对象只需从花家找一人当兵即可交差，而花家内部到底是谁出来当兵，外部不需要知道。这里可以将"花家"作为一个抽象概念，利用抽象类及动态多态性，用抽象基类的指针指向派生类对象，以此完成"替父从军"的动作。

第 7 章小结

第 7 章程序分析题及参考答案

第 7 章应用
案例实现

第 8 章

模 板

目前为止,已经学习了面向对象提供的多种提高程序设计效率、提高软件重用率的技术和方法,比如,通过类的一次定义,类的对象能够共用类内成员;函数内算法定义一次,匹配的调用语句可以反复用其进行计算;继承机制使派生类在保留基类特征的同时又可以增加新的功能和特性;多态性包括函数重载、运算符重载、函数重写、类型兼容、虚函数、纯虚函数、抽象类,等等。

但由于 C++ 的编译机制对数据的类型有严格要求,因此在以往的编程中,若消息处理的是不同类型的数据,就必须有针对这种类型的函数与之对应,比如整数和实数,这两种数据的加法、减法、乘法、除法等基本运算的运行机制都是一样的,只是参数类型、返回值类型是不同的,却需要提供完整的两套非常相近的代码,这和软件重用思想似乎有些违背,那么如何能够改善呢?

可以利用另一种软件重用技术——泛型程序设计技术。泛型程序设计能够设计出通用的不受数据类型影响的代码,并且使代码可以自动适应数据类型的变化。本章要介绍的模板技术就是泛型程序设计的一种。

学习目标:
- 理解函数模板和类模板的相关概念。
- 掌握函数模板的使用方法。
- 掌握类模板的使用方法。
- 理解模板的继承与派生。

8.1 模板的概念

模板(template)的概念同样来自现实世界,现实生产中流水线批量生产的工件、产品等都是要有模板或模具的,这些模板或模具是保证批量生产的产品的形状、样式相同的基础。比如生产塑料凳,塑型都是有模具的,形状相同的塑料凳又可以不完全相同,加入不同染料,就能生产出不同颜色的凳子;加上不同印花就可以生产出纹路不同凳子,等等。

C++ 程序设计在 1991 年引入了模板技术。这里的模板就和前面提到的塑料凳模具的作用相似,为类或函数提供相同的结构框架,同时将数据的类型作为参数,即算法(处理过程)不变,数据类型随传入的实参数据的类型而改变,这一过程称为参数化类型。模板技术是 C++ 语言的一个重要特征。

模板编程(template programming)就是通过抽象出类或函数的共性,用参数化类型的方式去创建通用的类或函数的编程技术。若抽象的对象是函数,则称为函数模板;若抽象的对象是类,则称为类模板。

　　函数模板或类模板设计出来后,由于数据类型未定无法编译,因此并不是能被直接调用的函数或类,只是对逻辑功能相同但类型不同的函数或类的抽象。这些参数化的类型可以在后续的实例化中被实际的数据类型所取代。

　　利用模板技术,C++ 语言强化了软件共享的机制,能够快速建立类型安全的类库和函数库,极大地提高了软件的通用性、共享性以及代码的编程效率和管理效率,有利于进行大型软件的开发。

8.2　函 数 模 板

　　在刚开始学习 C++ 时,我们就学到了一个规则:一个函数必须指定其返回值的类型和参数的类型,否则编译就有语法错误,不能通过。因此即使是功能相同的函数,由于数据类型不同就要重写完整的函数声明和函数定义。

　　但是在设计算法时却不必指定数据类型,比如求和算法是用加法进行运算,求差算法是用减法进行运算,这些算法都不关心具体的操作数据到底是整型的、单精度型的还是双精度型的,算法正确即可通用。

　　【例 8-1】　比如执行两个数的加法运算,算法描述很简单,即将两个操作数相加求和,不同类型的加法函数的函数体必须依照不同的类型重写,代码如下:

```
1.  /*****************************************
2.     程序名:addfunc.cpp
3.     说　明:不同类型加法运算函数示例
4.  *****************************************/
5.  #include <iostream>
6.  using namespace std ;
7.  //整型数据加法函数
8.  int add ( int a , int b )
9.  {
10.     return a +b ;
11. }
12. //实数型数据加法函数
13. float add ( float a , float b )
14. {
15.     return a +b ;
16. }
17. //双精度浮点型数据加法函数
18. double add ( double a , double b )
19. {
20.     return a +b ;
21. }
22. //测试代码
23. int main ( )
24. {
```

```
25.      cout <<" sum = " <<add ( 5 , 8 ) <<endl ;
26.      cout <<" sum = " <<add (4.0 , 9.0 ) <<endl ;
27.      double a = 0.0 , b = 12.0 ;
28.      cout <<" sum = " <<add ( a , b ) <<endl ;
29. }
```

程序运行结果如图 8-1 所示。

这三个函数的函数体中函数实现的具体运算都是 a+b,但是如果不写这三个不同的函数,只写整型对应的函数体,则计算单精度浮点型数据或双精度浮点型数据的加法时,直接调用 add(a,b),是无法得到我们想要的结果的。

```
sum = 13
sum = 13.0
sum = 12.0
```

图 8-1　程序运行结果

在进行函数调用时,编译器会自动根据函数的参数类型调用相应的函数体,给出我们想要的结果。但如果对不同类型的数据都编写相同的算法,那么代码的编写量、后期维护的工作量都会非常大。若能够提供一个符合算法要求的逻辑架构,可以在后续实际使用时再指定运行数据的类型,那就可以大大地提升代码的可重用性,提高软件的开发效率。

这种情况下,就可以运用 C++ 的函数模板来解决函数重用的问题。

8.2.1　函数模板的定义

函数模板定义格式如下:

```
template <typename 类型 1, typename 类型 2, ... >
返回类型 函数名(形参表)
{
    函数体;
}
```

可以看出,函数模板与普通函数在定义格式上有以下区别。

(1) 函数模板声明时要使用关键字 template。

(2) 关键字 template 后面的 ＜ ＞ 中给出的是模板的参数表,参数表中可以有一项或多项参数。

(3) 参数表中每一项的 typename 是类型关键字,也可以用 class 关键字,含义相同;"类型 n"是参数化类型,是一种抽象类型,也可以称为可变类型,可以是 C++ 中的基本类型。

(4) 函数返回值的类型可以是普通类型或者是模板参数表中指定的类型。

那么用函数模板将前面代码中三段 add 函数进行抽象,可以得到这样一个函数模板:

```
template <typename T >
T add ( T x , T y )
{
    return x +y ;
}
```

函数模板定义以后,通过将模板参数表中的参数化类型实例化,即可生成具体的函数,这个过程称为模板实例化,生成的函数称为模板函数或模板实例(instantiation)。参数化类型是通过实参实例化的。

函数模板和模板函数之间的关系如图 8-2 所示。

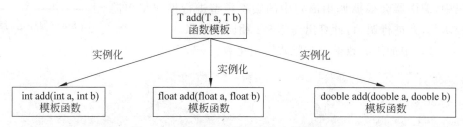

图 8-2　函数模板和模板函数之间的关系

8.2.2　函数模板的实例化

函数模板实例化可以生成多种类型的模板函数。

函数模板的实例化分为两种形式，一种是隐式实例化(implicit instantiation)，另一种是显式实例化(explicit instantiation)。

1. 隐式实例化

隐式实例化也可以称为隐式调用，是通过函数调用时给定的实参的参数类型推演出函数模板中参数化类型的具体类型，再执行推演出的模板函数。

【例 8-2】　若用 8.2.1 小节中抽象出来的函数模板对例 8-1 中的代码进行修改，并用隐式实例化的方法，则代码改为

```
1.  /******************************************
2.     程序名:template1.cpp
3.     说    明:函数模板隐式实例化示例
4.  ******************************************/
5.  #include <iostream>
6.  using namespace std ;
7.  //加法的函数模板
8.  template <typename T >
9.  T add ( T x , T y )
10. {
11.    return x +y ;
12. }
13. //测试代码
14. int main ( )
15. {
16.    cout <<" sum = " <<add ( 5 , 8 ) <<endl ;
17.    cout <<" sum = " <<add (4.0 , 9.0 ) <<endl ;
18.    double a = 0.0 , b = 12.0 ;
19.    cout <<" sum = " <<add ( a , b ) <<endl ;
20. }
```

程序运行结果如图 8-3 所示。

程序说明：

代码中只给出了加法的函数模板，没有显式地给出参数类型，在测试代码中，编译器会根据调用语句中的实参类型进行推演得出隐式的模板函数，并进行调用，计算出与例 8-1 相同的结果。

在调用过程中加法函数模板被隐式实例化为

```
int add ( int , int ) ;
float add ( float, float ) ;
double add ( double , double ) ;
```

```
sum = 13
sum = 13.0
sum = 12.0
```

图 8-3　程序运行结果

隐式调用相当于省略了对函数模板的具体化步骤，生成模板函数的动作靠编译器在后台进行，优点是可以节省代码，缺点是每次调用不管类型是否相同，都会再次进行类型推演。当隐式调用比较频繁时，效率会在一定程度上降低。

还要注意的是，函数模板的隐式实例化无法初始化模板参数表中的普通类型的形参。换句话说，即如果模板参数表中有普通类型的形参，则需要对函数模板做显式实例化。

2. 显式实例化

显式实例化是用类似于调用普通函数时，函数的实参替换形参的方式，将模板参数表中的参数化类型一一实例化完成的。但对函数模板的显式实例化无须将整个函数体显式地重写，只重写声明语句即可。

显式实例化的格式如下：

```
template 函数返回类型 函数模板名 <实际类型列表>(实参类型列表) ;
```

即用实际所需的类型替换函数模板中前两行里的参数化类型。

例如，可以在例 8-2 代码中增加加法函数的模板实例的显式实例化语句：

```
template int add <int >( int , int ) ;
```

显式实例化除了用这样的格式声明之外，还可以在调用时说明参数类型，例如不在例 8-2 代码中增加上面的显式实例化语句，而在测试函数中修改调用语句为

```
add <float >( 4.0 , 9.0 ) ;
```

这种方式与上面的实例化语句同样可以将 T add(T a, T b)实例化为 float add(float, float)。

【例 8-3】　现在将加法函数模板用隐式实例化方法和两种显式实例化方法实现，代码如下：

```
1.  /*******************************************
2.    程序名:template2.cpp
3.    说　明:函数模板实例化示例
4.  *******************************************/
5.  #include <iostream>
6.  using namespace std ;
```

```
7.   //加法的函数模板
8.   template <typename T >
9.   T add ( T x , T y )
10.  {
11.      return x + y ;
12.  }
13.  //显式实例化方法 1
14.  template int add < int > ( int , int ) ;
15.  //测试代码
16.  int main ( )
17.  {
18.      cout << " sum = " << add ( 5 , 8 ) << endl ;
19.      float c = 4.0 , d = 9.0 ;
20.      cout << " sum = " << add <float> ( c , d ) << endl ;//显式实例化方法 2,直接用常量
21.                                                          //值 4.0、9.0 替换 c、d 也可以
22.      double a = 0.0 , b = 12.0 ;
23.      cout << " sum = " << add ( a , b ) << endl ;      //隐式实例化
24.
25.      return 0 ;
26.  }
```

程序运行结果如图 8-4 所示。

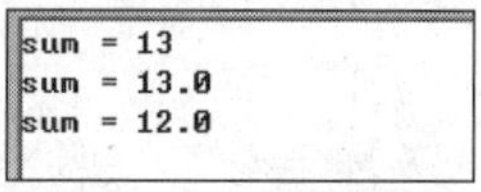

【例 8-4】 若函数模板的参数类型表中有普通类型的形参,则实例化时要给出常量值。

若有函数模板:

```
sum = 13
sum = 13.0
sum = 12.0
```

图 8-4 程序运行结果

```
template <typename T , int n >
T func ( ) { ... }                    //函数中用到整型变量 n
```

则显式实例化语句:

```
func < int , 100 >
```

即将 T func 实例化为 int func,并且函数中的变量 n 的初值为 100。

8.2.3 函数模板与函数重载

同样是不同类型数据的加法函数,例 8-1 的代码中定义了三个加法的重载函数;例 8-3 中定义了加法的函数模板,并执行了显式和隐式的实例化。两段代码都可以使调用语句中实参的类型正确调用对应的函数,得到正确的编译和运算结果。

但如果一段代码中既有函数模板,又有重载函数,那调用 add(a,b) 时,到底会调用函数模板生成的模板函数,还是调用重载函数呢?

【例 8-5】 修改例 8-2 的代码,增加一个整型加法的重载函数,看看到底会调用模板函数还是重载函数。代码如下:

```
1.  /*******************************************
2.      程序名:template3.cpp
3.      说  明:函数调用顺序测试代码
4.  *******************************************/
5.  #include <iostream>
6.  using namespace std ;
7.  //加法的函数模板
8.  template <typename T >
9.  T add ( T x , T y )
10. {
11.     cout <<" 模板函数被调用 " <<endl ;
12.     return x +y ;
13. }
14. //加法的重载函数
15. int add ( int x , int y )
16. {
17.     cout <<" 重载函数被调用 " <<endl ;
18.     return x +y ;
19. }
20. //测试代码
21. int main ( )
22. {
23.     add ( 5 , 8 );
24.     return 0 ;
25. }
```

其实到底调用哪个函数是由 C++ 的重载规则决定的,C++ 对重载函数的绑定遵循最佳匹配优先规则。

(1) 精确匹配优先。若同时精确匹配,则普通函数优先于模板函数。

(2) 提升转换。向高类型转换,如 char、short 转换为 int,float 转换为 double。

(3) 标准转换。向低类型或相容类型转换,如 int 转换为 char,long 转换为 double。

(4) 用户自定义的转换。如类生命中定义的转换。

绑定顺序可以简单表述为:精确匹配＞提升转换后匹配＞标准转换后匹配＞自定义转换。

因此,这种代码中既有函数模板,又有重载函数时,会先调用能够精确匹配的重载函数,没有能精确匹配的重载函数时,才会实例化函数模板。

> 重载函数被调用
>
> 图 8-5　程序运行结果

则这段代码的运行结果如图 8-5 所示。

若将调用语句改为 add(5.0,8.0),则会调用模板函数。

8.2.4　函数模板的具体化

很多资料上会提到函数模板的具体化,显式具体化与实例化的声明格式很相似,但是意义有很大区别。函数模板技术是为了便于类型不同的数据共享函数结构,避免多次重写相似的函数体,函数模板的实例化可以生成数据类型不同的模板函数;而函数模板的具体化其实相当于在函数模板的基础上,添加一个专门针对特定类型的、实现方式不同的函数模板的特例。

函数模板的具体化有两种方式,第一种是显式具体化:函数模板显式具体化是为了将接口相同、实现不同的函数区分出来而提供的技术。函数模板显式具体化的格式如下:

```
template <>函数返回类型 函数模板名 <实际类型列表>(实参类型列表)
{
    函数体;
}
```

从格式上来看,声明的部分只比函数模板的实例化声明多了一个＜＞,即函数模板显式具体化的定义前面必须要加 template ＜＞。

显式具体化与显式实例化的本质区别在于显式实例化不需要重写函数体,而显式具体化必须要重写函数体,因为具体化的目的就是提供与模板不同的函数实现。

【例 8-6】 假设有交换参数的函数模板 swap,其作用是交换两个参数的值。代码如下:

```
1.  /*****************************************
2.      程序名:template4.cpp
3.      说  明:函数模板具体化
4.  *****************************************/
5.  #include <iostream>
6.  using namespace std ;
7.  //交换函数的模板
8.  template <typename T >
9.  void swap ( T& a , T& b )
10. {
11.     T t ;
12.     t = a ;
13.     a = b ;
14.     b = t ;
15. }
```

这个模板实例化可以完成基本类型数据和自定义类型数据的整体交换,但假如实例化为一个自定义类型,并且这个自定义类型是包含多个成员的结构体类型,而只希望交换时交换其中部分成员的值时,比如假设结构体代码如下:

```
16. struct Info
17. {
18.     char ID[ 18 ] ;
19.     char NO ;
20.     bool flag;
21. }
```

若要求 Info 类型在调用 swap 函数时,只交换其中的 flag 项,其余不变,要如何修改代码呢?

这样交换时,函数的动作也是交换,并且交换的对象也是两个,因此函数名称和函数的形参类型与函数模板是一样的,只是在实现时需要作出修改,这时,就可以用具体化的方法来操作。函数定义如下:

```
22. template <>void Swap <Info >( Info & a , Info & b )
23. {
24.    bool bt ;
25.    bt = a. flag ;
26.    a. flag = b. flag ;
27.    b. flag = bt ;
28. }
```

这个只是针对类型为 Info 类型的交换函数,编译器解析函数调用时,会根据参数的匹配程度选择最合适的函数定义。

由于函数调用的优先级是:非模板函数 > 具体化模板函数 >常规模板函数。

因此第二种更简单的具体化方法是:直接定义一个同名的普通函数来屏蔽函数模板。仍然以上面的需求为例,若只交换 Info 类型中的 flag 值,只需再定义一个普通函数:

```
29. void Swap ( Info & a , Info & b )
30. {
31.    bool bt ;
32.    bt = a. flag ;
33.    a. flag = b. flag ;
34.    b. flag = bt ;
35. }
```

因此,实际上重载与函数模板结构相同的普通函数即可达到具体化的目的。

8.2.5　函数模板的重载

首先回顾一下函数重载的定义,函数重载可以使逻辑功能相同,但是参数个数、参数类型、返回类型不同的函数共享相同的函数名,方便调用,并提高代码的可读性。函数模板同样可以按照普通函数重载的规则进行重载,例如:

```
template <typename T >T add ( T &a , T &b )
{   return a +b ;
}
template <typename T >T add ( T &a , T &b , T &c )
{   return a +b +c ;
}
```

调用时,编译器自然会根据参数的匹配程度选择合适的模板函数执行。

宏定义也能做到参数化类型,比如宏定义一个求最大数的 Max 函数:

```
#define Max ( x , y ) ( ( x ) >( y ) ? ( x ) : ( y ) )
```

这样定义以后,也可以在使用时根据 x 和 y 的数据类型进行运算。

但是由于宏定义缺少类型检查,极易产生错误,因此没有模板技术安全。

8.3 类 模 板

类模板也是模板技术的一种,因此与函数模板一样,是通过抽象出类的共同特性建立的带有类型参数的类的模板。类模板中包含成员数据和成员函数,成员函数又有各自的参数及各自的返回值,这些参数都有自己的类型,这些类型也可以不同,并且在实例化为对象时,根据实际参数类型实例化为具体类型的对象。

8.3.1 类模板的定义

类模板的定义语法与函数模板非常相似,定义格式如下:

```
template <模板参数表 >
class 类名
{
    成员名;
};
```

与函数模板的相同之处如下。

(1) 同样以 template 为模板关键字。

(2) 模板参数表中的参数化类型同样以 class 或 typename 为关键字,typename T 表示这个参数化类型的名字是 T;参数化类型也可以包含普通类型。

类模板的独有特性如下。

(1) 类模板中的成员函数可以是普通函数,也可以是函数模板。

(2) 类模板的成员函数可以在类内部定义,也可以在类外部定义。若在类外部定义,则其语法如下:

```
template <模板参数表>
类型 类名 <模板参数名表>::函数名(参数表)
{
    函数体;
}
```

类模板的成员函数在类外部定义时,要将类模板重新声明一次,并增加模板参数名表。模板参数名表是指类的模板参数表中的参数名称,例如模板参数表 typename T1、typename T2,则 T1、T2 为模板参数的名称,或者可以理解为类型名或常量。

【例 8-7】 举例说明类模板的定义。

```
1.  /*********************************************
2.      程序名:template5.cpp
3.      说  明:类模板定义示例
4.  *********************************************/
```

```
5.  #include <iostream>
6.  using namespace std;
7.  //类模板
8.  template <typename T1 , typename T2 , int T3 >
9.  class A
10. {
11.   private:
12.     int a;                        //私有成员
13.     T1 Arr [ T3 ];                //私有数组,T1 类型的数组,数组大小为 T3
14.   public:
15.     T2 Func ( T2& x, T2& y );     //公有成员函数
16. };
17. //成员函数外部定义
18. template <typename T1 , typename T2 , int T3 >
19. T2 A <T1 , T2 , T3 >:: Func ( T2& x, T2& y )      //定义格式
20. {
21.     x ++;
22.     y ++;
23.     return x +y;
24. }
```

程序说明：

- 定义了一个类模板 A,其中用到了三种参数化类型,分别是类型 T1、类型 T2 和整型 T3。
- 类中定义了两个私有成员,一个是基本类型数据,一个是 T1 类型的数组,数组的大小将在实例化时由 T3 的值决定。
- 类中定义了一个公有的成员函数,在类内部声明,在类外部定义,其中声明语句结构与普通成员函数一样,只是用参数化类型代替普通类型;类外定义的格式与普通类的成员函数在类外定义的语法类似,同样是类域加函数体的结构,只是类域要包含 template 关键字、模板参数列表以及模板参数名列表。

8.3.2 类模板的实例化

与函数模板相似,类模板是一个抽象类,也要进行实例化才能被使用。类模板的实例化的过程是在生成对象时,类模板会根据给定的模板参数值实例化为具体的类,称为模板类,然后再由这个模板类定义类对象或类指针。

类模板建立对象(或实例化)的语法如下:

> 类模板名 <模板参数值表>对象列表

类模板和模板类的关系与函数模板和模板函数的关系非常相似,关系如图 8-6 所示。

示意图 8-6 中描述的是类模板 A,通过分别指定类型 int 类型、char 类型以及自定义××类型进行实例化得到三个类型不同的模板类。

当定义 A 类的对象时,就要给定具体类型替换类模板的模板参数表,实例化为模板类。

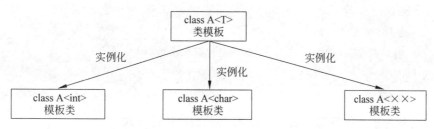

图 8-6 类模板和模板类的关系

实例化的语句如下：

```
25. int main ( )
26. {
27.     A < char , int , 10 >obj1 , obj2 ;        //定义两个 A 类对象
28. }
```

定义后，对象 obj1、obj2 就可以像普通对象一样访问类的各个成员函数了。

8.3.3 类模板与静态成员

普通类中是允许有静态成员的。在类中数据成员的声明前加上 static 关键字，该成员就称为类的静态成员：

```
static 数据类型 数据成员名
```

静态数据成员会被当作该类的全局变量。与普通的数据成员在每个类对象中都有复制的情况不同，有静态数据成员的类的所有对象都共享同一个静态变量。静态成员变量是独立存储的，并不占用类对象本身的存储空间，因此在生成类对象时也无须给静态成员变量分配空间。静态成员应在类外单独初始化。

静态成员与普通的全局变量的区别在于作用域，静态成员是类内成员均可访问的，类外对其的访问权限与其在类内声明的访问控制属性有关。其访问控制属性的定义方式和访问方式与普通的类成员完全一致，公有属性的静态成员可以被类外访问，私有和保护属性的则不行。

类模板中同样可以定义静态成员，定义方法也是在成员类型前加 static 关键字。

【例 8-8】 在类模板 A 中增加静态成员 count，代码如下：

```
1.  /*******************************************
2.     程序名:template6.cpp
3.     说   明:类模板定义示例
4.  *******************************************/
5.  #include <iostream>
6.  using namespace std ;
7.  //类模板
8.  template <typename T >
9.  class A
10. {
```

```
11.  ...                       //其他成员
12.    public:
13.      static int count ;      //整型的静态成员 count
14.      static T visitnum ;     //T 类型的静态成员
15. };
```

对确定类型为整型的静态成员 count,有两种初始化的方式。

第一种是具体化的定义,即指定 T 类型的静态成员初值:

```
template <>int A <int >:: count = 100 ;
```

第二种是范化的定义,定义时不指定 T 的类型,即对每种类型的实例化都有相同的静态
变量初值:

```
template <typename T >int A <T >:: count = 200 ;
```

用第二种初始化方式时,若类模板实例化为整型,则所有整型对象共享同一个 count,初
值为 200;若实例化为 float 型,则所有 float 型对象共享一个 count,初值为 200。

而对未明确类型的静态成员 visitnum 来说,就必须用具体化的方式定义,例如:

```
template <>float A<float>:: visitnum = 300.0f;
```

8.3.4 类模板与友元

类模板也可以拥有友元。类模板的友元分为以下三类。

1. 普通友元

非模板的函数、类、类的成员函数都可以作为类模板的友元,实例化后的模板类也会将这
些函数、类、类的成员函数作为其友元。友元函数和友元类可以访问当前类的任意成员。

【例 8-9】 类模板的非模板友元示例代码。

```
1.  /*******************************************
2.      程序名:template7.cpp
3.      说  明:类模板的友元示例
4.  *******************************************/
5.  void f1 ( ) {...}
6.  class A {...};
7.  class B
8.  {
9.    public:
10.     void f2 ( ) {...}
11. };
12. template <class T>
13. class C
14. {
15.     ...
```

```
16.     friend void f1( );
17.     friend class A;
18.     friend void B::f2 ( );
19. };
```

2. 一般模板友元关系

友元可以是类模板或函数模板,友元与类可以分别使用自己的类型参数,声明为友元后,友元函数模板和友元类模板的任意实例都可以访问当前类的任意实例的成员。

```
template <class T >
class A
{
    template <class T1 >friend class B ;
    template <class T2 >friend void Func ( T & );
};
```

如上面代码所示,对当前类模板 A 的每个实例而言,类模板 B 和函数模板 Func 的每个实例都是友元。

3. 特定的模板友元关系

类模板中的友元声明时,可以指定特定实例的访问权,即并非接受友元类模板的所有实例。

```
template <class T >class A ;
template <class T >void Func ( T ) ;
template <class T1 >
class B
{
    friend class A <int >;
    friend void Func <char >( char ) ;
};
```

上面代码中,对当前类模板 B 来说,友元类模板 A 的实例中,只有类型参数为 int 的实例才是友元;友元函数模板 Func 的实例中,只有类型参数为 char 的实例才是友元。

还有一种方式限定模板实例的访问权限:

```
template <class T >class A ;
template <class T >void Func ( T ) ;
template <class T1 >
class B
{
    friend class A <T1 >;
    friend void Func <T1 >( T1 ) ;
};
```

这样定义后,只有与 B 实例有相同类型的 A 和 Func 的实例,才是 B 的友元。

8.3.5　类模板的继承与派生

类模板也有它的继承机制,本小节简单介绍类模板继承的四种情况。

1. 类模板派生类模板

示例代码:

```
1.  /*******************************************
2.      程序名:template8.cpp
3.      说　明:类模板的继承示例1
4.  *******************************************/
5.  template <class T1, class T2>
6.  class A { ... };
7.  template <class T1, class T2>
8.  class B : public A <T2, T1>{ ... };
9.  int main()
10. {
11.     B<int, char>obj1;
12.     return 0;
13. }
```

说明:如此定义两个类模板 A 和类模板 B,其中 B 是公有继承自 A 模板的,继承语句的语法符合类模板及派生类的语法格式,参见上面代码的第 7 行和第 8 行。

主函数的第 11 行为实例化语句。

执行到第 11 句时,类模板 B 根据给定的实参类型 int 和 char,分别替换 T1 和 T2,则可得到需要实例化生成的模板类 B<int,char>以及其基类模板类 A<char,int>。

2. 模板类派生类模板

类模板可以由类模板派生出来,也可以由模板类派生出来。

示例代码:

```
1.  /*******************************************
2.      程序名:template9.cpp
3.      说　明:类模板的继承示例2
4.  *******************************************/
5.  template <class T1, class T2 >
6.  class A { ... };
7.  template <class T >
8.  class B: public A <int, char >{ ... };
9.  int main ( )
10. {
11.     B <char>obj1;
12.     return 0;
13. }
```

说明:代码第 8 行为继承语句,与 template8.cpp 的继承语句区别在于这段代码中指定了类模板 A 的参数类型,即将 A 进行了实例化得到模板类 A<int,char>,再公有派生出类模板 B。

所以执行第 11 行 B＜char＞obj1；时，会自动生成两个模板类：A＜int，char＞和 B＜char＞。

　　3. 普通类派生类模板

　　在建立好一个确定类型的普通类后，可以根据需要，以其为基类建立类模板，这样能够直接利用已有类，不但功能直观，而且体现了代码重用的优势。

　　示例代码：

```
1.   /********************************************
2.      程序名：template10.cpp
3.      说    明：类模板的继承示例 3
4.   ********************************************/
5.   class A{ ... };
6.   template ＜class T ＞
7.   class B : public A { ... };
8.   int main ( )
9.   {
10.     B ＜char＞obj1 ;
11.     return 0 ;
12.  }
```

　　说明：代码中类 A 为普通类，其内部各个参数的类型都是确定的，其实相当于一个模板类。B 类为公有继承 A 类的类模板，继承后，B 类的所有实例都以 A 类为基类。

　　4. 模板类派生普通类

　　示例代码：

```
1.   /********************************************
2.      程序名：template11.cpp
3.      说    明：类模板的继承示例 4
4.   ********************************************/
5.   template ＜class T ＞
6.   class A{ ... };
7.   class B: public A ＜int ＞{ ... };
8.   int main()
9.   {
10.     B obj1 ;
11.     return 0 ;
12.  }
```

　　说明：普通类继承基类时，必须确定数据类型才能分配空间，因此类模板要生成确定类型的模板类才能被普通类继承。上面代码中普通类 B 公有继承了类模板 A 的 int 型模板类 A＜int＞，则模板类 A＜int＞类为 B 类的基类。

8.4　应用案例：链表类模板

第 8 章案例实现

　　1. 案例要求

　　设计一个链表类模板，即把链表的数据类型参数化，用类模板实现链表的各项功能。

2. 案例分析

链表类是用类结构封装链表的插入、删除等功能,链表由结点构成,而结点的数据类型各有不同,如果要定义一个逻辑功能统一的类供各种数据类型的链表使用,就需要利用类模板的知识,将结点中固定的数据类型改为参数,实例化时再用确定的数据类型进行替换。

因此设计代码时,可以主要依据链表类进行,把必要的数据类型用参数化类型替换掉,并且应注意成元函数的实现要保证无论数据是什么类型,都能保持操作一致。

第 8 章小结

第 8 章程序分析题编程题及参考答案

输入/输出流

C 和 C++ 都没有将输入和输出建立在语言中,而是将输入/输出的解决方案放在 I/O 类库中解决。在第 1 章中简单介绍了如何使用 cin、cout 对象,本章将首先介绍输入/输出流的概念,让读者对 C++ 的输入/输出流有一个基本的认识,了解 C++ 输入/输出流的类层次结构,接着详细介绍 C++ 的标准输入流和标准输出流,然后介绍如何利用输入/输出流对文件进行相应的读写操作。

学习目标:

- 理解输入/输出流的概念。
- 了解输入/输出流类的派生关系。
- 掌握标准输入/输出流。
- 掌握文件的输入/输出。

9.1 输入和输出

9.1.1 输入/输出流的概念

C++ 程序通过流来完成输入/输出,所有的输入/输出以流的形式处理。因此要了解 I/O 系统,首先要理解输入/输出流的概念。

现实生活中有河流、车流、人流等词汇,都用于描述物体从一个位置流向另一个位置;计算机里只有数据流,C++ 所说的流就是数据流。输入/输出是数据传送的过程,即数据如流水一样从一个位置流向另一个位置。可以把流看作一种数据的载体,通过它可以实现数据交换和传输。就像水流是一串水组成的一样,计算机中的数据流是由一串数据组成的。数据流的处理只能按照数据序列的顺序来进行,即前一个数据处理完之后才能处理后一个数据。数据流以输入流的形式被程序获取,再以输出流的形式将数据输出到其他设备。

C++ 的输入/输出发生在流中,流是字节序列。如果字节流是从设备(如键盘、磁盘驱动器、网络连接等)流向内存,叫作输入操作。如果字节流是从内存流向设备(如显示屏、打印机、磁盘驱动器、网络连接等),叫作输出操作。图 9-1 所示的是输入流模式,图 9-2 所示的是输出流模式。

在 C++ 中,数据的输入和输出操作包括以下几种情况。

(1) 对标准输入设备键盘或标准输出设备显示器进行输入/输出操作,简称为标准 I/O 流。

(2) 对外存(如磁盘)上的文件进行输入/输出操作,简称为文件 I/O。

(3) 对内存中指定的字符串存储空间进行输入/输出操作,简称为串 I/O。

图 9-1　输入流模式　　　　　　　　　　　图 9-2　输出流模式

9.1.2　C++ 输入/输出流

输入/输出并不是 C++ 语言的正式组成成分,在 C++ 中输入/输出是由 iostream 库 (iostream library)提供的,它是一个利用多继承和虚拟继承实现的面向对象类层次结构,作为 C++ 标准库的一个组件,它能提供数百种与数据输入/输出相关的功能,为内置数据类型的输入/输出提供了支持,同时也支持文件的输入/输出。

I/O 类型在三个独立的头文件中定义:iostream、fstream 和 sstream。

(1) iostream 头文件声明了一些用来在标准输入/输出设备上进行输入/输出操作的对象,例如 ios、istream、ostream 和 iostream 类及 cin、cout 等对象。只要程序需要实现输入/输出功能,就必须包含此头文件。

(2) fstream 头文件用来实现对文件的操作,定义了与文件输入/输出的相关类,例如 ifstream、ofstream 和 fstream。

(3) sstream 头文件中所定义的类型用于处理存储在内存中的 string 对象的读写。

此外,除了上述三个头文件之外,还有一个 iomanip 头文件,该文件通过所谓的参数化的流操纵器(比如 setw 和 setprecision),来声明对执行标准化 I/O 有用的服务,是 I/O 流控制头文件。实际程序中出现时再以注释的形式进行讲解。

表 9-1 列出了 I/O 流类库中常用的流类,图 9-3 说明 I/O 流类库中常用流类之间的层次关系。

表 9-1　I/O 流类库中常用的流类

类　　名	类　　型	头文件
ios	抽象基类	iostream
istream	通用输入流和其他输入流的基类	iostream
ostream	通用输出流和其他输出流的基类	iostream
iostream	通用输入/输出和其他输入/输出流的基类	iostream
ifstream	输入文件流类	fstream
ofstream	输出文件流类	fstream
fstream	输入/输出文件流类	fstream
istringstream	输入字符串流类	sstream
ostringstream	输出字符串流类	sstream
stringstream	输入/输出字符串流类	sstream

> **注意**：sstream 头文件与 strstream 头文件的区别。
> - sstream 头文件中包含 istringstream、ostringstream 和 stringstream。而 strstream 头文件中包含 istrstream、ostrstream 和 strstream。
> - sstream 头文件所定义的类型用于读写存储在内存中的 string 对象。
> - istringstream 从 string 对象中读取，由 istream 派生而来。ostringstream 写到 string 对象中，由 ostream 派生而来。stringstream 对 string 对象进行读写，由 iostream 派生而来。
> - istrstream 类用于执行 C 风格的串流的输入操作，也就是以字符串数组作为输入设备。ostrstream 类用于执行 C 风格的串流的输出操作，也就是以字符串数组作为输出设备。strstream 类同时可以支持 C 风格的串流的输入/输出操作。

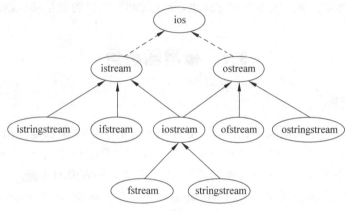

图 9-3   I/O 流类库的继承关系

其中：

(1) 最顶端的圆圈代表父类(或称"基类")，父类和子类(或称"派生类")之间用箭头连接，虚线代表虚拟继承，实线代表非虚拟继承。

(2) ios 类是所有 I/O 流类的基础类，描述了流的基本性质，为抽象类。

(3) 子类(派生类)istream 和 ostream 从公共基类继承了一些数据成员和成员函数，其中大部分的数据成员中大部分用于描述流的特征和属性。除了继承公共基类，istream 和 ostream 各自添加了属于自己的本地成员，并重载了适当的运算符。

(4) istream 是 ifstream、istringstream 和 iostream 的基类，ifstream 用于从文件中读取数据，istringstream 用于字符串的输入，因此读 istream 对象的程序也可用于读文件或者 string 对象。

(5) ostream 是 ofstream、ostringstream 和 iostream 的基类，ofstream 用于将数据写到文件中，ostringstream 用于字符串的输出。提供输出功能的程序同样可用 ofstream 或 ostringstream 取代 ostream 类型实现。

(6) iostream 类型有两个父类，分别为 istream 和 ostream，这意味着它共享了两个父类的接口，也就是说，如果需要在同一个流上同时实现输入和输出操作可以使用 iostream。

(7) fstream 和 stringstream 为 iostream 的派生类，fstream 用于控制文件流的输入和输出，stringstream 用于对字符串对象进行读写。

在 C++ 中,输入/输出是通过调用流对象 cin 和 cout 实现的。在 iostream 头文件中预定义了四个标准流对象,除了 cin 和 cout 之外,还有 cerr 和 clog。

(1) cin:用于处理标准输入。是 C++ 编程语言中的标准输入流对象,即 istream 类的对象。它主要用于从标准输入读取数据,这里的标准输入是指终端的键盘。

(2) cout:用于处理标准输出。它是流的对象,即 ostream 类的对象,用于在计算机屏幕上显示信息。这是一个被缓冲的输出,是标准输出,并且可以重新定向。

(3) cerr:输出到标准错误的 ostream 对象,常用于程序错误信息;它不经过缓冲而直接输出,一般用于迅速输出出错信息,是标准错误,默认情况下被关联到标准输出流,但它不被缓冲,也就是说错误消息可以直接发送到显示器,而无须等到缓冲区或者新的换行符时,才被显示。一般情况下不被重定向。

(4) clog:也用于处理标准出错信息,但提供带有缓冲区的输出。与 cerr 不同的是,每次插入 clog 中的输出要等缓冲区刷新时才输出,设立缓冲区的目的就是减少刷屏的次数。

9.2 标准输出流

9.2.1 输出流类库

"流"就是"流动",是物质从一处向另一处流动的过程。C++ 的标准输出流是指从内存向外部输出设备(如显示器和磁盘)输出的过程。为了实现信息的内外流动,C++ 系统定义了 I/O 类库,其中的每一个类都称作相应的流或流类,用于完成某一方面的功能。根据一个流类定义的对象也时常被称为流。在 C++ 中最重要的三个输出流是 ostream、ofstream 和 ostringstream。

ostream 可以提供针对二进制文件的无格式化输出和纯文本文件的格式化输出。ostream 类定义了三个输出流对象:cout、cerr 和 clog。在 C++ 中,很少自定义 ostream 的对象,更多的是直接使用 cout。具体内容详见 9.2.2 小节。

ofstream 类支持磁盘文件输出,如果在构造函数中指定一个文件名,当构造这个文件时该文件是自动打开的。具体内容详见 9.4 节。

```
ofstream myFile("filename");    //可以在调用默认构造函数之后使用 open 成员函数打开文件
ofstream myFile;                //声明一个静态文件输出流对象
myFile.open("filename");        //打开文件,使流对象与文件建立联系
```

ostringstream 类用于字符串的输出。具体内容详见第 10 章。

【例 9-1】 ostringstream 类向一个 string 插入字符,代码如下:

```
/*程序名:exe9_1*/
#include <iostream>
#include <sstream>
#include <string>
using namespace std;
int main()
{   ostringstream ostr;
```

```
        ostr.put('c');
        ostr.put('+');
        ostr<<"+!";
    string gstr = ostr.str();
    cout<<gstr; }
```

程序运行结果如图 9-4 所示。

程序说明:

图 9-4   exe9_1.cpp 运行结果图

- 在例 9-1 代码中,通过 put 或者左移操作符可以不断向 ostr 插入单个字符或者是字符串,通过 str 函数返回增长过后的完整字符串数据。

- 如果构造时加一行代码 ostr.str("abc"),设置了字符串参数,那么增长操作时不会从结尾开始增加,而是修改原有数据,超出的部分增长。

9.2.2 cout、cerr 和 clog 流

1. cout 流

cout 发音为 see-out,代表标准输出(standard output)的 ostream 类对象,一般的 cout 使我们能够向用户终端写数据。最常用的输出方法是在 cout 上应用左移操作符(<<),输出操作符可以接受任何内置数据类型的实参,只要它的计算结果是一个能被输出操作符实例接受的数据类型即可。格式如下:

```
cout<<obj1;
```

【例 9-2】 演示<<的功能(1),代码如下:

```
/*程序名:exe9_2*/
1.  #include <iostream>
2.  #include <string>
3.  using namespace std;
4.  int main()
5.  {   cout <<"The length of \"gdlgxy\" is:\t";
6.      cout <<strlen( "gdlgxy" );
7.      cout <<'\n';
8.      cout <<"The size of \"gdlgxy\" is:\t";
9.      cout <<sizeof( "gdlgxy" );
10.     cout <<endl;
11. return 0;}
```

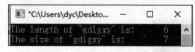

图 9-5   exe9_2.cpp 运行结果图

程序运行结果如图 9-5 所示。

程序说明:

- 用 cout<<输出基本类型的数据时,可以不必考虑数据是什么类型,系统会判断数据的类型,并根据其类型选择调用与之匹配的运算符重载函数。如果在 C 语言

中用 prinf 函数输出不同类型的数据,必须分别指定相应的输出格式符,十分麻烦,而且容易出错。

- 输出操作符除了可以接受任何内置数据类型的实参,只要它的计算结果是一个能被输出操作符实例接受的数据类型即可。例如第 6 行中的 strlen 函数用于计算给定字符串的长度,返回值为给定字符串(不包括"\0")长度,以及第 9 行中的 sizeof() 函数用于返回一个变量或者类型的大小。
- endl 是一个 ostream 操纵符(manipulator),它的作用是把一个换行符插入输出流中,然后再刷新缓冲区。如采用第 7 行的方式插入一个换行符'\n',则只实现换行操作而不清空缓冲区。
- 为了程序的可读性,可以把操作符连接成一条语句。例如第 9 行和第 10 行可以合并成一行重写为

```
cout <<sizeof( "gdlgxy" )<<endl;
```

能够连接的原因是因为操作符<<是从左向右结合的,重载的左移操作符指出了数据的移动方向。

【例 9-3】 演示<<的功能(2),代码如下:

```
/*程序名:exe9_3 */
1.  #include <iostream>
2.  #include <complex>
3.  #include <string>
4.  using namespace std;
5.  int main()
6.  {
7.      char * s1="c string";
8.      string s2("c++string");
9.      complex<double>c(1.23,-4.56);
10.     int i = 1024;
11.     int * pi = &i;
12.     cout <<"&s1:"<<&s1 <<'\t' <<"The address of s1 is: " <<s1 <<endl;
13.     cout <<"s2:"<<s2 <<endl;
14.     cout <<"c:" <<c <<endl;
15.     cout <<"i: " <<i <<"\t&i:\t" <<&i <<'\n';
16.     cout <<" * pi: " << * pi <<"\tpi:\t" <<pi <<endl <<"&pi:" <<&pi <<endl;
17. }
```

程序运行结果如图 9-6 所示。

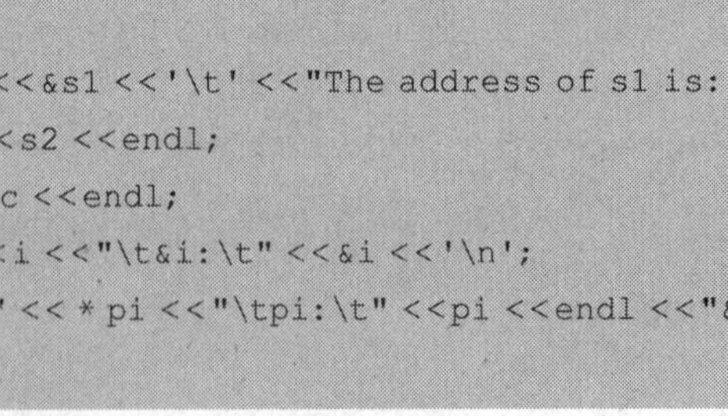

图 9-6 exe9_3.cpp 运行结果图

程序说明:

- 第 7 行和第 8 行分别采用 C 和 C++ 的风格定义字符串,原因是 C 语言没有 string 类型,字符串是用字符数组表示。第 12 行在编译运行后产生了意料之外的输出,char * 没有被解释成地址值,而是解释为 C 风格字符串,为了输出 s1 包含的地址值,必须强制转换为 void * 类型,这样 s1 就不会被解释成字符串了。可以将第 12 行程序改成

```
cout <<"&s1:" <<&s1 <<'\t' <<"The address of s1 is: " <<const_cast<void *>(s1) <
<endl;
```

- 第 14 行显示的是一个复数,其基本语法格式为:complex<数据类型>对象名称(实部值,虚部值)。complex 类可以定义多种数据类型的复数,其实部和虚部的数据类型可以是整数也可以是实数,即 complex 类是一个模板类,定义复数对象时,才指明数据成员类型。
- 第 15 行输出变量 i 的值以及变量 i 的地址值。第 16 行输出的是指针变量 pi 的内容、pi 的值以及 pi 的地址值,因为 pi 存放的是变量 i 地址值,故 * pi 的值和 i 的值相同,pi 的值和 &i 的值相同。

【例 9-4】 演示<<的功能(3),代码如下:

```
/* 程序名:exe9_4 */
1.  #include <iostream>
2.  using namespace std;
3.  int main()
4.  {
5.      int i = 10, j = 20;
6.      cout <<"The larger of " <<i <<", " <<j <<" is ";
7.      cout <<( i >j ) ?i : j ;
8.      cout <<endl;
9.      cout<<i++<<'\t'<<i++<<'\t'<<i++<<endl;
10.     return 0;
11. }
```

程序运行结果如图 9-7 所示。

程序说明:

- 第 6、7、8 行程序的目的是显示两个值中的较大者,在程序编译运行后,却生产了不正确的结果,问题在于输出运算符的优先级高于条件操作符,第 7 行被计算机理解为

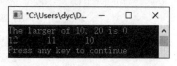

图 9-7　exe9_4.cpp 运行结果图

```
(cout <<( i >j )) ?i : j ;
```

由于 i 小于 j,故 $i>j$ 的计算结果为 false,它被输出成 0。若要改变预定义的操作符优先级顺序使程序输出正确结果,则需要使用括号运算符改变优先级,第 7 行程序应改为

```
cout <<(( i >j ) ?i : j );
```

如果想要 bool 型变量以 true 和 false 的值输出,而不是 0 或者 1,可以通过 boolalpha 操纵符来实现,代码如下:

```
int main()
{cout <<"default bool values: "<<true <<" " <<false<<"\nalpha bool values: "<<
boolalpha<<true <<" " <<false<<endl; }
```

程序执行时产生下面的输出:

```
default bool values: 1 0
alpha bool values: true false
```

- 第 9 行的输出结果为 12、11、10 而不是 10、11、12。因为第 9 行插入的三个输出运算符 << 可以看作三个运算符函数,假设对应的三个运算符函数为 fun1、fun2、fun3,则可以将第 9 行的表达式改写为

```
fun3(fun2(fun1(cout,i++),i++),i++);
```

- C++ 采用的是 stdcall 函数调用协议,按照从左向右的顺序对函数进行调用。三个运算符函数中 fun3 最先被调用、计算并且入栈,然后程序再调用 fun2 后计算并入栈,最后计算 fun1。堆栈的特点为"先入后出",fun1 执行完毕后向屏幕输出 12 并返回送到输出流对象 cout;fun2 函数执行,屏幕输出 11(调用时入栈的值)并返回送到输出流对象 cout;最后执行 fun3,向屏幕输出 10 并返回送到输出流对象 cout,整个过程完成。

2. cerr 流和 clog 流

cerr 和 clog 都是标准输出流,其区别是:cerr 不经过缓冲区直接向显示器输出信息;clog 中的信息存放在缓冲区,缓冲区满后或遇 endl 时向显示器输出。

【例 9-5】 求解一元二次方程,若公式出错,用 cerr 流输出有关信息,代码如下:

```
/*程序名:exe9_5*/
1.  #include<iostream>
2.  #include<cmath>
3.  using namespace std;
4.  int main()
5.  {   float a, b, c, disc;
6.      cout <<"please input a,b,c:";
7.      cin >>a >>b >>c;
8.      if (a == 0)
9.      {   cerr <<"a is equal to zero,error!" <<endl; }
10.     else if ((disc = b * b - 4 * a * c) < 0)
11.     {   cerr <<"disc = b * b - 4 * a * c<0,error!" <<endl; }
12.     else
13.     {   cout <<"x1=" <<(-b + sqrt(disc)) / (2 * a) <<endl;
14.         cout <<"x2=" <<(-b - sqrt(disc)) / (2 * a) <<endl; }
15.     system("pause");
16.     return 0;
17. }
```

程序运行结果如图 9-8～图 9-10 所示。

图 9-8　exe9_5.cpp 运行结果图 1　　　　图 9-9　exe9_5.cpp 运行结果图 2

图 9-10　exe9_5.cpp 运行结果图 3

程序说明：第 15 行，system("PAUSE");和 system("pause");作用和效果一样，因为 dos 命令是不区分大小写的。system("PAUSE")是暂停的意思，即等待用户信号，否则控制台程序会一闪即过，你来不及看到执行结果。

cout、cerr 和 clog 都是输出流对象，但三者之间还是有区别的。cout 与 cerr 的主要区别是 cout 的输出信息可以被重定向，而 cerr 则只能输出到标准输出（显示器）上。

【例 9-6】　cout、cerr 和 clog 的区别，代码如下：

```
/* 程序名:exe9_6 */
#include <iostream>
using namespace std;
int main()
{   cout <<"cout" <<endl;
    cerr <<"cerr" <<endl;
    clog<<"clog"<<endl;
    return 0;
}
```

程序运行结果如图 9-11 所示。

程序说明：

图 9-11　exe9_6.cpp 运行结果图

• 在得到运行结果之后，在命令行执行如下命令：假设编译运行后的可执行文件名为 Cpp1.exe，其目录为 C：\ Users \ dyc \ Desktop \ Debug \ Cpp1.exe。

　　若执行命令 C：\Users\dyc\Desktop\Debug＞Cpp1.exe ＞ C：\Users\dyc\ Desktop\Debug＞Cpp1.txt，则屏幕上输出：

```
cerr
clog
```

而文本 cout 已经被重定向输出到了 C:\Users\dyc\Desktop\Debug＞Cpp1.txt 中（见图 9-12）。

• cout 是在终端显示器输出，cout 流在内存中对应开辟了一个缓冲区，用来存放流中的

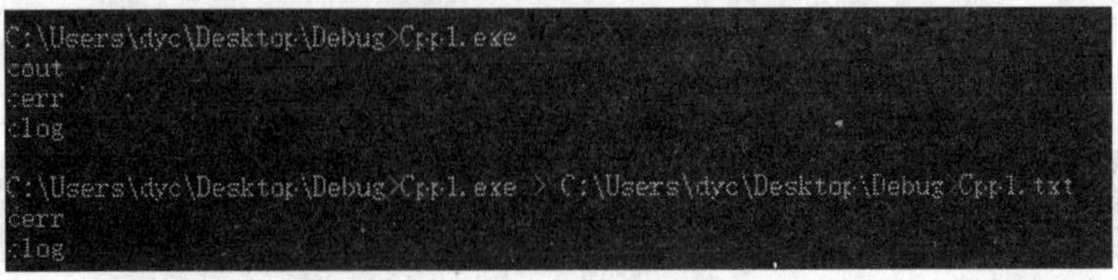

图 9-12 cout、cerr 和 clog 重定向

数据。当向 cout 流插入一个 endl,不论缓冲区是否满了,都立即输出流中所有数据,
然后插入一个换行符。

- cerr 流对象是标准错误流,指定为和显示器关联。cerr 与 cout 作用差不多,不同的是
cout 通常是传到显示器输出,也可以被重定向输出到文件,而 cerr 流中的信息只能在
显示器输出。

- clog 流也是标准输出流,作用和 cerr 一样,区别在于 cerr 不经过缓冲区直接向显示器
输出信息,而 clog 中的信息存放在缓冲区,缓冲区满或者遇到 endl 时才输出。在向磁
盘输出时,clog 效率更高。

在 ostream 中,还有一些成员函数用于输出,见表 9-2。

表 9-2 输出流常用成员函数

函　　数	说　　明
ostream& write(const char * pch, int nCount);	将内存中的字符数组 pch 中指定的 nCount 个字符写入文件
ostream& put(char rch);	输出一个字符。参数可以是字符,也可以是字符的 ASCII 码

9.3 标准输入流

9.3.1 输入流类库

流类体系以及输入流的概念已经在前面的章节有所叙述,这里来回顾一下与输入流类库
相关的知识。

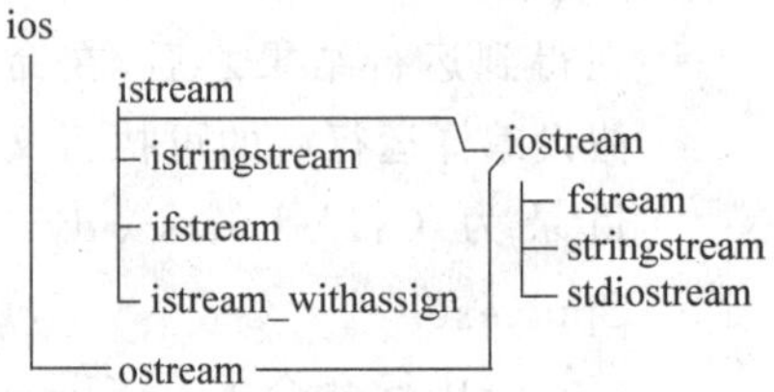

图 9-13 的说明如下。

(1) ios 提供了对流进行格式化输入/输出和错误
处理的成员函数。所有派生都是公有派生。

(2) istream 类提供完成提取(输入)操作的成员
函数。

(3) ostream 类提供完成插入(输出)操作的成员
函数。

```
ios
 ├ istream
 │   ├ istringstream
 │   ├ ifstream      ┐
 │   ├ istream_withassign   iostream
 │   │                ├ fstream
 │   │                ├ stringstream
 │   │                └ stdiostream
 └ ostream ─────────┘
```

图 9-13 流类体系示意图

(4) iostream 类是前两者的组合。

(5) stdiostream 类用于混合使用 C 和 C++ 的 I/O 机制时,例如想将 C 程序转变为 C++ 程序。

在 C++ 中最重要的三个输出流是 istream、ifstream 和 istringstream,istream_withassign
类为通用输入流类和其他输入流类的派生类。

istream 可以提供针对二进制文件的无格式化输出和纯文本文件的格式化输入。最常用的输入方法是使用标准输入流对象 cin。具体内容详见 9.3.2 小节。

ifstream(输入文件流)用于从文件读数据(从文件读入),具体内容详见 9.4 节。

```
ifstream file2("c:\\pdos.def");        //以输入方式打开文件
```

istringstream 类用于字符串的输出,具体内容详见第 10 章。

9.3.2　cin 输入流

cin 发音为 see-in,代表标准输入(standard input)的 istream 类对象。一般地,cin 使我们能够从用户终端读入数据。输入只要由重载的右移操作符(>>)来完成,格式如下:

```
cin>>obj1>>obj2;
```

同理解插入运算符(<<)类似,提取运算符(>>)也可以看成是指出了数据移动的方向,相当于从与键盘相连的标准输入流 cin 中提取数据复制给 obj1 和 obj2 中。预定的输入操作符可以接受任何的内置数据类型,包括 C 语言风格的字符以及标准库 string 和 complex 类类型。

【例 9-7】　演示>>的功能(1),代码如下:

```
/* 程序名:exe9_7 */
1.  #include <iostream>
2.  #include <string>
3.  using namespace std;
4.  int main()
5.  {   int i;
6.      string s;
7.      double d;
8.      cout <<"Please enter the double, int, and string: "<<endl;
9.      while(cin >>d >>i >>s)
10.     {
11.         cout <<"The content entered are:   "<<d <<" "<<i <<" "<<s <<endl;
12.         cout <<"Please enter the  double, int, and string: "<<endl; }
13.     return 0;
14. }
```

程序运行结果如图 9-14 所示。

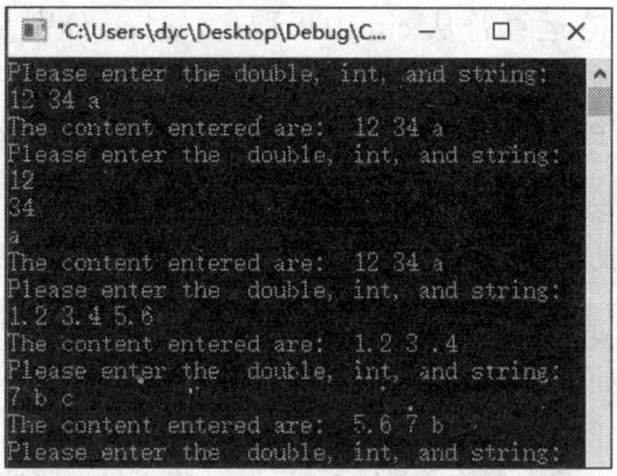

图 9-14　exe9_7.cpp 运行结果图

程序说明：

- 在第一次输入时，>> 运算符从 cin 中提取 12、34、a 分别复制给 d、i、s，忽略了流中的空白。当输入中包含有空格的字符串时，例如以下程序段：

```
char ch;
cin>>ch;
cout<<ch<<endl;
```

当从键盘输入：

```
input stream
```

输出为：

```
inputsstream
```

中间的空格会被忽略。想要空格不被忽略，可以在输入流中使用 noskipws（no skip whitespace）操纵符，它的作用是不忽略任意地方的空格，但要注意 noskipws 对输入字符串没有作用。可将程序改为：

```
cin>>noskipws>>ch;
cout<<ch;
```

输出的结果为：

```
input stream
```

若将程序改为：

```
string s;
cin>>noskipws>>s;
cout<<s;
```

输出的结果为：

```
input
```

- 在第二次输入时，>> 运算符从 cin 中提取 12、34、a 分别复制给 d、i、s，忽略了流中的换行。cin>> 等价于 cin.operator>>，即调用成员函数 operator>> 进行读取数据。当 cin>> 从缓冲区中读取数据时，若缓冲区中第一个字符是空格、tab 或换行这些分隔符时，cin>> 会将其忽略并清除，继续读取下一个字符，若缓冲区为空，则继续等待。但是如果读取成功，字符后面的分隔符是残留在缓冲区的，cin>> 不做处理。
- 在第三次输入时，将 1.2 复制给了 d，而 i 是一个整型变量，3.4 是一个浮点对象，故只将整数部分复制给 i，剩下的 .4 作为一个字符串复制给 s。
- 在第四次输入时，将第三次输入剩下的 5.6 复制给 d，第三次输入的 7 复制给 i，b 复制给 s，当试图将 c 作为浮点数复制给 d 时，c 对于浮点对象是一个无效值，此时 cin 的值为 false,循环退出。

针对字符串中需要输入空格的情况,可以使用 istream 的 get 成员函数。在 istream 中还有一些成员函数用于输入,如表 9-3 所示。

表 9-3　输入流常用成员函数

函 数 原 型	说　　明
istream& ignore (streamsize n = 1, int delim = EOF)	忽略输入流中的 n 个字符,或者当遇到输入流中有一个值等于 delim 时停止忽略并返回
int get();	从指定的输入流中读入一个字符(包括空白字符);遇到输入流中的文件结束符时,此 get 函数返回 EOF
istream& get (char& c);	从输入流读取一个字符(包括空白字符),并将其存储在字符变量 c 中,它返回被应用的 istream 对象
istream& get (char * s, streamsize n, char delim = '\n');	从输入流中读取 n−1 个字符,存于字符指针 s 指向的内存。如果在读取 n−1 个字符之前遇到指定的终止字符 delim,则提前结束读取。程序会自动在字符串最后增加一个 '\0' 表示结束
int peek();	该函数用于查看输入流当中的下一个字符,但不会将它取出(即它仍在输入流中)
istream& putback (char c);	把一个字符放回输入流中;可用于检查用 get() 确定数据的开头后将其放回然后再操作
istream& read (char * s, streamsize n);	该函数只是纯粹的提取输入流的 n 长度的数据段并保存在 s 中,它不会检查 s 的内容也不会在末尾增加 null 字符('\0')。如果提取过程中失败,s 保存之前提取的内容,且 eofbit 以及 failbit 置 1
streamsize gcount() const;	统计最后一次非正规操作读取的字符数,非正规操作(即除 >> 外其他读入输入流数据的操作,如 get、getline、ignore、peek、read 等)
istream& getline (char * s, streamsize n, char delim);	从 istream 中读取至多 n 个字符(包含结束标记符)保存在 s 对应的数组中。即使还没读够 n 个字符,如果遇到 delim 或 字数达到限制,则读取终止,delim 都不会被保存进 s 对应的数组中

【例 9-8】　演示 get 函数的功能,代码如下:

```
/*程序名:exe9_8*/
1.  #include <iostream>
2.  using namespace std;
3.  int main()
4.  {
5.    char ch;
6.    int space = 0, new_line = 0, tabs = 0,
7.      periods = 0, commas = 0;
8.    while ( cin.get( ch ))
9.    //while((ch = cin.get())&&ch!=EOF)
10.   //或 while((ch = cin.get())!=EOF)
11.   {switch( ch )
12.     { case ' ': space++; break;
```

```
13.        case '\t': tabs++; break;
14.        case '\n': new_line++; break;
15.        case '.': periods++; break;
16.        case ',': commas++; break;
17.    }
18.    cout.put( ch );}
19.    cout <<"\nour statistics:\n\t"
20.        <<"spaces: "<< space <<'\t'
21.        <<"new lines: " <<new_line <<'\t'
22.        <<"tabs: "<<tabs <<"\n\t"
23.        <<"periods: " <<periods <<'\t'
24.        <<"commas: "<< commas <<endl;
25. }
```

程序运行结果如图 9-15 所示。

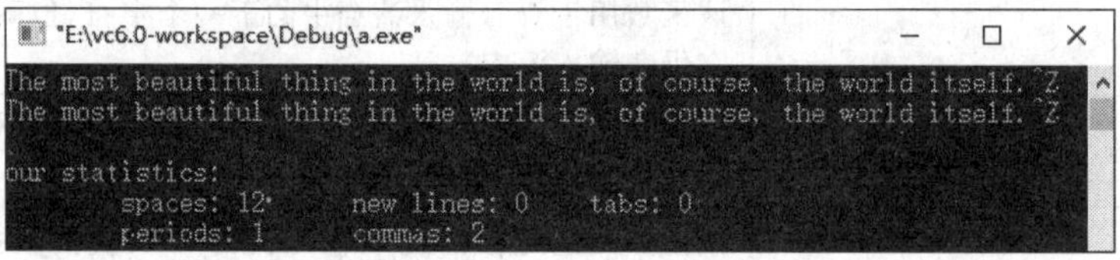

图 9-15　exe9_8.cpp 运行结果图

程序说明：

- 上述程序收集了在输入流上的各种统计信息，然后直接将其复制到输出流。第 8 行 get(char& ch)从输入流中提取一个字符，包括空白字符，并将它存储在 ch 中，它返回被应用的 istream 对象。

- 第 18 行 ostream 成员函数 put 提供了另外一种方法用来将字符输出到输出流中，即 put 接受 char 型的实参并返回被调用的 ostream 类对象。

- 第 9 行和第 10 行使用的是 get 函数，也是从输入流读入一个字符。它和第 8 行的区别是，它返回该字符值而不是被应用的 istream 对象，它的返回类型是 int 而不是 char，因为它也返回文件尾的标志(end-of-file)，该标志通常用−1 来表示，以便与字符集区分开。为测试返回值是否为文件尾，将它与 iostream 头文件中定义的常量 EOF 做比较。被指定用来存放 get 返回值的变量，应该被声明为 int 类型，以便包含字符值和 EOF。

- 使用第 8 行和第 9、10 行两个 get 中的任何一个，读取下列字符需要五次迭代：

```
A B
C
```

读取的五个字符分别是('A'、空格、'B'、换行、'c')。第六次迭代遇到 EOF。对于输入操作符 >>因为它在缺省情况下跳过空白字符，所以它读取这个序列只需三次迭代，依次返回 A、B、C，而 get 函数的下一种形式可以用两次迭代读取这个序列，其函数原型为

```
get(char * s, streamsize n, char delimiter='\n')
```

（1）s 代表一个字符数组用来存放被读取到的字符。

（2）n 代表可以从 istream 中读入的字符的最大数目。

（3）delimiter 表示如果遇到它就结束读取字符的动作。delimiter 字符本身不会被读入而是留在 istream 中作为 istream 的下一个字符。

【例 9-9】　演示 getline 函数的功能，代码如下：

```
/*程序名:exe9_9*/
1.  #include <iostream>
2.  //使用标准输入流和标准输出流(std::cin ;  std::cout ;  std::endl)
3.  int main()
4.  {   char name[10], wolds[300];
5.      std::cout <<"Please input your name: ";
6.      std::cin.getline(name, 10);
7.      std::cout <<"Please input your wolds: ";
8.      std::cin.getline(wolds, 256);
9.      std::cout <<"The result is:   " <<name<<", " <<wolds<<std::endl;
10.     std::cout <<std::endl;
11.     return 0;
12. }
```

程序运行结果如图 9-16 和图 9-17 所示。

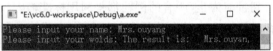

图 9-16　exe9_9.cpp 运行结果图（1）　　　　图 9-17　exe9_9.cpp 运行结果图（2）

程序说明：

- 正常的运行结果为图 9-16 所示，需要注意的是，当输入长度小于 streamsize 限定时，gcount 函数返回的值是放入 name[ ]和 wolds[ ]中字符的实际长度＋1。图 9-17 的运行结果是由于输入长度超过 streamsize 限定，截断输出，getline 函数将 Mrs.ouyan 放入 name[ ]中，返回 null。

- 若想对终止符进行设置和修改，则参考代码如下：

```
int main()
{   char name[6];
    std::cout <<"Please input your name: ";
    std::cin.getline(name, 6, '#');    //设置结束标识符为'#'
    std::cout <<"The result is:   " <<name<<std::ends;
    std::cout <<std::endl;
    return 0; }
```

当从键盘输入：

```
won#derful
```

输出结果为：

```
won
```

9.4 文 件 流

首先先来理解两个重要的概念，文件和文件流。

1. 文件

(1) 存储在外部介质上（个人认为就是你的硬盘什么的）的数据集合，是程序设计中的重要概念。

(2) 对于普通用户常用到数据文件和程序文件。程序中输入和输出的对象就是数据文件。

(3) 根据文件中数据的组织形式，可分为 ASCII 文件（即文本文件）和二进制文件。

2. 文件流

(1) 文件流不是若干个文件组成的流，文件流本身不是文件，而只是以文件为输入/输出对象的流。

(2) 若要对磁盘文件输入/输出就必须通过文件流来实现。

9.4.1 文件流类与文件流对象

到目前为止，所有的例题都是利用标准输入/输出流实现，即数据由键盘输入，执行结果显示在显示器上或者临时存于内存中，一旦程序执行完毕，内存不会对数据进行保存，下一次执行程序时，数据必须重新输入。如果需要对程序所产生的数据进行保存则需要使用文件，所谓的文件就是保存在辅存（如光盘、磁带等）中数据的集合。

所谓的文件输入/输出，是从程序或内存的角度出发的，文件输入是指从文件向内存读入数据；文件输出则是指从内存向文件输出数据。

C++ 标准类库中有三个类可以用于文件操作，它们统称为文件流类。这三个类如下。

(1) ifstream：用于从文件中读取数据，主要是从内存写入存储设备（如磁盘），它继承了 istream 类。

(2) ofstream：用于向文件中写入数据，主要是从存储设备中读取数据到内存，它继承了 ostream 类。

(3) fstream：既可用于从文件中读取数据，又可用于向文件中写入数据，它继承了 iostream 类。

使用这三个类时，程序中需要包含 fstream 头文件。C++ 类库中的流类如图 9-3 所示。

ifstream 类和 fstream 类是从 istream 类派生而来的，因此 ifstream 类拥有 istream 类的全部成员函数。同样地，ofstream 和 fstream 类也拥有 ostream 类的全部成员函数。在程序中，要使用一个文件，先要打开文件后才能读写，读写完后要关闭。创建一个新文件也要先执行打开（open）操作，然后才能往文件中写入数据。C++ 文件流类有相应的成员函数来实现打开、读、写、关闭等文件操作。

当想要读写一个文件时，可以定义一个文件流对象，并且将文件流对象与文件流关联起来。例如下列语句：

```
ifstream in(ifile)    //构造一个 ifstrean 并打开给定文件
```

或

```
ifstream myfile;    //建立一个文件流对象,没有提供文件名
```

每一个文件类都定义了一个名为 open 的成员函数,详细见 9.4.2 小节,在创建文件流对象时,可以提供文件名(可选)。如果提供了文件名,则 open 会自动被调用。上述第 1 行代码定义了一个输入流 in,它被初始化为文件读取数据,文件名有 string 类型的参数 ifile 指定。第 2 行代码定义的问题在于还未指定它向哪一个磁盘文件输出,所以需要指定。指定的第一步,需要将文件流对象和指定的磁盘文件建立连接;第二步,指定文件的工作方式。

9.4.2 文件的打开与关闭

1. 打开文件

在从文件读取信息或者向文件写入信息之前,必须先打开文件。ofstream 和 fstream 对象都可以用来打开文件进行写操作,如果只需要打开文件进行读操作,则使用 ifstream 对象。open 函数是 fstream、ifstream 和 ofstream 对象的一个成员。open 函数原型如下:

```
void open (const char * filename , int mode , int access);
```

参数说明如下。

(1) filename:要打开的文件名,引用时要用双引号。需要注意的是,路径分隔符要用\\,而不是\,否则会被理解成转义字符。

(2) mode:要打开文件的方式,可以使用 | 将几种模式组合,如 ios::out|ios::binary。具体的模式参数见表 9-4。

表 9-4 open 函数模式参数表

模式参数	说明
ios::app	以输出方式打开文件,写入的数据添加在文件的末尾
ios::ate	文件打开后定位到文件尾,ios:app 就包含有此属性,ate=at end
ios::binary	以二进制方式打开文件,默认的方式是文本方式
ios::in	文件以输入方式打开
ios::out	以输出方式打开文件(这是默认方式),如果已有此名字的文件,则将其内容删除
ios::nocreate	打开一个已有文件,不存在则打开失败,nocreate 的意思是不创建
ios::noreplace	如果文件不存在则建立新的文件,如果文件已经存在则打开失败,noreplace 意思是不覆盖原有的文件
ios::trunc	如果该文件不存在则建立,如果存在则删除全部数据,把文件长度设为 0

(3) access:打开文件的属性,打开文件的属性取值如下。

- 0:普通文件,打开访问。
- 1:只读文件。
- 2:隐含文件。

• 4：系统文件。

之前说的三种文件流都有默认的打开方式。

(1) ofstream 默认打开方式：ios::out | ios::trunc。

(2) ifstream 默认打开方式：ios::in。

(3) fstream 默认打开方式：ios::in | ios::out。

例如：

```
fstream file1;                          //声明一个 fstream 对象
file1.open("c:\\c++\\gdlgxy.cpp",ios::binary|ios::in,0);
                                        //将 file 与"c:\\c++\\gdlgxy.cpp"文件关联起来
```

打开文本文件 gdlgxy.cpp 用于输入/输出。

当用 fstream、ofstream、ifstream 建立文件对象时可以直接给出文件名、操作模式等参数，这样可以省略 open 函数的使用，程序如下：

```
fstream file ("c:\\c++\\gdlgxy.cpp ", ios::binary|ios::in);
```

作用与 open 相同，更为方便。

接下来再举两个例子帮助读者理解 open 函数。

如果用户想要以写入模式打开文件，并希望截断文件，以防文件已存在，那么可以使用下面的语法：

```
ofstream outfile;
outfile.open("cpp_1.dat", ios::out | ios::trunc );
```

类似地，用户如果想要打开一个文件用于读写，可以使用下面的语法：

```
fstream  afile;
afile.open("cpp_1.dat", ios::out | ios::in );
```

要对文件进行操作，再把需要操作的文件打开，所以每次调用完 open 之后，最好去判断一下文件是否打开，判断方式有如下两种。

```
ofstream out;
out.open("text.txt",ios::out|ios::app);
if(!out){
    cout<<"文件打开失败"<<endl;      }
```

或

```
ofstream out;
out.open("text.txt",ios::out|ios::app);
if(!out.is_open()){
    cout<<"文件打开失败"<<endl;      }
```

2. 关闭文件

当 C++ 程序终止时,它会自动关闭刷新所有流,释放所有分配的内存,并关闭所有打开的文件。但程序员应该养成一个好习惯,即在程序终止前关闭所有打开的文件。

下面是 close 函数的标准语法,close 函数是 fstream、ifstream 和 ofstream 对象的一个成员。

```
void close();
```

3. 写入文件

在 C++ 编程中,使用流插入运算符(<<)向文件写入信息,就像使用该运算符输出信息到屏幕上一样。唯一不同的是,在这里使用的是 ofstream 或 fstream 对象,而不是 cout 对象。

4. 读取文件

在 C++ 编程中,使用流提取运算符(>>)从文件读取信息,就像使用该运算符从键盘输入信息一样。唯一不同的是,在这里使用的是 ifstream 或 fstream 对象,而不是 cin 对象。

【例 9-10】 演示读写模式打开一个文件,代码如下:

```
/* 程序名:exe9_10 */
1.  #include <fstream>
2.  #include <iostream>
3.  using namespace std;
4.  int main ()
5.  {   char data[100];                  //以写模式打开文件
6.      ofstream outfile;
7.      outfile.open("afile.dat");
8.      cout <<"Writing to the file" <<endl;
9.      cout <<"Enter your name: ";
10.     cin.getline(data, 100);          //向文件写入用户输入的数据
11.     outfile <<data <<endl;
12.     cout <<"Enter your age: ";
13.     cin >>data;
14.     cin.ignore();                    //再次向文件写入用户输入的数据
15.     outfile <<data <<endl;           //关闭打开的文件
16.     outfile.close();                 //以读模式打开文件
17.     ifstream infile;
18.     infile.open("afile.dat");
19.     cout <<"Reading from the file" <<endl;
20.     infile >>data;                   //在屏幕上写入数据
21.     cout <<data <<endl;              //再次从文件读取数据,并显示它
22.     infile >>data;
23.     cout <<data <<endl;              //关闭打开的文件
24.     infile.close();
25.     return 0;
26. }
```

程序输出结果如图 9-18 所示。

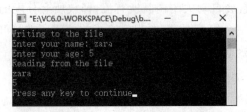

图 9-18   exe9_10.cpp 运行结果图

9.4.3   顺序读写数据文件

C++ 的文件 I/O 模式分为两种,即文本模式与二进制模式。

所有文件的内容都以二进制表示,因为编码方式不同,导致展现的形式不同。如果文件使用二进制编码的字符,如 Unicode 或 ASCII 表示文本,那么就是文本文件。如果二进制代表的是机器语言、图片或音频编码,该文件就是二进制文件。

文本模式是为了规范各个 OS 上文本文件的处理(为了跨平台)。在文本模式下,依靠于 OS 的转换。程序所见的内容和文件的内容不同。程序以文本方式读取时,把本地的文件的行末尾或文件末尾映射为 C 模式。在写入时,也会进行转换。

用二进制模式打开一个文件时,文件本身的内容和编写程序时用函数读到的内容完全相同,或者说和磁盘上的内容完全相同。在二进制模式下,程序可以访问文件的每个字节。

1. 文本文件

C++ 默认 I/O 的文件模式为文本模式,文本文件的输出可用插入运算符＜＜和成员函数 write。而文本文件输入则常用提取运算符＞＞。

文件的输入/输出的一些操作如下。

(1) 打开一个文件:被打开的文件在程序中用一个流对象来表示,对该对象所做的任何输入/输出操作实际上就是对该文件所做的操作。

(2) 判断文件是否打开成功:可以通过调用成员函数 is_open 来检查一个文件是否已经被顺利地打开了,若返回 true 则代表文件已经被顺利打开,返回 false 则代表打开失败。

(3) 当文件读写操作结束以后,需要关闭文件,让文件重新变成可访问状态。

一些验证流的状态的成员函数(返回值均为 bool 型),如表 9-5 所示。

表 9-5   流的状态的成员函数表

成员函数	说 明
bad	如果在读写过程中出错,返回 true
fail	除了与 bad 函数同样的情况下会返回 true 以外,格式错误时也返回 true
eof	如果读文件到达文件末尾,返回 true
good	文件打开成功则返回 true。重置以上成员函数所检查的状态标志,可以使用成员函数 clear

【例 9-11】   由键盘输入姓名、身高、体重,将它们保存到文本文件中,代码如下:

```
/* 程序名:exe9_11 */
1.  #include <iostream>
```

```
2.   #include <fstream>
3.   using namespace std;
4.   int main()
5.   {
6.       char name[20];
7.       double height,weight;
8.       ofstream outFile;                    //创建了一个 ofstream 对象
9.       outFile.open("content.txt");         //outFile 与一个文本文件关联
10.      if(!outFile)
11.      {
12.        cerr<<"File open or create error!"<<endl;
13.        exit(1);
14.      }
15.      cout<<"Enter name: ";
16.      cin.getline(name, 20);
17.      cout<<"Enter height: ";
18.      cin>>height;
19.      cout<<"Enter weight: ";
20.      cin>>weight;
21.      //cout 控制台输出前面输入的信息
22.      cout<<fixed;
23.      cout.precision(2);
24.      cout.setf(ios_base::showpoint);
25.      cout<<"name: "<<name<<endl;
26.      cout<<"height:"<<height<<endl;
27.      cout<<"weight:"<<weight<<endl;
28.      //outFile 把信息写入文本文件
29.      outFile<<fixed;                //小数点格式显示 double,默认小数部分为 6 位(包括小数点)
30.      outFile.precision(2);                //设置精度
31.      outFile.setf(ios_base::showpoint);     //强制显示小数点后的零
32.      outFile<<"Name: "<<name<<endl;
33.      outFile<<"Height: "<<height<<endl;
34.      outFile<<"Weight: "<<weight<<endl;
35.      outFile.close();                    //使用完文本文件后要用 close()方法将其关闭
36.      return 0;
37.  }
```

程序输出结果如图 9-19 所示。

程序说明:

- 第 2 行,#include<fstream>用于文件流处理。

- 在试图读写文件之前,先判断它是否已成功打开,可以按如下方式测试第 10～14 行。第 12 行使用 cerr 对象进行错误信息输出,cerr 对象的用法和 cout 相同,不用的是使用 cerr 对象直接将错误信息输出。

- 第 16 行,getline 函数的作用是从 istream 中读取至多 20 个字符(包含结束标记符)保

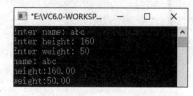

图 9-19   exe9_11.cpp 运行结果图

存在 name 对应的数组中。
- 第 22~24 行和第 29~30 行都是使用格式操纵符和格式控制成员函数对格式进行控制。
- 打开的文件使用完成后一定要关闭,fstream 提供了成员函数 close 来完成此操作,第 35 行就是把 outFile 相连的文件关闭,使文件不会被破坏。
- 文本文件的输出也可以用 write 函数实现(功能见表 9-2),但要保证输出的内容是字符串(包括换行、回车字符)。第 32 行可改为

```
outFile.write(name,20);
```

或

```
outFile.write(name,strlen(name));
```

注意:
- 必须要包含文件头 fstream。
- 头文件 fstream 定义了一个 ofstream 类用于处理输出,声明一个或多个 ofstream 对象,可以自由命名。可以声明的 ofstream 对象与文件关联起来,比如使用 open 函数。
- 需要指明名称空间 std,使用完文件后,需要使用 close 函数将其关闭。
- 还可以结合 ofstream 对象和运算符<<来输出各种类型的数据。

【例 9-12】 由用户打开指定的文本文件,读取文件中的 double 类型数据,并在控制台输出所读取数据的数目、总和及平均数,代码如下:

```
/*程序名:exe9_12*/
1.  #include <iostream>
2.  #include <fstream>
3.  #include <cstdlib>
4.  using namespace std;
5.  const int SIZE = 60;
6.  int main()
7.  {
8.      char fileName[SIZE];
9.      ifstream InFile;
10.     cout<<"Enter the name of data file: ";
11.     cin.getline(fileName, SIZE);
12.     cout<<fileName<<endl;
13.     InFile.open(fileName);
14.     if(!InFile.is_open()){
15.         cout<<"Could not open the file "<<fileName <<endl;
16.         cout<<"Program terminating.\n";
17.         exit(EXIT_FAILURE);
18.     }
```

```
19.      double value;
20.      double sum = 0.0;
21.      int count = 0;
22.      InFile >>value;
23.      while(InFile.good()){
24.          ++count;
25.          sum += value;
26.          InFile >>value;
27.      }
28.      if (InFile.eof())
29.          cout<<"End of file reached:\n";
30.      else if (InFile.fail())
31.          cout<<"Input terminated by data mismatch.\n";
32.      else
33.          cout<<"Input terminated for unknown reason.\n";
34.      if(count == 0)
35.          cout<<"No data processed.\n";
36.      else{
37.          cout<<"Items read: "<<count<<endl;
38.          cout<<"Sum: "<<sum<<endl;
39.          cout<<"Average: "<<sum/count<<endl;
40.      }
41.      InFile.close();
42.      return 0;
43. }
```

程序输出结果如图 9-20 和图 9-21 所示。

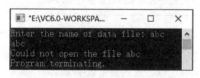

图 9-20　exe9_12.cpp 运行结果图(1)

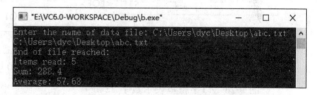

图 9-21　exe9_12.cpp 运行结果图(2)

程序说明:

- 一旦建立了一个输入文件流对象,对输入流的操作就等同于是对文件的操作,所有用于输入流的函数都可以用于输入文件流。所以可以使用表 9-3 中的输入流常用成员函数 get、getline 从输入文件流中读取字符串。

- 如果试图打开一个不存在的文件用于输入将会导致后面使用 ifstream 对象读取数据时发生错误,因此用户需要使用 is_open 函数检查文件是否被成功打开,如第 14~17 行。如果文件被成功打开,is_open 函数将返回 true。exit 函数的原型在头文件 cstdlib 中被定义,exit(EXIT_FAILURE) 用于终止程序。

- 该程序的作用是由用户打开指定的文本文件,读取文件中的 double 类型数据,并在控制台输出所读取数据的数目、总和及平均数。当指定了文本文件但不存在时,运行结果如图 9-20 所示,检测文件打开不成功。当创建了文件 abc.txt 并输入了浮点数(见

图 9-22)后，再次运行程序，运行结果如图 9-21 所示。

> **注意：**
> - 必须包含文件头 fstream，头文件 fstream 定义了一个 ifstream 类用于处理输出。
> - 声明一个或多个 ifstream 对象，可以自由命名，指明名称空间 std。
> - 可以用 cin 和 get 函数来读取一个字符，或用 cin 和 getline 函数来读取一行字符。
> - 可以结合使用 ifstream 和 eof 函数、fail 函数来判断输入是否成功。

2. 二进制文件

二进制文件是指包含在 ASCII 及扩展 ASCII 字符中编写的数据或程序指令的文件。虽然人们发现在字符串表示中使用数字是很自然的，但计算机硬件更适合以二进制形式处理数字。这就是为什么当从键盘输入或从一个编辑

图 9-22　abc.txt 文件

过的文件中输入数字时，数字必须经过解析的原因。这也是为什么数字输出为让人查看的形式时必须进行格式化的原因。

文本文件中存储的是字符串，但当要使用其中的数据时就不方便了，比如：一个短整型数字 2345，既可以用一个字符串表示 2345，如图 9-23 所示；也可以用一个二进制数字表示，如图 9-24 所示。

这两种表示都可以看作字节序列。字符串表示取决于用于表示单个字符的编码类型，使用 ASCII 编码时长度为 4 个字节。二进制数字表示中的字节数取决于数字的类型，当数字是短整型时，长度为两个字节。为了方便程序员，流输入操作符<<在输出期间提供数字的自动格式化。同样，流提取操作符>>提供数字输入的解析。例如以下代码片段：

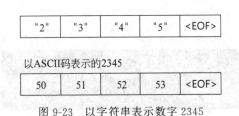

"2"	"3"	"4"	"5"	<EOF>

以ASCII码表示的2345

50	51	52	53	<EOF>

图 9-23　以字符串表示数字 2345

100100	101001

(a) 以二进制形式表示的短整型数字2345

09	29

(b) 以十六进制形式表示的短整型数字2345

图 9-24　以二进制表示数字 2345

```
ofstream file("number.dat");
short x = 2345;
file <<x;
```

最后一行语句将 x 的内容写入文件。然而，当数字被写入时，它将被存储为字符 '2'、'3'、'4'和 '5'。图 9-24 显示了如何使用二进制或十六进制在内存中表示数字。图 9-24 所示数字的未格式化表示是"原始"数据存储在内存中的方式。信息可以按纯粹的二进制格式存储在文件中。

ostream 和 ofstream 类的 write 成员函数可用于将二进制数据写入文件或其他输出流。要调用该函数，需指定一个缓冲区的地址，该缓冲区包含一个要写入的字节数组和一个指示要写入多少字节的整数：

```
write(addressOfBuffer, numberOfBytes);
```

write 成员函数不会区分缓冲区中的整数、浮点数或其他类型；它只是将缓冲区视为一个字节数组。由于 C++ 不支持指向字节的指针，因此 write 函数原型将指定缓冲区的地址是指向 char 的指针，函数原型如下：

```
write(char * addressOfBuffer, int numberOfBytes);
```

这意味着当调用 write 时，需要告诉编译器将缓冲区的地址解释为指向 addressOfBuffer 的指针。要做到这一点，可以使用称为 reinterpret_cast 的特殊形式的类型转换。简单地说，reinterpret_cast 可用于强制编译器解释一个类型的位，就好像它们定义了一个不同类型的值，并将这个值转换为某些目标类型。

一般来说，可以使用以下表达式：

```
reinterpret_cast<TargetType>(value);
```

以下代码使用 reinterpet_cast，将指向 double 的指针转换为指向 char 的指针：

```
double d = 45.9;
double * pd = &d;
char * pChar;    //将指向 double 的指针转换为指向 char 的指针
pChar = reinterpret_cast<char * >(pd);
```

以下是使用 write 将一个 double 类型数字和一个包含三个 double 类型数字的数组写入文件的示例：

```
double dl = 45.9;
double dArray[3] = { 12.3, 45.8, 19.0 };
ofstream outFile("stuff.dat", ios::binary);
outFile.write(reinterpret_cast<char * >(&dl), sizeof(dl));
outFile.write(reinterpret_cast<char * >(dArray),sizeOf(dArray));
```

请注意，在写入单个变量(如以上示例中的 dl)时，可以将变量本身视为缓冲区并传递它的地址。但是，在使用数组作为缓冲区时，只要传递数组就可以了，因为数组已经是一个地址。如果正在写入的数据恰好是字符数据，则不需要使用这种转换。以下是一些写入字符数据的示例：

```
char ch = 'X';
char charArray[5] = "Hello";
outFile.write(&ch, sizeof(ch));
outFile.write(charArray, sizeof(charArray));
```

在 istream 和 ifstream 类中有一个 read 成员函数，通过 read 函数将文件中的数据按照一定的长度读取出来并且存放在新的数组中。用于从文件中读取数据。它采用了两个形参，一个是字节读取后将要存储的缓冲区的地址，另外一个是要读取的字节数：

```
read(addressOfBuffer, numberOfBytes)
```

必须使用 reinterpret_cast 将缓冲区的地址解释为指向 char 的指针。可以通过调用输入流上的 fail 成员函数来发现指定的字节数是否成功读取。

【例 9-13】 演示了 write 和 read 的用法,代码如下:

```
/* 程序名:exe9_13*/
1.  #include <iostream>
2.  #include <fstream>
3.  using namespace std;
4.  int main()
5.  {//用于访问文件的文件对象
6.      fstream file("C:\\Users\\dyc\\Desktop\\number.dat", ios::out | ios::
    binary);
7.      if (!file)
8.      {   cout <<"Error opening file.";
9.          return 0;   }
10.     int buffer[ ] = {1, 2, 3, 4, 5, 6, 7, 8, 9, 10};
11.     int size = sizeof(buffer) / sizeof(buffer[0]);
12. //写入数据并关闭文件
13.     cout <<"Now writing the data to the file.\n";
14.     file.write(reinterpret_cast<char *>(buffer), sizeof(buffer));
15.  file.close ();
16.     //打开文件并使用二进制读取将文件内容读取到数组中
17.     file.open("C:\\Users\\dyc\\Desktop\\number.dat", ios::in);
18.     if (!file)
19.     {   cout <<"Error opening file.";
20.         return 0;       }
21.     cout <<"Now reading the data back into memory.\n";
22.     file.read(reinterpret_cast<char *>(buffer), sizeof (buffer));
23.     //写出数组项
24.  for (int count = 0; count < size; count++)
25.         cout <<buffer[count] <<" ";
26. //关闭文件
27.     file.close ();
28.     return 0;
29. }
```

程序运行结果如图 9-25 所示。

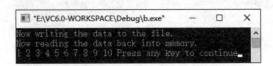

图 9-25　exe9_13.cpp 运行结果图

程序说明:

* 第 10、11 行程序,初始化了一个整数数组(要写入二进制文件的整数数据),然后将数组条目中的数字存储在数组中。

- sizeof 运算符可用于变量来确定变量占用的字节数。在该程序中，sizeof(buffer) 将返回通过初始化语句分配给数组的字节数，sizeof(buffer[0]) 则返回由单个数组条目占用的字节数。通过将前者除以后者，即可获得数组条目的数量，然后将它存储到 size 中。

9.4.4　随机读写数据文件

在文件中，特别是二进制文件中，每一笔记录（数据）都是按照顺序一个接着一个连续排列的。文件中的数据在内存中的存储顺序和数组中数组元素在内存中的存储顺序一样。前面几个章节文件读写的例子都是按顺序读取到位，但是有特殊情况时需要随机对文件数据进行读取，如何实现呢？有了文件指针后，就可以通过控制文件指针的位置直接跳到需要读/写的位置对记录进行相应操作，显然这种方法比顺序访问的效率高得多。在读写文件时，希望直接跳到文件中的某处开始读写，需要先将文件的读写指针指向该处，然后再进行读写。

- ifstream 类和 fstream 类有 seekg 成员函数，可以设置文件读指针的位置。
- ofstream 类和 fstream 类有 seekp 成员函数，可以设置文件写指针的位置。

所谓"位置"，就是指距离文件开头有多少个字节。文件开头的位置是 0。这两个函数的原型如下：

```
ostream & seekp (int offset, int mode);
istream & seekg (int offset, int mode);
```

mode 代表文件读写指针的设置模式，有以下三种选项。

(1) ios::beg：让文件读指针（或写指针）指向从文件开始向后的 offset 字节处。offset 等于 0 即代表文件开头。

(2) ios::cur：在此情况下，offset 为负数则表示将读指针（或写指针）从当前位置朝文件开头方向移动 offset 字节，为正数则表示将读指针（或写指针）从当前位置朝文件尾部移动 offset 字节，为 0 则不移动。

(3) ios::end：让文件读指针（或写指针）指向从文件结尾往前的 |offset|（offset 的绝对值）字节处。在此情况下，offset 只能是 0 或者负数。

此外，还可以得到当前读写指针的具体位置。

- ifstream 类和 fstream 类还有 tellg 成员函数，能够返回文件读指针的位置；
- ofstream 类和 fstream 类还有 tellp 成员函数，能够返回文件写指针的位置。这两个成员函数的原型如下：

```
int tellg();
int tellp();
```

要获取文件长度，可以用 seekg 函数将文件读指针定位到文件尾部，再用 tellg 函数获取文件读指针的位置，此位置即为文件长度。不管是使用文件头指针还是使用文件尾指针，在对文件进行读/写后，指针向后移，如图 9-26 所示。

例如：

```
seekg( -4 , ios : : end );    //将读指针移动到离文件尾 4 个字节处,移动方向为向文件头方向
seekg( 5 , ios : : end );     //将读指针移到离当前位置 5 个字节处
```

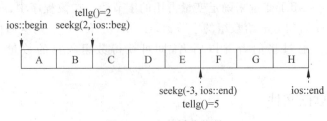

图 9-26　文件操作指针

【例 9-14】　假设学生记录文件 students.dat 是已经按照姓名排序的，编写程序，在 students.dat 文件中用折半查找的方法找到姓名为 Jack 的学生的记录，并将其年龄改为 20（假设文件很大，无法全部读入内存）。代码如下：

```
/ * 程序名:exe9_14 * /
1.  #include <iostream>
2.  #include <fstream>
3.  #include <cstring>
4.  using namespace std;
5.  class CStudent
6.  {   public:
7.          char szName[20];
8.          int age; };
9.  int main()
10. {   CStudent s;
11.     fstream ioFile("students.dat", ios::in|ios::out);    //用既读又写的方式打开
12.     if(!ioFile) {
13.         cout <<"error" ;
14.         return 0;   }
15.     ioFile.seekg(0,ios::end);  //定位读指针到文件尾部,以便用以后 tellg 获取文件
                                   //长度
16.     int L = 0,R;                        //L是折半查找范围内第一个记录的序号
17.                                         //R是折半查找范围内最后一个记录的序号
18.     R = ioFile.tellg() / sizeof(CStudent) -1;
19.     //首次查找范的最后一个记录的序号就是:记录总数-1
20.     do {
21.         int mid = (L +R)/2;             //要用查找范围正中的记录和待查的名字比对
22.         ioFile.seekg(mid * sizeof(CStudent),ios::beg);    //定位到正中的记录
23.         ioFile.read((char *)&s, sizeof(s));
24.         int tmp = strcmp( s.szName,"Jack");
25.         if(tmp == 0) {                  //找到了
26.             s.age = 20;
27.             ioFile.seekp(mid * sizeof(CStudent),ios::beg);
28.             ioFile.write((char *)&s, sizeof(s));
29.             break;          }
30.         else if (tmp >0)                //继续到前一半查找
31.             R = mid -1;
```

```
32.        else              //继续到后一半查找
33.            L = mid + 1;
34.    }while(L <= R);
35.    ioFile.close();
36.    return 0;
37. }
```

程序输出结果如下。

程序运行前，文件 students.dat 中学生信息排列为：

```
Andrew   18..
Jack     25..
William   23.
```

程序运行后，显示的排列为：

```
Andrew   18..
Jack     20..
William   23.
```

还可以利用函数 seekg 与 tellg、seekp 与 tellp 计算文件大小。

【例 9-15】 通过文件的定位来计算文件的大小，代码如下：

```
/* 程序名:exe9_15 */
1.  #include<iostream>
2.  #include<fstream>
3.  #include<string>
4.  using namespace std;
5.  void filesize() {
6.     ifstream fin("C:\\Users\\dyc\\Desktop\\text.txt");
7.     if (!fin) { cerr <<"文件打开失败" <<endl; return; }
8.     fin.seekg(0, ios::beg);
9.     streampos sp = fin.tellg();
10.    cout <<"tellg起点为:" <<sp
11.       <<",所以当其定位到文件末尾的指针时,其值就是文件的大小" <<endl;
12.    fin.seekg(0, ios::end); //基地址为文件结束处,偏移地址为 0,于是指针定位在文件
                              //结束处
13.    sp = fin.tellg();      //sp为定位指针,因为它在文件结束处,所以也就是文件的大小
14.    cout <<"文件大小为:"  <<sp <<"字节"<<endl;}
15. int main() {
16.    filesize();
17.    system("pause");
18.    return 0;}
```

程序运行结果如图 9-27 所示。

图 9-28 所示是本例中应用到的 text.txt 文件的属性图。

图 9-27　exe9_15.cpp 运行结果图

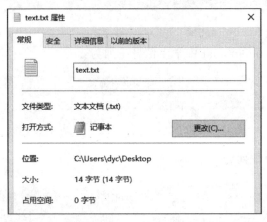

图 9-28　text.txt 文件属性图

第 9 章小结

第 9 章自测题自由练习

第 9 章编程题及参考答案

字　符　串

对字符串的处理方式有两种,一种是使用字符数组,另一种是利用字符串类 string 对字符串进行存储。前者对于字符串的处理方式是借助 Cstring 头文件中提供的字符串函数完成的,后者则是由 C++ 标准库提供的字符串类为字符串处理提供了大量的操作。显然后者更符合 C++ 面向对象的程序设计风格,且 string 类使用起来比数组简单,同时提供了将字符串作为一种数据类型的表示方法,字符串是 C++ 中一种很重要的数据类型。

学习目标:
- 了解标准类库中的字符串类 string。
- 使用 C++ 标准类库中的 string 定义字符串对象并初始化。
- 掌握 string 类成员函数、操作符等的使用,能够实现对字符串进行输入和输出。
- 掌握字符串对象位置指针的使用。
- 了解字符串对象与 C 风格字符串的区别和转换。

10.1　字符串的存储及初始化

首先,为了在程序中使用 string 类型,必须包含头文件 <string>:

```
#include <string>
```

string 类是一个模板类,位于名字空间 std 中,通常为方便使用还需要增加:

```
using namespace std;
```

声明一个字符串变量很简单:

```
string str;
```

字符串类构造函数的原型与说明如表 10-1 所示。

表 10-1　**string 类构造函数原型**

构造函数原型	说　　明
string(const char * s)	将 string 对象初始化为指针 s 指向的字符数组
string(size_type n,char c)	创建一个包含 n 个元素的 string 对象,其中每个元素都被初始化为字符 c

续表

构造函数原型	说　　明
string(const string & str, unsigned pos, unsigned n)	将 string 对象初始化为对象 str 中从位置 pos 开始到结尾的字符,或从位置 pos 开始的 n 个字符
string()	创建一个 string 对象,长度为 0。该构造函数为默认构造函数
string(const char * s, size_type n)	将 string 对象初始化为 s 指向的字符数组中的前 n 字符
string(const string& str)	复制构造函数,将 string 对象初始化为已存在的串 str

析构函数的形式如下:

```
~string()                    //销毁所有内存,释放内存
```

使用 string 类时,某些操作比使用数组时更简单。例如,不能将一个数组赋给另一个数组,但可以将一个 string 对象赋给另一个 string 对象:

```
char charr1[20];
char charr2[20] = "jaguar";
string str1;
string str2 = "panther";
charr1 = charr2;             //不合法
str1 = str2;
```

注意:不能使用字符或者整数去初始化字符串。

如果字符串只包含一个字符,使用构造函数对其初始化时,以下两种形式比较合理:

```
std::string s('x');          //错误
std::string s(1, 'x');       //正确
```

或

```
std::string s("x");          //正确
```

C 风格字符串一般被认为是常规的 C++ 字符串。目前,在 C++ 中确实存在一个从 const char * 到 string 的隐式型别转换,却不存在从 string 对象到 C 风格字符串的自动型别转换。对于 string 类型的字符串,可以通过 c_str 函数返回该 string 类对象对应的 C 风格字符串。通常,在整个程序中应坚持使用 string 类对象,直到必须将内容转化为 char * 时才将其转换为 C 风格字符串。

【例 10-1】 说明 string 对象与字符数组之间的一些相同点和不同点,代码如下。

```
/*程序名:exe10_1*/
1.  #include<iostream>
2.  #include<string>
3.  int main()
```

```
4.  {   using namespace std;
5.      char charr1[20];
6.      char charr2[20] = "Avocado";
7.      string str1;
8.      string str2="Pitaya";
9.      cout<<"Enter a kind of fruits: ";
10.     cin>>charr1;
11.     cout<<"Enter another kind of fruits: ";
12.     cin>>str1;
13.     cout<<"Here are some felines:\n";
14.     cout<<charr1<<" "<<charr2<<" "<<str1<<" "<<str2<<endl;
15.     cout<<"The third letter in "<<charr2<<" is "<<charr2[2]<<endl;
16.     cout<<"The third letter in "<<str2<<" is "<<str2[2]<<endl;
17.     return 0;
18. }
```

程序运行结果如图 10-1 所示。

程序说明：

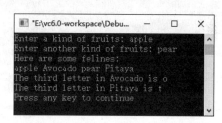

图 10-1　exe10_1.cpp 运行结果图

- 从这个示例可以看出，在很多方面使用 string 对象的方式与使用字符数组相同。
  - 可以使用 cin 来将键盘输入存储到 string 对象中。
  - 可以使用 cout 来显示 string 对象。
  - 可以使用数组表示法来访问存储在 string 对象中的字符。

- string 对象和字符数组之间的主要区别是，string 对象可以被声明为简单变量，而不是数组：

```
string str1;
string str2 = "panther";
```

- 类设计让程序能够自动处理 string 的大小。例如，str1 的声明创建一个长度为 0 的 string 对象，但程序将输入读取到 str1 中时，将自动调整 str1 的长度：

```
cin>>str1;
```

与使用数组相比，使用 string 对象更方便，也更安全。

【例 10-2】　字符串对象的建立及初始化，代码如下：

```
/* 程序名:exe10_2 */
1.  #include <iostream>
2.  #include <string>
3.  using namespace std;
4.  int main ()
```

```
5.  {    string str ("123456789");
6.       char ch[ ] = "abcdefghi";
7.       string a;                        //定义一个空字符串
8.       string str_1 (str);              //构造函数,将字符串对象 str 全部复制给 str1
9.       string str_2 (str, 3, 6);        //构造函数,从字符串 str 的第 3 个元素开始,复制 6 个元
                                          //素,赋值给 str2
10.      string str_3 (ch, 4);            //将字符串 ch 的前 4 个元素赋值给 str3
11.      string str_4 (4,'C');            //将 4 个 C 组成的字符串 CCCC 赋值给 str4
12.      string str_5 (str.begin(), str.end());
                                          //复制字符串 str 的所有元素,并赋值给 str5
13.      cout <<str <<endl;
14.      cout <<a <<endl;
15.      cout <<str_1 <<endl;
16.      cout <<str_2 <<endl;
17.      cout <<str_3 <<endl;
18.      cout <<str_4 <<endl;
19.      cout <<str_5 <<endl;
20.      return 0;
21. }
```

程序运行结果如图 10-2 所示。

图 10-2   exe10_2.cpp 运行结果图

参考 string 类提供的构造函数,可以通过各种方式建立并初始化字符串对象。常见的 string 类构造函数有以下几种形式,如表 10-2 所示。

表 10-2   string 类型的构造函数

构 造 函 数	作 用
string strs	生成空字符串
string s(str)	生成字符串 str 的复制品
string s(str, stridx)	将字符串 str 中始于 stridx 的部分作为构造函数的初值
string s(str, strbegin, strlen)	将字符串 str 中始于 strbegin、长度为 strlen 的部分作为字符串初值
string s(cstr)	以 C_string 类型 cstr 作为字符串 s 的初值
string s(cstr,char_len)	以 C_string 类型 cstr 的前 char_len 个字符串作为字符串 s 的初值
strings(num, c)	生成一个字符串,包含 num 个 c 字符
strings(strs, beg, end)	以区间[beg, end]内的字符作为字符串 s 的初值

10.2 字符串的输入/输出

本节将介绍 C++ 中常见的几种输入字符串的方法。

1. cin>>

用法：接受一个字符串，遇"空格"、TAB、"回车"都结束，参考代码如下：

```
#include <iostream>
using namespace std;
void main () {
    char a[30];
    cin>>a;
    cout<<a<<endl; }
```

- 输入：gdlgxy
- 输出：gdlgxy
- 输入：gdlgxy xxjsxy
- 输出：gdlgxy

注意：遇到空格就结束，所以不能用此方法来输入多个单词。

2. cin.get

用法如下。

(1) cin.get(字符变量名)可以用来接收字符，参考代码如下：

```
#include <iostream>
using namespace std;
void main ()
{   char ch;
    ch=cin.get();          //或者 cin.get(ch);
    cout<<ch<<endl;
}
```

- 输入：gdlgxy
- 输出：g

(2) cin.get(字符数组名,接收字符数目)用来接收一行字符串,可以接收空格,参考代码如下：

```
#include <iostream>
using namespace std;
void main ()
{   char a[25];
    cin.get(a,25);
    cout<<a<<endl;
}
```

- 输入：gdlgxy xxjsxy
- 输出：gdlgxy xxjsxy
- 输入：12345123451234512345（输入 25 个字符）
- 输出：1234512345123451234　（接收 24 个字符＋1 个'\0'）

3．cin.getline

用法：用于接收一个字符串，可以接收空格。参考代码如下：

```
#include <iostream>
using namespace std;
void main ()
{   char m[20];
    cin.getline(m,5);
    cout<<m<<endl;
}
```

- 输入：gdlgxy
- 输出：gdlg

注意：接收 5 个字符到 m 中，其中最后一个为'\0'，所以只看到 4 个字符输出；

如果把 5 改成 20，则
- 输入：gdlgxy
- 输出：gdlgxy
- 输入：gdlgxy xxjsxy
- 输出：gdlgxy xxjsxy

4．getline

用法：用于接收一个字符串，可以接收空格并输出，需包含 #include＜string＞。参考代码如下：

```
#include<iostream>
#include<string>
using namespace std;
void main ()
{   string str;
    getline(cin,str);
    cout<<str<<endl; }
```

- 输入：gdlgxy
- 输出：gdlgxy
- 输入：gdlgxy xxjsxy
- 输出：gdlgxy xxjsxy

关于 get 和 getline，为了更好地说明二者的区别，下面分为三种情况说明。

（1）输入的字符串不超过限定大小

- get(str,Size)：读取所有字符，遇到'\n'时止，并且将'\n'留在输入缓冲区中，其将被下一个读取输入的操作捕获,影响该输入处理。

- getline(str,Size):读取所有字符,遇到'\n'时止,并且将'\n'直接从输入缓冲区中删除不会影响下面的输入处理。

(2) 输入的字符数超出限定的大小

- get(str,Size):读取 Size−1 个字符,并将 str[Size−1]置为'\0',然后将剩余字符(包括'\n')留在输入缓冲区中,这些字符将被下一个读取输入的操作捕获,影响该输入处理。

- getline(str,Size):读取 Size−1 个字符,并将 str[Size−1]置为'\0',剩余字符(包括'\n')留在输入缓冲区中,随即设置 cin 实效位(即 if(! cin)的判断为真),关闭输入。其后的所有输入都无法得到任何结果,当然也无法得到输入缓冲区中剩余的字符串。但如果像本例一样用 clear 函数重置 cin,其后的输入便可用并会得到遗留在输入缓冲区中的字符。

(3) 输入一个空行(即直接回车)

- get(str,Size):str 将得到'\0',并设置 cin 实效位,关闭输入,但回车依然留在输入缓冲区中,因此如果用 clear()重置 cin,其下一个读取输入的操作将捕获'\n'。

- getline(str,Size):str 将得到'\0',并将'\n'删除,不置实效位,不关闭输入。所以对于 cin.getline 来说空行是合法的输入,且不会影响后面的输入处理。

5. gets

用法:用于接收一个字符串,可以接收空格并输出,需包含 ♯include＜string＞。参考代码如下:

```cpp
#include<iostream>
#include<string>
using namespace std;
void main ()
{   char m[20];
    gets(m);                    //不能写成 m=gets();
    cout<<m<<endl;
}
```

- 输入:gdlgxy
- 输出:gdlgxy
- 输入:gdlgxy xxjsxy
- 输出:gdlgxy xxjsxy

类似 cin.getline 函数里面的一个例子,gets 函数同样可以用在多维数组里面,参考代码如下:

```cpp
#include<iostream>
#include<string>
using namespace std;
void main ()
{   char m[3][20];
    for(int i=0;i<3;i++){
        cout<<"\n 请输入第"<<i+1<<"个字符串:"<<endl;
```

```
        gets(m[i]);}
    cout<<endl;
    for(int j=0;j<3;j++)
        cout<<"输出 m["<<j<<"]的值:"<<m[j]<<endl;
}
```

输出结果与使用 cin.getline 函数相同。

6. getchar

用法:用于接收一个字符,需包含♯include<string>。参考代码如下:

```
#include<iostream>
using namespace std;
void main ()
{   char ch;
    ch=getchar();            //不能写成 getchar(ch);
    cout<<ch<<endl;}
```

- 输入:gdlgxy
- 输出:g

注意:getchar 是 C 语言的函数,C++ 也可以兼容,但是尽量不用或少用。

10.3 标准 C++ 的 string 类

iostream 库支持 string 对象的内存操作,sstream 头文件定义了三个类型(见表 10-3)来支持内存 I/O,这些类型既可以向 string 写入数据,也可以从 string 读取数据,就像 string 是一个 I/O 流一样。

表 10-3   sstream 头文件

头 文 件	类 型
sstream	• istringstream 从 string 对象中读取,由 istream 派生 • ostringstream 写到 string 对象中,由 ostream 派生 • stringstream 对 string 对象进行读写,由 iostream 派生

使用 istringstream、ostringstream 和 stringstream 这三个类,需要包含 sstream.h 头文件。与 fstream 类型类似,头文件 sstream 中定义的类型都继承自经常使用的 iostream 头文件中定义的类型。除了继承得来的操作,sstream 中定义的类型还增加了一些成员来管理与流相关的 string,可以对 stringstream 对象调用这些操作,但对其他 I/O 类型这些操作不起作用。

1. istringstream

istringstream 是 C++ 里面的一种输入/输出控制类,它可以创建一个对象,然后这个对象就可以绑定一行字符串,然后以空格为分隔符把该行分隔开来。istringstream 的构造函数原形如下:

```
istringstream::istringstream(string str);
```

【例 10-3】 istringstream 示例，代码如下：

```
/* 程序名:exe10_3 */
1.  #include<iostream>
2.  #include<string>
3.  #include<sstream>
4.  using namespace std;
5.  int main()
6.  {   string str,c1,c2;
7.      cout<<"请输入一行字符:";
8.      getline(cin,str);
9.      istringstream str1(str);
10.     str1>>c1>>c2;
11.     cout<<"c1 为 "<<c1<<endl <<"c2 为"<<c2<<endl;
12.     return 0;
13. }
```

程序运行结果如图 10-3 所示。

程序说明：

图 10-3　exe10_3.cpp 运行结果图

- 第 8 行用 getline 从标准输入读取整条记录。如果 getline 调用成功，那么 *str* 中将保存着从输入文件而来的一条记录。
- 第 9 行创建 istringstream 对象并同时初始化，使其和字符串 *str* 绑定。

2. ostringstream

ostringstream 是 C++ 的一个字符集操作模板类，定义在 sstream.h 头文件中。ostringstream 类通常用于执行 C 风格的串流的输出操作，格式化字符串，避免申请大量的缓冲区，替代 sprintf。ostringstream 的构造函数形式如下：

```
explicit ostringstream ( openmode which = ios_base::out );
explicit ostringstream ( const string & str, openmode which = ios_base::out );
```

有时候，需要格式化一个字符串，但通常并不知道需要多大的缓冲区。为了保险常常申请大量的缓冲区以防止缓冲区过小造成字符串无法全部存储。这时可以考虑使用 ostringstream 类。取得 std::ostringstream 里的内容可以通过 str 和 str(string&) 成员函数。

【例 10-4】 ostringstream 示例，代码如下：

```
/* 程序名:exe10_4 */
1.  #include <iostream>
2.  #include <sstream>
3.  using namespace std;
4.  int main()
5.  {   ostringstream oss;
6.      istringstream iss;
```

```
7.      iss.str("hi c++");
8.      string str;
9.      while(iss>>str)
10.         oss<<str<<endl;
11.     istringstream iss2("hi gdlgxy");
12.     while (iss2>>str) {
13.         oss<<str<<endl;     }
14.     cout<<oss.str();
15.     return 0;}
```

程序运行结果如图 10-4 所示。

3. stringstream

stringstream 是 istringstream 和 ostringstream 的
基类。已经存在<stdio.h>风格的转换，与基于
<sstream>的类型转换的区别在哪里呢？假设你想用
sprintf 函数将一个变量从 int 类型转换到字符串类型，
为了正确地完成这个任务，你必须确保目标缓冲区有足
够大的空间以容纳转换完的字符串。此外，还必须使用

图 10-4　exe10_4.cpp 运行结果图

正确的格式化符。假设使用了不对的格式化符，会导致非预知的后果。例如：

```
int n=10000;
chars[10];
sprintf(s,"%d",n);          //s 中的内容为 10000
```

到目前为止，程序运行正常。可是，对上面代码的一个微小的改变就会使程序崩溃：

```
int n=10000;
char s[10];
sprintf(s,"%f",n);          //注意，错误的格式化符
```

在这样的情况下，程序员错误地使用了%f 格式化符来替代了%d。因此，s 在调用完
sprintf 函数后包括了一个不确定的字符串。编译器能自己主动推导出正确的类型吗？此时
stringstream 的作用就体现出来了。由于 n 和 s 的类型在编译期就确定了，所以编译器拥有
足够的信息来推断需要哪些转换。<sstream>库中声明的标准类就利用了这一点，自己主动
选择所必须的转换。并且，转换结果保存在 stringstream 对象的内部缓冲中。并且不必操心
缓冲区溢出，因为这些对象会依据需要自己主动分配存储空间。

注意：
- <sstream>库是近期才被列入 C++ 标准的。因此，旧一点的编译器，如 GCC2.95，并不支持它。
- <sstream>库定义了三种类：istringstream、ostringstream 和 stringstream，分别用来进行流的输入、输出和输入/输出操作。另外，每一个类都有一个相应的宽字符集版本号。

- <sstream>使用 string 对象来取代字符数组。这样能够避免缓冲区溢出的危险。并且,传入参数和目标对象的类型是被自己主动推导出来的,因此即使使用了不对的格式化符也没有危险。
- 假设你打算在多次转换中使用同一个 stringstream 对象,记住在每次转换前要使用 clear()方法;在多次转换中反复使用同一个 stringstream(而不是每次都创建一个新的对象)对象最大的优点在于效率。stringstream 对象的构造和析构函数一般是很耗费 CPU 时间的。

下面来比较一下 stringstream 和 string 的区别。

首先看 string,它是 C++ 提供的字符串类型。要使用 string,必须先加入这一行:

```
#include <string>
```

接下来要定义一个字符串变量,可以写成:

```
string s;
```

也可以在定义的同时初始化字符串:

```
string s = "you";
```

然后看 stringstream,它是 C++ 提供的另一个字串型的串流(stream),和之前学过的 iostream、fstream 有类似的操作方式。要使用 stringstream,必须先加入这一行:

```
#include <sstream>
```

stringstream 主要是用于将一个字符串分割,可以先用.clear 函数以及.str 函数将指定字符串设定成一开始的内容,再用>>把个别的资料输出。

【例 10-5】 输入的第一行有一个数字 N 代表接下来有 N 行资料,每一行资料里有不固定个数的整数(最多 20 个,每行最大 200 个字节)。输出每行的总和,代码如下:

```
/* 程序名:exe10_5 */
1.  #include <iostream>
2.  #include <string>
3.  #include <sstream>
4.  using namespace std;
5.  int main()
6.  {   string s;
7.      stringstream ss;
8.      int n;
9.      cin >>n;
10.     getline(cin, s);          //读取换行
11.     for (int i = 0; i <n; i++)
12.     {   getline(cin, s);
```

```
13.        ss.clear();
14.        ss.str(s);
15.        int sum = 0;
16.        while (1)
17.        {    int a;
18.             ss >>a;
19.             if(ss.fail())
20.                break;
21.             sum += a;
22.        }
23.        cout <<sum <<endl;
24.   }
25.   return 0;
26. }
```

输入：

```
2
2 3 4
21 457 956
```

输出：

```
9
1434
```

程序运行结果如图 10-5 所示。

图 10-5　exe10_5.cpp 运行结果图

10.4　如何使用 string 类型

　　string 类型的存储以及初始化在 10.1 节中已经介绍过了,本节介绍 string 类型剩下的知识点。

10.4.1　string 对象的比较

　　string 类型对很多个操作符进行了重载,用于对字符串进行操作,除了 string 对象的比较外,还可以对字符串实行其他操作,如表 10-4 所示。

表 10-4 string 类操作符

重载操作符	描　　述
>>	从流中提取字符并将其插入字符串中。复制字符直至遇到空格或输入的结尾
<<	将字符串插入流中
=	将右侧的字符串赋值给左侧的 string 对象
+=	将右侧字符串的副本附加到左侧的 string 对象
+	返回将两个字符串连接在一起所形成的字符串
[ ]	使用数组下标表示法,如 name[x]。返回 x 位置的字符的引用
<、>、<=、>=、==、!=	将两个字符串进行比较

　　C++ 字符串除了支持常见的比较操作符(>、>=、<、<=、==、!=),还支持 string 与 C-string 的比较(如 str<"hello")。在使用>、>=、<、<=、==、!=这些操作符时是根据"当前字符特性"将字符按字典顺序进行逐一比较。字典排序靠前的字符小,比较的顺序是从前向后比较,遇到不相等的字符就按这个位置上的两个字符的比较结果确定两个字符串的大小。同时,string("aaaa")<string(aaaaa)。

　　另一个功能强大的比较函数是成员函数 compare。它支持多参数处理,支持用索引值和长度定位子串来进行比较。它返回一个整数来表示比较结果举例如下:

```
string str("abcd");
str.compare("abcd");        //返回 0
str.compare("dcba");        //返回一个小于 0 的值
str.compare("ab");          //返回大于 0 的值
str.compare(s);             //相等
str.compare(0,2,s,2,2);     //用"ab"和"cd"进行比较,小于零
str.compare(1,2,"bcx",2);   //用"bc"和"bc"比较
```

【例 10-6】 使用运算符重载实现 string 对象的比较,实现字符串的排序,代码如下。

```
/* 程序名:exe10_6 */
1.  #include <iostream>
2.  #include <string>
3.  using std::cout;
4.  using std::endl;
5.  using std::string;
6.  int main()
7.  {   string str[ ]={"term","doesn't","evaluate","to","a","fuction"};
8.      for(int i=0;i<5;i++)
9.          for(int j=i+1;j<6;j++)
10.             if(str[i]>str[j])
11.             {   string temp;
12.                 temp=str[i];
13.                 str[i]=str[j];
```

```
14.              str[j]=temp;
15.          }
16.          for(i=0;i<6;i++)
17.              cout<<str[i]<<endl;
18.          return 0;
19. }
```

程序运行结果如图 10-6 所示。

程序说明:

* 第 10~14 行的作用是,如果前面的字符串大于
  后面的,则进行交换,也可将第 11~14 行换成
  str[i].swap(str[j])。

图 10-6　exe10_6.cpp 运行结果图

* 比较字符串时,从字符串左边开始,一次一次比
  较每一个字符,直到出现差异,或者其中一个字
  符串结束为止。

* 字符串的长度不能直接决定大小,字符串的大小由左边开始最前面的字符决定的。

* 第 10 行,由于 string 类重载了多个操作符用于对字符串进行操作,所以直接使用了比
  较运算符>,比较字符串的大小,而不需要调用 strcmp 函数。同理可得,第 12~14 行
  使用=运算符进行字符串的交换。

【例 10-7】　演示将 C 风格字符串或 string 对象与 string 对象相加,或将它们附加到
string 对象的末尾,代码如下。

```
/* 程序名:exe10_7*/
1.  #include<iostream>
2.  #include<string>
3.  int main()
4.  {   using namespace std;
5.      string s1 = "gdlgxy";                        //字符串的赋值
6.      string s2,s3;
7.      cout<<"You can assign one string object to another:s2=s1\n";
8.      s2=s1;
9.      cout<<"s1: "<<s1<<",s2: "<<s2<<endl;         //string 对象的输出
10.     cout<<"You can assign a C-style string to a string object.\n";
11.     cout<<"s2 = \" buzzard\"\n";
12.     s2=" C++";
13.     cout<<"s2: "<<s2<<endl;
14.     cout<<"You can concatenate strings:s3 = s1 +s2\n";
15.     s3=s1+s2;                                     //字符串的连接
16.     cout<<"s3: "<<s3<<endl;
17.     cout<<"You can append strings.\n";
18.     s1+=s2;
19.     cout<<"s1 += s2 = "<<s1<<endl;
20.     s2 +=" hello!";
21.     cout<<"s2 += \" hello!\" = "<<s2<<endl;
```

```
22.    return 0;
23. }
```

程序运行结果如图 10-7 所示。

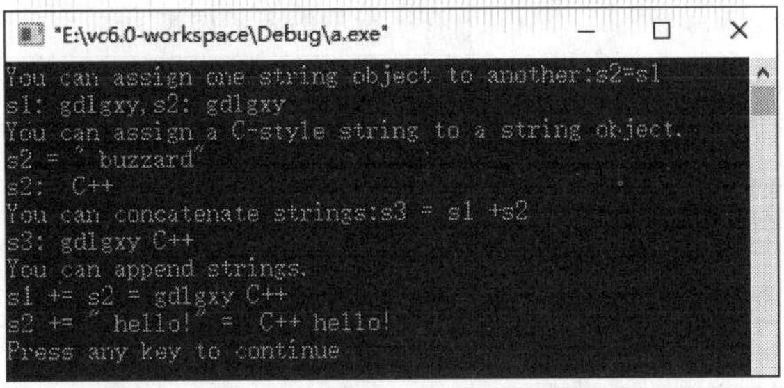

图 10-7 exe10_7.cpp 运行结果图

程序说明：

- 转义序列\"表示双引号,而不是字符串结尾。
- 在程序中,string 类的对象会自动调整存储空间的大小用于存放相应的字符串,因此不会出现字符数组中字符串越界的情况。

10.4.2 string 的成员函数

string 类提供了丰富的成员函数,每个成员函数又有多种重载形式,在表 10-5 中列出部分常用的成员函数以及其函数原型。

表 10-5 string 类常用成员函数

成员函数的原型	说　　明
unsigend size( ) const	返回当前字符串的大小
unsigend length( ) const	返回当前字符串的长度
string substr(unsigned pos,unsigned n) const	返回一个 string,包含 s 中从 pos 开始的 n 个字符的复制(pos 的默认值是 0,n 的默认值是 s.size() - pos,即不加参数会默认复制整个 s)
string &assign(const string &s,int start, int n);	把字符串 s 中从 start 开始的 n 个字符赋给当前字符串
int compare(const string& str)	支持多参数处理,支持用索引值和长度定位子串进行比较,前面减去后面的 ASCII 码,比较本串和 str,>0 返回 1,<0 返回−1,相同返回 0
string& replace(size_t pos, size_t n, const char * s)	将当前字符串从 pos 索引开始的 n 个字符,替换成字符串 s
string& replace(size_t pos, size_t n, size_t n1, char c)	将当前字符串从 pos 索引开始的 n 个字符,替换成 n1 个字符 c
string& replace(iterator i1, iterator i2, const char * s)	将当前字符串[i1,i2)区间中的字符串替换为字符串 s
string &insert(int p0, const string &s, int pos, int n)	在 p0 位置插入字符串 s 从 pos 开始的连续 n 个字符

续表

成员函数的原型	说　明
string &append(const string &str, size_type index, size_type len)	在字符串的末尾添加 str 的子串,子串以 index 索引开始,长度为 len
string &append(const char * str)	在字符串的末尾添加 str
string &append(size_type num, char ch)	在字符串的末尾添加 num 个字符 ch
iterator erase(iterator p)	删除字符串中 p 所指的字符
iterator erase(iterator first, iterator last)	删除字符串中迭代器区间 [first, last) 上所有字符
string& erase(size_t pos, size_t len)	删除字符串中从索引位置 pos 开始的 len 个字符
void clear()	删除字符串中所有字符
unsigned find (const char * s, size_t pos)	在当前字符串的 pos 索引位置开始,查找子串 s,返回找到的位置索引
void swap(string & str)	交换当前字符串与 str 的值

【例 10-8】 演示 append 函数的功能,代码如下。

```
/* 程序名:exe10_8 */
1.  #include<iostream>
2.  #include<string>
3.  using namespace std;
4.  int main()
5.  {   string str1="I like C++";
6.      string str2=",I like the world.";
7.      string str3="Hello";
8.      string str4("Hi");
9.      str1.append(str2);
10.     str3.append(str2, 11, 7);
11.     str4.append(5, '.');
12.     cout<<str1<<endl;
13.     cout<<str3<<endl;
14.     cout<<str4<<endl;
15.     system("pause");
16.     return 0;
17. }
```

程序运行结果如图 10-8 所示。

程序说明:

(1) append 函数常用的三个功能如下。

- 第 10 行,直接添加另一个完整的字符串:如 str1.append(str2);。

- 第 11 行,添加另一个字符串的某一段子串:如 str1.append(str2, 11, 7);。

图 10-8　exe10_8.cpp 运行结果图

- 第 12 行，添加几个相同的字符：如 str1.append(5，'.')；。注意，个数在前字符在后。上面的代码意思为在 str1 后面添加 5 个"."。

（2）除了表 10-5 中列出的 append 常用的函数原型外，还有以下函数原型。

- string &append(const char ＊ str, size_type num);
- string &append(input_iterator start, input_iterator end);

它们作用分别如下。

- 在字符串的末尾添加 str 中的 num 个字符。
- 在字符串的末尾添加以迭代器 start 和 end 表示的字符序列。

【例 10-9】 演示其他常用 string 类成员函数的功能，代码如下。

```
/＊ 程序名:exe10_9 ＊/
1.  #include <iostream>
2.  #include <string>
3.  using namespace std;
4.  int main()
5.  {    string str1 = "abc123defg";
6.       string str2 = "swap!";
7.       cout<<str1<<endl;
8.       cout<<str1.erase(3,3)<<endl;       //从索引 3 开始的 3 个字符,即删除了"123"
9.       cout<<str1.insert(0,"123")<<endl;  //在头部插入
10.      cout<<str1.append("123")<<endl;    //append()方法可以添加字符串
11.      cout<<str1<<endl;
12.      cout<<str1.replace(0,3,"hello")<<endl;
                                            //即将索引 0 开始的 3 个字符替换成"hello"
13.      cout<<str1.substr(5,7)<<endl;      //从索引 5 开始 7 个字节
14.      str1.swap(str2);
15.      cout<<str1<<endl;
16.      return 0;
17. }
```

程序运行结果如图 10-9 所示。

10.4.3 string 对象应用举例

string 是 C++ 标准库的一个重要的部分，主要用于字符串处理。可以使用输入/输出流方式直接进行操作，也可以通过文件等手段进行操作。同时 C++ 的算法库对 string 也有着很好的支持，而且 string 还和 C 语言的字符串之间有着良好的接口。虽然也有一些弊端，但是瑕不掩瑜。本小节再给出两个 string 对象应用的例子，帮助读者加深对 string 对象的理解。

图 10-9   exe10_9.cpp 运行结果图

说明：想使用 string 首先要在头文件当中加入<string>，声明方式如下：

```
string s;                  //声明一个 string 对象
string ss[10];             //声明一个 string 对象的数组
```

【例 10-10】 演示 string 对象的声明和初始化,代码如下:

```
/* 程序名:exe10_10 */
1.  #include <bits/stdc++.h>
2.  using namespace std;
3.  int main()
4.  {   ios::sync_with_stdio(false);
5.      string s;                       //默认初始化,一个空字符串
6.      string s1("ssss");              //s1是字面值"ssss"的副本
7.      string s2(s1);                  //s2是s1的副本
8.      string s3=s2;                   //s3是s2的副本
9.      string s4(10,'c');              //把s4初始化
10.     string s5="hiya";               //复制初始化
11.     string s6=string(10,'c');       //复制初始化,生成一个初始化好的对象,复制给s6
12.     //string s(cp,n)
13.     char cs[]="12345";
14.     string s7(cs,3);                //复制字符串cs的前3个字符到s中
15.     //string s(s2,pos2)
16.     string s8="asac";
17.     string s9(s8,2);                //从s2的第二个字符开始复制,不能超过s2的size
18.     //string s(s2,pos2,len2)
19.     string s10="qweqweqweq";
20.     string s11(s10,3,4);            //s4是s3从下标3开始4个字符的复制,超过s3.size
                                        //出现未定义
21.     return 0;
22. }
```

注意:使用等号的初始化叫作复制初始化,不使用等号的初始化叫作直接初始化。

【例 10-11】 演示 find_..._of 函数,代码如下:

```
/* 程序名:exe10_11 */
1.  #include <bits/stdc++.h>
2.  using namespace std;
3.  int main()
4.  {   ios::sync_with_stdio(false);
5.      std::string str1 ("Please, replace the vowels in this sentence by asterisks.");
6.      std::size_t found1 = str1.find_first_of("aeiou");
7.      //把所有元音找出来用 * 代替
8.      while (found1!=std::string::npos)
9.      {       str1[found1]='*';
10.             found1=str1.find_first_of("aeiou",found1+1);      }
11.     std::cout <<str1 <<'\n';
12.     //在 str2 中找到第一个不是消协英文字母和空格的字符
13.     std::string str2 ("look for non-alphabetic characters...");
14.     std::size_t found2 = str2.find_first_not_of("abcdefghijklmnopqrstuvwxyz ");
15.     if (found2!=std::string::npos)
```

```
16.      {  std::cout <<"The first non-alphabetic character is " <<str2[found2];
17.         std::cout <<" at position " <<found2 <<'\n'; }
18.     return 0;
19. }
```

程序说明：

- 第 6、10 行，find_first_of(args)查找 args 中任何一个字符第一次出现的位置，第 14 行，find_fist_not_of(args)查找第一个不在 args 中的字符。

- 另外，find_last_of(args)是最后一个出现的位置，find_last_not_of 查找最后一个不在 args 中出现的字符。

第 10 章小结

第 10 章自测题自由练习

第 10 章编程题及参考答案

第 11 章

STL 编 程

整个软件领域一直很注重提升软件的复用性,以求让工程师或程序员的心血不至于随时间推移和人事异动而烟消云散。C++ 语言的核心优势之一就是便于软件的重用,主要体现在以下两个方面。

(1) 面向对象的思想:继承和多态,标准类库。

(2) 泛型程序设计思想(generic programming):模板机制,以及标准模板库 STL。

学习目标:

- 了解 STL 和标准模板库的基础知识,主要包括 STL 容器、STL 算法、STL 迭代器。
- 掌握顺序容器 vector(向量)、list(列表)、deque(双端队列)的概念和使用方法。
- 掌握关联型容器 Set、Map 以及他们的衍生容器 MultiSet、MultiMap 的概念和使用方法。
- 了解迭代器的概念和使用方法。
- 掌握 STL 标准模板库中的常用算法。

11.1 泛型编程与 STL

泛型编程是指编写完全一般化并可重复使用的算法,其效率与针对某特定数据类型而设计的算法相同。所谓泛型(generic),是指具有在多种数据类型上皆可操作的含意,与模板有些相似。STL 是一种高效、泛型、可交互操作的软件组件。STL 它包含很多计算机基本算法和数据结构,而且将算法与数据结构完全分离,其中算法是泛型的,不与任何特定数据结构或对象类型系在一起。

从逻辑结构和存储结构来看,基本数据结构的数量是有限的。对于其中的数据结构,用户可能需要反复的编写一些类似的代码,只是为了适应不同数据的类型变化而在细节上有所出入。如果能够将这些经典的数据结构,采用类型参数的形式,设计为通用的类模板和函数模板的形式,允许用户重复利用已有的数据结构构造自己特定类型下的、符合实际需要的数据结构,无疑将简化程序开发,提高软件的开发效率,这就是 STL 编程的基本设计思想。

1. STL 标准模板库

STL(standard template library)即标准模板库,是一个高效的 C++ 程序库。STL 是 ANSI/ISO C++ 标准函数库的一个子集,它提供了大量可扩展的类模板,包含了诸多在计算机科学领域里所常用的基本数据结构和基本算法,类似于 Microsoft Visual C++ 中的 MFC (microsoft foundation class library)。

从逻辑层次来看,STL 中体现了泛型化程序设计(generic programming)的思想,它提倡使用现有的模板程序代码开发应用程序,是一种代码的重用技术(reusability)。代码重用可以提高软件开发人员的劳动生产率和目标系统质量,是软件工程追求的重要目标。许多程序设计语言通过提供标准库来实现代码重用的机制。STL 是一个通用组件库,它的目标是将常用的数据结构和算法标准化、通用化,这样用户可以直接套用而不用重复开发它们,从而提高程序设计的效率。

从实现层次看,STL 是一种类型参数化(type parameterized)的程序设计方法,是一个基于模板的标准类库,称为容器类。每种容器都是一种已经建立完成的标准数据结构。在容器中,放入任何类型的数据,很容易建立一个存储该类型(或类)的数据结构。

2. STL 三大核心部分

STL 包含三大核心部分:容器(container)、算法(algorithms)、迭代器(iterator),通俗地理解如下。

(1) 容器:装东西的东西,装水的杯子、装咸水的大海、装人的教室……。

(2) 算法:就是往杯子里倒水、往大海里排污、从教室里撵人……。

(3) 迭代器:往杯子里倒水的水壶、排污的管道、撵人的那个物业管理人员……。

从程序设计的角度理解 STL 如下。

(1) STL 中的容器:一种存储 T(Template)类型值的有限集合的数据结构,容器的内部实现一般是类。如果数据类型 T 代表的是 Class,这些值可以是对象本身。

(2) STL 算法:应用在容器上以各种方法处理其内容的行为或功能。在 STL 中,算法是由模板函数表现的。这些函数不是容器类的成员函数。相反,它们是独立的函数。不仅可以将其用于 STL 容器,而且可以用于普通的 C++ 数组或任何其他应用程序指定的容器。例如,有对容器内容排序、复制、检索和合并的算法。

(3) STL 迭代器:STL 的一个关键部分,它将算法和容器连在一起。可以把迭代器看作一个指向容器中元素的普通指针。可以递增迭代器,使其依次指向容器中每一个后继的元素。

STL 除了包含三大核心部分外,还有函数对象以及适应器,函数对象定义了函数调用操作符(operator())的类,适应器封装一个部件以提供另外的接口。

在 C++ 标准中,STL 被组织为下面的 13 个不带.h 后缀的头文件:＜algorithm＞、＜deque＞、＜functional＞、＜iterator＞、＜vector＞、＜list＞、＜map＞、＜memory＞、＜numeric＞、＜queue＞、＜set＞、＜stack＞和＜utility＞。

11.2 STL 容器

11.2.1 容器的概念

STL 容器主要包括向量(vector)、列表(list)、队列(deque)、集合(set/ multiset)和映射(map/multimap)等。STL 用模板实现了这些最常用的数据结构,并以算法的形式提供了对这些容器类的基本操作。

可以将 STL 容器分为以下两大类。

1. 顺序容器类(sequence container)

顺序容器以逻辑线性方式存储一个元素序列,该容器类型中的对象在逻辑上被认为是在连续的存储空间中存储。在顺序容器中的对象有相对于容器的逻辑位置,例如容器的起始、末尾,用户可以在指定位置插入或存取对象。

2. 关联容器类(associative container)

关联容器中的数据元素不存储在顺序的线性数据结构中,它们提供了一个关键字到值的关联映射。

当一个 key 对应一个 value 时,可以使用集合(set)和映射(map);若对应同一 key 有多个元素被存储时,可以使用多集合(multiset)和多映射(multimap)。关联容器提供了基于 key 的数据的快速检索能力。元素被排好序,检索数据时可以二分搜索。

- map(映像)。
- set(集合)。
- multiset(多重集合)。
- multimap(多重映像)。

11.2.2 顺序容器

顺序容器有 vector(向量)、list(列表)、deque(双端队列)三类,其功能和特点如表 11-1 所示。

表 11-1 顺序容器功能和特点

容器名	特 性	何 时 使 用
向量 vector	在内存中占有一块连续的空间,存储一个元素序列。可以看作一个可自动扩充的动态数组,而且提供越界检查。可用[]运算符直接存取数据	需要快速查找,不在意插入/删除的速度快慢。能使用数组的地方都能使用向量
列表 list	双向链接列表,每个节点包含一个元素。列表中的每个元素均有指针指向前一个元素和下一个元素	需要快速的插入/删除,不在意查找的速度慢,就可以使用列表
双端队列 deque	在内存中不占有一块连续的空间,介于向量和列表之间,更接近向量,适用于由两端存取数据。可用[]运算符直接存取数据	需要快速的元素存取。插入/删除的速度较慢时,一般不需要使用双端队列,可以用 vector 或 list

1. vector(向量)

vector 容器中数据元素的存储采用连续存储,当需要增加数据元素时,直接从 vector 容器尾端插入,通常必须包含头文件<vector>。

vector 支持随机访问迭代器:根据下标随机访问任何元素都能在常数时间完成;在尾部添加速度很快,在中间插入速度慢。如果需要快速存取元素,但不打算经常增加或删除元素,就可以选择 vector 容器。

(1) vector 的构造函数,如表 11-2 所示。

表 11-2 vector 的构造函数功能及用法

构造函数名	说 明
vector<T> c()	产生空的 vector
vector<T> c1(c2)	产生同类型的 c1,并将复制 c2 的所有元素

构造函数名	说　　　明
vector<T> c(n)	利用类型 T 的默认构造函数和复制构造函数生成一个大小为 n 的 vector
vector<T> c(n,e)	产生一个大小为 n 的 vector,每个元素都是 e
vector<T> c(beg,end)	产生一个 vector,以区间 [beg,end) 为元素初值

例如,以下语句为构造函数基本用法。

```
vector<int >iv1;
vector<int >iv2( iv1 );      //将 iv1 的所有元素复制给同类型的 iv2
vector<int >iv3(3);          //默认构造生成一个大小为 3 的 vector
vector<int >iv4( 3, 2);      //产生一个大小为 3 的 vector,每个元素都是 2
int a[10];
vector<int >iv5( a, a+10);   //产生一个 vector,以区间 [a,a+10) 为 vector 元素初值
```

(2) 其他成员函数,如表 11-3 所示。

表 11-3　vector 容器中重要的成员函数

函　数　名	功　能　说　明
push_back()	在容器后端增加元素
pop_back()	在容器后端删除元素
insert()	在容器中间插入元素
erase()	删除容器中间的元素
clear()	清除容器内的元素
front()	返回容器前端元素的引用
back()	返回容器末端元素的引用
begin()	返回容器前端的迭代器
end()	返回容器末端的迭代器
rbegin()	返回容器前端的倒转迭代器
rend()	返回容器末端的倒转迭代器
max_size()	返回容器可存储元素的最大个数
size()	返回当前容器中的元素个数
empty()	若容器为空(无元素)则返回 true,否则返回 false
capacity()	返回当前容器可以存储的最大元素个数
at(n)	返回第 n 个元素的引用
swap(x)	与容器 x(vector 容器)互换元素
operator[]	利用[]运算符取出容器中的元素

（3）vector 容器中的部分常用函数说明如下。

① 获取容器容量和大小，常用函数如表 11-4 所示。

表 11-4　获取容器容量和大小常用函数

函　数　名	功　能　说　明
c.size()	返回元素个数
c.empty()	判断容器是否为空
c.max_size()	返回元素最大可能数量（固定值）
c.capacity()	返回重新分配空间前可容纳的最大元素数量
c.reserve(n)	扩大容量为 n

例如，以下语句为容器容量和大小函数示例。

```
vector <int >iv;
iv.push_back( 1 );
iv.push_back( 2 );
iv.push_back( 3 );
int iSapce = vi.capacity();     //此时 iSPace 的值应该是 3
int iSize = iv.size();          //此时 iSize = 3
iv.clear();
int iSize = iv.size();          //此时 iSize = 0
int iSapce = iv.capacity();     //此时 iSapce 的值应该是 3
```

② 赋值操作，常用函数如表 11-5 所示。

表 11-5　赋值操作常用函数

函　数　名	功　能　说　明
c1＝c2	将 c2 的全部元素赋值给 c1
c.assign(n,e)	将元素 e 的 n 个复制赋值给 c
c.assign(beg,end)	将区间［beg,end）的元素赋值给 c
c1.swap(c2)	将 c1 和 c2 元素互换
swap(c1,c2)	同上，全局函数

例如，以下语句为赋值操作 assign 函数用法示例。

```
list<T>l;
vector<T>v;
v.assign(l.begin(),l.end());
```

③ 元素读取操作，常用函数如表 11-6 所示。

表 11-6　元素读取常用函数

函 数 名	功 能 说 明
at(idx)	返回索引 idx 所标识的元素的引用,进行越界检查
operator [](idx)	返回索引 idx 所标识的元素的引用,不进行越界检查
front()	返回第一个元素的引用,不检查元素是否存在
back()	返回最后一个元素的引用,不检查元素是否存在

例如,以下语句为元素读取常用函数用法示例。

```
vector<int>iv;
iv.push_back(1);
iv.push_back(2);
iv.push_back(3);            //注意此时 iv[0] = 1, iv[1] = 2, iv[2] = 3
int i = iv.at(2);          //此时 i 的值是 3
int j = iv.back();         //此时 j 的值是 3
int k= iv.front();         //此时 k = 1
```

④ 获得起始结束位置迭代器,相关函数如表 11-7 所示。

表 11-7　获得起始结束位置相关函数

函 数 名	功 能 说 明
begin()	返回一个迭代器,指向第一个元素
end()	返回一个迭代器,指向最后一个元素之后
rbegin()	返回一个逆向迭代器,指向逆向遍历的第一个元素
rend()	返回一个逆向迭代器,指向逆向遍历的最后一个元素

例如,以下语句为位置获取常用函数用法示例。

```
vector <int >iv;
iv.push_back( 1 );
iv.push_back( 2 );
for( vector<int>::iterator it = iv.begin(); it != iv.end(); ++it)    //循环整个 vector
{   ...   }
```

注意：end 函数返回指向 vector(最后一个元素＋1)的迭代器,通常用来判断循环是否结束。

⑤ 插入元素,相关函数如表 11-8 所示。

表 11-8　插入元素相关函数

函 数 名	功 能 说 明
c.insert(pos,e)	在 pos 位置插入元素 e 的副本,并返回新元素位置
c.insert(pos,n,e)	在 pos 位置插入 n 个元素 e 的副本

续表

函 数 名	功 能 说 明
c.insert(pos,beg,end)	在 *pos* 位置插入区间[beg,end)内所有元素的副本
c.push_back(e)	在尾部添加一个元素 *e* 的副本

例如,以下语句为插入元素常用函数用法示例。

```
vector<int >iv;
iv.push_back(1);
iv.push_back(3);                   //此时 vector 中的元素为 1, 3
iv.insert(iv.begin() +1, 2) ;      //此时 vector 中的元素为 1,2,3
```

⑥ 删除元素,相关函数如表 11-9 所示。

表 11-9　删除元素相关函数

函 数 名	功 能 说 明
c.pop_back()	移除最后一个元素但不返回最后一个元素
c.erase(pos)	删除 *pos* 位置的元素,返回下一个元素的位置
c.erase(beg,end)	删除区间[beg,end)内所有元素,返回下一个元素的位置
c.clear()	移除所有元素,但不释放空间
empty()	判断 vector 是否为空

例如,以下语句为删除元素相关函数用法示例。

```
vector<int >iv;
iv.push_back( 1 );
iv.push_back( 2 );
iv.push_back( 3 );
iv.push_back( 4 );                          //注意此时 iv[0] = 1、iv[1] = 2,iv[2] = 3,iv[4] = 4
iv.pop_back();                              //此时元素为 1、2、3
iv.erase( iv.begin(), iv.begin() +2);      //删除元素 1 到 3
iv.clear();
iv.empty();                                 //结果应该为真
```

【例 11-1】　编写程序,对 vector 向量执行建立、插入及输出等相关操作。

```
/* 程序名:exe11_1 */
#include <iostream>
#include <vector>
using namespace std;
int main()
{
    unsigned i;
    int a[]={1,2,3,4,5,6};
```

```
    vector<int>v(5);
    cout<<"输出 v 的起始迭代器之差:"<<endl;
    cout<<v.end()-v.begin()<<endl;
    for(i=0;i<v.size();i++) v[i]=i;
    v.at(4)=100;
    cout<<"输出 v 的元素:"<<endl;
    for(i=0;i<v.size();i++)
    {
      cout<<v[i]<<" ";
    }
    cout<<endl;
    vector<int>v2(a,a+5);
    v2.insert(v2.begin()+2,15);
    cout<<"输出 v2 的元素:"<<endl;
    for(i=0;i<v2.size();i++)
    {
      cout<<v2.at(i)<<" ";
    }
    system("pause");
    return 0;
}
```

程序运行结果如图 11-1 所示。

2. list 容器

list 容器是一个标准双向链表,每个元素都知道
其前一个与下一个数据元素,查找速度较慢,只能根
据链表指针的指示逐一查找,但一旦找到相关位置,
完成元素的插入和删除则会很快(常量时间)。用链
表实现,允许顺序访问,不支持随机存取。通常必须
包含头文件<list>。

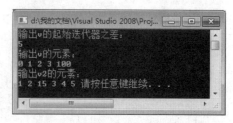

图 11-1　exe11_1.cpp 运行结果图

相对于 vector 的线性存储空间,list 就要复杂得多,每次添加或者删除一个元素,就会申
请或者释放一个元素的空间,然后用指针联系起来。这样的好处就是精确配置内存,没有
浪费。

list 的基本构成是节点,结构代码如下:

```
template <class T >
struct _list_node
{
    Typedef void * void_pointer;
    void_pointer prev;          //指向前面元素的指针
    void_pointer next;          //指向后面元素的指针
    T data;                     //节点实体,用来存储数据
}
```

list 的构造函数和成员函数比较多,在这里介绍一些常用的函数。

(1) 常用构造函数,如表 11-10 所示。

表 11-10　list 的构造函数功能及用法

构造函数名	说　　明
list()	默认构造函数
list(size_type Count)	构造一个 list,初始元素个数为 Count,初始值均为 0
list(size_type count, const Type &_Val)	构造一个 list,初始元素个数为 count,初始值均为_Val
list(const list &SourceList)	构造一个 list,将 SourceList 中的所有元素 Copy 到新构造的 list 中

(2) 其他常用成员函数。

下面介绍一些不同于 vector 的函数方法。

① 合并。

```
void merge(list< Type, Allocator> &List2)
```

说明:对于两个完全按照递增顺序排序的 list,这个函数将把 List2 中的元素 Copy 到 List1 中,并且按照递增的方式排序,Copy 之后,将 List2 中的所有元素清空。

【例 11-2】　编写程序,对 list 执行 merge 操作并输出。

```
/* 程序名:exe11_2 */
list<int >::iterator it;
list<int >List1;
list<int >List2;
List1.push_back( 1 );
List1.push_back( 3 );
List1.push_back( 5 );
List2.push_back( 2 );
List2.push_back( 4 );
List2.push_back( 6 );
List1.merge( List2 );
for(it=List1.begin();it!=List1.end();it++)
{
    cout<< * it<<" ";
};
```

程序运行结果如图 11-2 所示。

程序说明:

图 11-2　exe11_2.cpp 运行结果图

- 调用 Merge 之前,List1:1,3,5;List2:2,4,6。
- 调用 Merge 之后,List1:1,2,3,4,5,6;List2:空。
- 调用 Merge 之前,必须保证两个 list 都是完全排序的,不然会产生一个比较混乱的结果。
- 如果是针对用户自定义类型的 list,在使用这个函数之前,还要保证实现了 operator。

② 从前面插入或删除。

```
void pop_front()
```

说明：删除 list 中的第一个元素。在 vector 中没有实现这个成员函数，因为在 vector 中如果需要删除首元素的话，可能会带来效率上的很大损失。

```
void push_front( const Type & _Val )
```

说明：向 list 的首位插入一个元素。
③ 排序。

```
void sort()
```

说明：对 list 按照从小到大的顺序进行排序。
以下语句为 list 排序示例。

```
list< int >il;
il.push_back( 3 );
il.push_back( 1 );
il.push_back( 2 );          //List 中的元素:3,1,2
il.sort();                  //List 中的元素:1,2,3
```

3. deque（双端队列）

deque 容器的特性基本与 vector 容器类似，只是 deque 容器可以从前端以 push_front( ) 添加元素，且存储时不需要一块连续的内存空间。deque 也是用动态数组来实现，允许顺序访问和随机访问。如果需要从元素序列的两端插入和删除，但依旧需要快速地存取所有元素，就应当使用 deque 容器（双端队列）而不是向量。通常必须包含头文件<deque>。

【例 11-3】 双端队列容器示例。双端队列是既可以在队头插入和删除，也可以在队尾插入和删除的一种特殊队列。因此，在实际应用中，双端队列比普通队列的应用范围更加广泛。

```
/* 程序名:exe11_3 */
#include<deque>
using namespace std;
template<class T>
void print(T &deq, char * str)              //显示输出双端队列中的所有元素
{
    T::iterator it;
    cout<<str<<": ";
    for(it=deq.begin();it!=deq.end();it++)
    {   cout<< * it<<" ";    }
    cout<<endl;
}
int main() {
    deque<char>deque_A;                     //创建双端队列
    deque_A.push_back('c');                 //从队尾进队列
```

```
        deque_A.push_back('d');
        deque_A.push_front('b');                              //从队头进队列
        deque_A.push_front('a');
        print(deque_A,"deque_A");
        cout<<"队列头部元素是:"<<deque_A.front()<<endl;      //显示队头元素
        cout<<"队列尾部元素是:"<<deque_A.back()<<endl;       //显示队尾元素
        cout<<"执行队头插入元素,队尾插入元素:";
        deque_A.insert(deque_A.begin(),'x');                  //在队头插入元素
        deque_A.insert(deque_A.end(),'z');                    //在队尾插入元素
        print(deque_A,"deque_A");
        deque_A.pop_front();                                  //从队头出队列(删除元素)
        print(deque_A,"deque_A从队头出队列后:");
        deque_A.pop_back();                                   //从队尾出队列(删除元素)
        print(deque_A,"deque_A从队尾出队列后:");
        system("pause");
        return 0;
}
```

程序运行结果如图 11-3 所示。

图 11-3　exe11_3.cpp 运行结果图

11.2.3　关联容器

关联式容器的所有元素都是排序的结果,它的每个元素都有一个键值(key)和一个实值(value)。当元素被插入关联式容器中时,容器内部结构便依照其键值的大小,以某种特定规则将这个元素放置于特定的位置。

关联式容器分为两大类:set 和 map 以及它们的衍生容器 MultiSet 和 MultiMap。两者的底层实现为平衡二叉树,通常是红黑树(RB-Tree),因为红黑树提供了很高的搜索效率。在这里重点学习几种简单常用的关联式容器的用法,具体如表 11-11 所示。

表 11-11　简单常用的关联式容器及功能

容　器　名	说　　明
set 大小可变的集合容器	支持通过键实现的快速读取
map 映像容器类	元素以键-值(key-value)对的形式组织
multiset 多重集合容器	支持同一个键多次出现的 set 类型
multimap 多重映射容器类	支持同一个键多次出现的 map 类型

说明：

- map 的元素以键值-实值（key-value）对的形式组织：键值是索引，而实值则表示所存储的数据。set 仅包含一个键，并有效地支持关于某个键是否存在的查询。set 和 map 类型的对象所包含的元素允许有不同的键，不允许为同一个键添加第二个元素。
- 如果一个键必须对应多个实例，则需使用 multimap 或 multiset 类型，这两种类型允许多个元素拥有相同的键。
- 通常，如果希望有效地存储不同值的集合，那么使用 set 容器比较合适，而 map 容器则更适用于需要存储（乃至修改）每个键所关联的值的情况。

1. 集合容器类 set

set 与 multiset 都是集合，可以存储一组相同数据类型的元素。两者的区别是 set 不允许两个元素拥有相同的键值，multiset 允许存储相同的元素。set 元素中的实值就是键值，键值就是实值；set 的所有元素都会根据元素的键值自动被排序。

（1）常用构造函数，见表 11-12。表 11-12 中列出了 set 的构造函数的功能和用法。

表 11-12　set 的构造函数功能及用法

构造函数名	说　明
set<T> s;	创建一个空的 set 集合，默认升序排序
set<T,op> s;	创建一个空的 set 集合，默认按照 op 规则排序
set<T> s(begin,end);	创建一个 set 集合，用[begin,end]区间为其初始化
set<T,op> s(begin,end);	创建一个 set 集合，用[begin,end]区间为其初始化，并排序
set<T,op> s(s1);	创建一个 set 集合，用 s1 为其初始化

例如，以下语句为 set 构造函数用法示例。

```
set<char>sa;
set<int,greater<int>()>sb;
set<double>sc(begin,end);
set<string,less<string >()>sd(begin,end);
set<char>se(sa);
```

注意：greater<T>排序规则，从大到小的顺序排列；less<T>排序规则，从小到大的顺序排列，也是默认的排序规则；两者包含在头文件 functioal 中，是一个函数对象，具体参考 11.3.1 小节。

（2）其他成员函数。

① 统计元素个数。

```
Size_type count(const key& _key) const;
```

说明：此函数返回 key 值为_key 的元素个数，实际上，由于在 set 中，相同 key 值的元素只能存在一个，所以此返回值只有 1 和 0 两种情况。

例如，以下语句为 set 统计元素个数 count 用法。

```
set<int >is;
is.insert( 1 );
is.insert( 1 );
int iCnt = is.count( 1 );          //iCnt = 1
iCnt = is.count( 2 );              //iCnt = 0
```

② 查找元素。

```
iterator find(const key & _key);
```

说明：查找一个 key 为 _key 的元素，返回所查找元素的迭代子，如果查找失败，返回值为 end 函数。

③ 比较元素。

```
key_compare key_comp() const;
```

说明：set 的 key 比较函数，用来比较两个 key 在 set 中的相对位置关系。

```
value_compare value_comp() const;
```

说明：返回 set 的 value 值比较函数，用来比较两个元素在 set 中的相对位置关系，由于 set 的 value 和 key 是同一个概念，所以这个方法实际上等同于 key_comp 函数。

例如，以下语句为 set 相对位置比较用法示例。

```
set<int, less<int >>is1;                    //由小到大排列
set<int, less<int >>::key_compare kcl1 = is1.key_comp();
bool b = kcl1( 1, 2 );                      //b = true
set<int, greater<int >>is2;                 //由大到小排列
set<int, greater<int >>::key_compare kcl2 = is2.key_comp();
b = kcl2( 1, 2 );                           //b = false
```

```
pair<iterator, iterator>equal_range( const key & _key );
```

说明：返回比 _key 值大于或者等于 _key 的一组迭代子。对于返回值的 pair 中，first 为 _key 值大于或者等于 _key 的迭代子，second 为 key 值大于 _key 的迭代子。

例如，以下语句为 set 的 key 值比较用法示例。

```
set<int >is;
pair<set<int >::iterator, set<int >::iterator >Ret;
is.insert( 0 );
is.insert( 1 );
is.insert( 2 );
Ret = is.equal_range( 1 );          //* Ret.first=1; * Ret.second=2;
Ret = is.equal_range( 2 );          //* Ret.first=2;Ret.second= is.end()
```

```
iterator lower_bound( const key & _key );
```

说明：返回大于或者等于_key 的第一个元素的迭代子。

```
iterator upper_bound( const key & _key );
```

说明：返回大于_key 的第一个元素的迭代子。

例如，以下语句为 set 的 lower_bound 和 upper_bound 比较用法示例。

```
set<int >is;
is.insert( 0 );
is.insert( 1 );
is.insert( 3 );
int i = * ( is.lower_bound( 1 ) );        //i=1
i = * ( is.lower_bound( 2 ) );            //i=3
int j = * ( is.upper_bound( 1 ) );        //j=3
j = * ( is. upper_bound ( 3 ) );          //j=无效值，因为不存在大于 3 的元素
```

④ 修改元素。

```
pair<iterator, bool>insert( const value_type& value );
```

说明：插入一个元素，如果要插入的元素的键值(key)已经存在，则返回值中的 bool 变量
为 false，迭代子变量指向原元素存在的位置；如果插入元素的 key 不存在，则 bool 值为 true，
返回新插入元素的迭代子。

【例 11-4】 编写程序，建立关联容器 set 容器，可以输入整型元素，并对其进行元素查找、
插入、删除、输出等相关操作。

```
/*程序名:exe11_4*/
#include <iostream>
#include <set>
using namespace std;
int main()
{
    int n,m;
    set<int>q;
    set<int>::iterator it;
    cout<<"请选择你要进行的操作:"<<endl;
    cout<<"1:建立 set 容器"<<endl;
    cout<<"2:元素查找"<<endl;
    cout<<"3:元素插入"<<endl;
    cout<<"4:元素删除"<<endl;
    cout<<"5:容器输出"<<endl;
    cout<<"其他:退出"<<endl;
    cout<<endl;
    cin>>m;
    while(1)
    {
        switch(m)
```

```
{   case 1:
        cout<<"请输入 set 容器元素个数:"<<endl;
        cin>>n;
        int num;
        cout<<"请输入 set 容器中每个元素:"<<endl;
        for(int i=0;i<n;i++)
        {
            cin>>num;
            q.insert(num);
        }
        cout<<"建立容器成功! "<<endl;
        break;
    case 2:
        int k;
        cout<<"请输入你要查找的元素:"<<endl;
        cin>>k;
        cout<<"输出大于等于"<<k<<"的迭代器对应元素:"<<endl;
        cout<< * q.lower_bound(k)<<endl;
                                        //返回大于等于 5 的指向该元素的迭代器
        cout<<"输出大于"<<k<<"的迭代器对应元素:"<<endl;
        cout<< * q.upper_bound(k)<<endl;    //返回大于 5 的指向该元素的迭代器
        cout<<"输出大于等于 5 的元素:"<<endl;
        it=q.find(k);
        while(it!=q.end())                 //查找某元素
        {
            cout<< * it<<" ";
            it++;
        }
        cout<<"查找成功 !"<<endl;
        break;
    case 3:
        int ins;
        cout<<"输入要插入的元素: "<<endl;
        cin>>ins;
        q.insert(ins);
        cout<<ins<<" 的个数为:"<<q.count(ins)<<endl;
        cout<<"插入成功! "<<endl;
        break;
    case 4:
        int de;
        cout<<"输入要删除的元素: "<<endl;
        cin>>de;
        q.erase(de);
        cout<<"删除成功! "<<endl;break;     //删除某个元素
    case 5:
```

```
            it=q.begin();
            cout<<"按顺序输出 set 容器中所有元素"<<endl;
            for(;it!=q.end();it++)
            {
                cout<< * it<<" ";
            }
            cout<<"输出完成！"<<endl;
            break;
        default:
            q.clear();
            exit(0);                              //清空
        }
        cout<<"请重新输入你的选择:"<<endl;
        cin>>m;
    }
    return 0;
}
```

程序运行结果如图 11-4 所示。

图 11-4　exe11_4.cpp 运行结果图

2. 多重集合容器 multiset

multiset 的行为方式和 set 非常相似,set 的所有成员函数都可以在 multiset 中使用。只不过 multiset 允许存在 key 值相同的元素。

下面介绍 multiset 的常用方法。

```
size_type count( const key & _key ) const;
```

说明：返回 key 值为 _key 的元素个数。

以下语句为 multiset 的 count 用法示例。

```
multiset<int >is;
is.insert( 0 );
is.insert( 1 );
is.insert( 1 );
is.insert( 2 );
int iCnt = is.count( 1 );        //iCnt = 2
iCnt = is.count( 2 );            //iCnt = 1
```

3. 映像容器类 map

在关联容器中，对象的位置取决于和它关联的键值。map 容器是关联容器的一种，map 不允许元素拥有相同的键值，所有元素都会根据元素的键值自动被排序，而 multimap 允许 key 相同的元素。对于特定容器类型的内部组织方式，不同的 STL 有不同的实现，键值可以是基本类型，也可以是类类型。map 的所有元素都是 pair，同时拥有键值（key）和实值（value）。pair 的第一元素被视为键值，第二元素被视为实值。

map 容器的特点如下。

- 使用平衡二叉树管理元素。
- 元素包含两部分(key、value)，key 和 value 可以是任意类型。
- 必须包含的头文件 #include <map>。
- 根据元素的 key 自动对元素排序，因此根据元素的 key 进行定位很快，但根据元素的 value 则定位很慢。
- 不能直接改变元素的 key，可以通过 operator 直接存取元素值。

（1）常用构造函数。

map 容器常用构造函数及功能如表 11-13 所示。

表 11-13 map 容器常用构造函数及功能

构造函数名	功　　能
map<k,v>m	创建一个名为 m 的空 map 对象，键和值分别为 k 和 v
map<k,v>m(m2)	创建 m2 的副本 m，m 和 m2 必须有相同的键类型和值类型
map<k,v>m(begin, end)	创建 map 类型的对象 m，存储迭代器[begin,end)内的所有元素的副本

例如，以下语句为 map 容器的常用构造函数用法示例。

```
map<int, const char* >MemberList1;
MemberList1.insert( make_pair( 0, "Mike" ) );
map<int, const char* >MemberList2( MemberList1 );
map<int, const char* >::iterator it;
it = MemberList2.find(0);
cout<<it->first<<it->second;
```

程序输出结果如图 11-5 所示。

MemberList1 中插入一个元素,键和值分别为 0 和 Mike。创建 MemberList1 的副本 MemberList2,m 和 m2 必须有相同的键类型和值类型。

图 11-5　运行结果图

(2) 其他常用成员函数。

① 查找元素。

```
iterator find( const key &_key );
```

说明:在 map 中寻找 key 为_key 的元素,返回找到元素的迭代子。

例如:

```
map<int, const char* >MemberList1;
MemberList1.insert( make_pair( 0, "Mike" ) );
MemberList1.insert( make_pair( 1, "Tom" ) );
MemberList1.find( 0 );              //找到的是(0,"Mike")这个元素
```

② 插入元素。

```
pair<iterator, bool>insert( const value_type &_val )
```

说明:插入一个元素,如果此元素不存在,返回值 pair 中的 bool 值为 true,否则为 false,pair 中的 first 表示插入元素的迭代子。

例如,以下语句为 map 容器的插入函数用法示例。

```
map<int, string >MemberList1;
typedef map<int, string >::iterator MapIt;
pair<MapIt, bool >Ret;
Ret = MemberList1.insert( make_pair( 0, string("Mike" ) ) );
    //此时 * Ret.first = (0,"Mike"), Ret.second = true;
Ret = MemberList1.insert( make_pair( 1, string ("Tom" )) );
    //此时 * Ret.first = (1,"Tom"), Ret.second = true;
Ret = MemberList1.insert( make_pair( 1, string("Mary" )) );
    //此时 * Ret.first = (1,"Tom"), Ret.second = false;
```

③ 比较元素。

```
key_compare key_comp() const;
```

说明:返回 map 的 key 值比较函数,用来判断两个 key 值在 map 中的相对位置。

例如,以下语句为 map 容器的 key 值比较用法示例。

```
map<int, string >MemberList;
map<int, string >::key_compare kcl;
kcl = MemberList.key_comp();
bool b = kcl( 1, 2 );               //b = true
b = kcl( 2, 1 );                    //b = false;
```

```
value_compare value_comp() const;
```

说明：返回 map 的 value 元素比较函数，用来判断两个元素在 map 中的相对位置。此函数实际上还是通过比较两个元素的 key 值来确定它们的位置关系的。

例如，以下语句为 map 容器的位置比较函数用法示例。

```
map<int, string >MemberList;
typedef map<int, string >::value_compare VALUE_COMP;
VALUE_COMP vcl=MemberList. value_comp();
bool b = vcl (make_pair(0, string("Mike")),
make_pair(1, string("Tom")));          //此时 b = true
b = vcl (make_pair(1,string( "Tom" )),
make_pair(0,string( "Mike")));          //此时 b = false
```

④ operator[]访问元素实值

```
Type &operator [](const key & _key);
```

说明：在 map 中也提供了 operator[]，此重载操作符用于改变下标为_key 的元素的实值。

例如，以下语句为 map 容器的位置比较函数用法示例。

```
map<int, string >MemberList;
MemberList.insert( make_pair( 0, string("Mike") ) );
MemberList.insert( make_pair( 1, string("Tom") ) );
                              //此时 Key 为 1 的元素实值为"Tom"
map<int, string >::iterator it;
it = MemberList.find( 1 );
MemberList[ it->first ] = "Mary";      //此时 Key 为 1 的元素实值为"Mary"
```

注意：pair 类型的介绍如下。

- pair 类型与容器一样，也是一种模板类型。但与之前介绍的容器不同，在创建 pair 对象时，必须提供两个类型名，即 pair 对象所包含的两个数据成员各自对应的类型名字，这两个类型不必相同。pair 类型定义在 utility 头文件中。
- pair 类型提供的操作如下。
  - pair<T1,T2>p1：创建一个空的 pair 对象，两个元素分别是 T1 和 T2 类型，采用值初始化。
  - pair<T1,T2>p1(v1,v2)：创建一个 pair 对象，其中 first 成员初始化为 $v1$，second 成员初始化为 $v2$。
  - make_pair(v1,v2)：以 $v1$ 和 $v2$ 值创建一个新的 pair 对象。
  - p1<p2 两个 pair 对象之间的小于运算，其定义遵循字典次序。
  - p1==p2：如果两个 pair 对象的 first 和 second 成员一次相等，则这两个对象相等。
  - p.first：返回 p 中的名为 first 的共有数据成员。
  - p.second：返回 p 中的名为 second 的共有数据成员。

【例 11-5】 编写程序,对我国部分省份与面积建立映射关联容器类,并演示效果。

```
/*程序名:exe11_5*/
#include<iostream>
#include<map>
#include<string>
using namespace std;
typedef map<string,double,less<string>>mappro;       //>>之间必须有空格
int main(){
    int  i;
    string provinces[]={"Jiangsu","Zhejiang","Anhui","Henan", "Xinjiang"};
    double areas[]={10.26,10.18,13.96,16.7,166};
    mappro mapprovinces;
    mappro::iterator iter;
    for(i=0;i<5;i++) mapprovinces[provinces[i]]=areas[i];
    mapprovinces.insert(mappro::value_type("Guangdong",17.98));
    mapprovinces.insert(mappro::value_type("Shanxi",20.58));
    mapprovinces.insert(mappro::value_type("Heilongjiang",46));
    mapprovinces.insert(mappro::value_type("Taiwan",3.6));
    mapprovinces.insert(mappro::value_type("Yunnan",39.4));
    for(iter=mapprovinces.begin();iter!= mapprovinces.end();iter++)
        cout<<iter->first<<'\t'<<iter->second<<'\n';
    system("pause");
    return 0;
}
```

程序运行结果如图 11-6 所示。

4. 多重映射容器类 multimap

multimap 的行为方式与 map 几乎一致,只是 multimap 允许多个的元素拥有相同的键值。对于 multimap 在这里就不进行介绍了,除了 operator[],map 的所有方法均可应用于 multimap。multimap 和 map 的区别就是 multimap 允许相同 key 值的元素,而 map 则不允许。

图 11-6 exe11_5.cpp 运行结果图

11.2.4 容器适配器

为了更好地使用 3 种标准顺序容器,STL 还设计了 3 种容器适配器(container adapter):队列(queue)、优先队列(priority queue)和栈(stack)。容器适配器可以将顺序容器转换为另一种容器,也就是以顺序容器为基础,将其转换为新的容器。转换后的新容器将具有新的特殊操作要求。三种顺序容器适配器及功能如表 11-14 所示。

表 11-14 三种顺序容器适配器及功能

种　类	默认顺序容器	可用顺序容器	说　明
stack	deque	vector、list、deque	
queue	deque	list、deque	基础容器必须提供 push_front()运算
priority_queue	vector	vector、deque	基础容器必须提供随机访问功能

例如,stack<int,vector<int> >实现了栈的功能,但其内部使用顺序容器 vector<int>来
存储数据(相当于 vector<int>表现出了栈的行为)。要使用适配器,需要加入以下头文件:

```
#include <stack>                    //stack
#include<queue>                     //queue,priority_queue
```

1. stack

在一端插入元素,在同一端删除元素,具有先进后出(first in, last out,FILO)的特性。
必须包含头文件:#include<stack>。主要核心函数如下:

```
push(value)                    //将元素压栈
top()                          //返回栈顶元素的引用,但不移除
pop()                          //从栈中移除栈顶元素,但不返回
```

【例 11-6】 编写程序,读入一系列单词存储在 stack 中,然后再显示输入的单词。

```cpp
/*程序名:exe11_6*/
#include <iostream>
#include <stack>
#include <string>
using namespace std;
int main()
{
    stack<string>words;
    string str;
    cout<<"Enter some words(Ctrl +Z to end):"<<endl;
    while(cin >>str)
    {
        words.push(str);
    }
    while(words.empty() == false)
    {
        cout<<words.top()<<endl;
        words.pop();
    }
    return 0;
}
```

程序运行结果如图 11-7 所示。

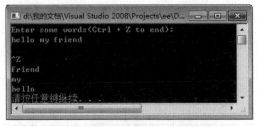

图 11-7　exe11_6.cpp 运行结果图

2. queue

在一端插入元素,在另一端取出元素,具有先进先出(first in, first out, FIFO)的特性,插入和删除都较快。必须包含头文件: #include <queue>。

3. priority_queue

以某种排序准则(默认为 less)管理队列中的元素,必须包含头文件: #include <queue>。

每个元素都有一个优先级,元素按优先级的顺序从队列中被删除,如果优先级相同,则仍然遵循先进先出的规则。插入和删除都比一般的简单队列慢,因为必须对元素重新调整顺序,以支持按优先级排序。需要一个带优先级的 FIFO 结构时使用优先队列。

【例 11-7】 编写程序,创建一个 queue 队列,取队头元素、队尾元素及队列元素输出操作。

```
/*程序名:exe11_7*/
#include<iostream>
#include<queue>
using namespace std;
template<class T>
void print(queue<T>&q)
{
  if(q.empty())                              //判断队列是否空
    cout<<"Queue is empty!"<<endl;
  else  {
    int j=q.size();
      for(int i=0; i<j;i++) {
        cout<<q.front()<<" ";
        q.pop();                             //出队列
      }
      cout<<endl;
  }
}
int main()
{
  queue<int>  q;                             //创建队列
  q.push(1);                                 //进队列
  q.push(2);
  q.push(3);
  q.push(4);
   //取队头元素
  cout<<"The first element is : "<<q.front()<<endl;
   //取队尾元素
  cout<<"The last element is : "<<q.back()<<endl;
  cout<<"The queue is : "<<endl;
  print(q);
    return 0;
}
```

程序运行结果如图 11-8 所示。

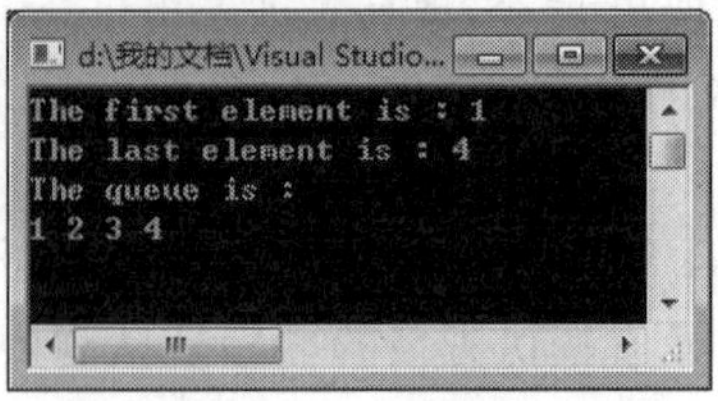

图 11-8 exe11_7.cpp 运行结果图

11.3 STL 算法

STL 中提供能在各种容器中通用的算法,比如查找、排序、复制、数值运算等。算法就是一个个函数模板。算法通过迭代器来操纵容器中的元素。

算法可以处理容器,也可以处理普通数组。许多算法可以对容器中的一个局部区间进行操作,因此需要两个参数,一个是起始元素的迭代器,另一个是终止元素的后面一个元素的迭代器。

STL 的算法是全局函数,具备以下特点。

- 明确划分数据和操作。
- 泛型函数式编程模式。
- 所有算法可以对所有容器适用,甚至可以操作不同类型容器的元素。
- 算法头文件主要有:

```
#include <algorithm>
#include <numeric>
```

11.3.1 函数对象

如果一个类将()运算符重载为成员函数,这个类就称为函数对象类,这个类的对象就是函数对象。函数对象是一个对象,但是使用的形式看起来像函数调用,实际上也执行了函数调用。

在 STL 中,函数对象是由模板类产生的对象,产生函数对象的模板类只有一个用于重载的 operator 函数,所以在使用 STL 中的函数对象时,必须传入数据类型。

STL 中包含许多预定义的函数对象,必须包含头文件 #include<functional>,大致上分为以下三类。

(1) 算术操作:plus、minus、multiplies、divides、modulus 和 negate。

(2) 比较操作:equal_to、not_equal_to、greater、less、greater_equal 和 less_equal。

(3) 逻辑操作:logical_and、logical_or 和 logical_not。

例如,以下 sort 语句使用了函数对象。

```
vector<double>  vec_total;              //对 vector 内的 score 数据元素进行排序
sort(vec_total.begin(),vec_total.end(),greater<double>());
```

vec_total 是一个容纳 double 类型数据的 vector 容器,使用函数对象 greater 时,所传入的数据类型也必须是 double 类型。算法 sort 的第 3 个模板参数:greater<double>,表示函数对象 greater 的模板类使用了 double 数据类型。

【例 11-8】 编写程序,自定义函数对象 operator 并使用。

```
/*程序名:exe11_8*/
#include <iostream>
using namespace std;
class CAverage
{
  public:
    double operator()(int a1, int a2, int a3)
    {   //重载()运算符
        return (double)(a1 +a2 +a3) / 3;
    }
};
int main()
{
    CAverage average;                  //能够求三个整数平均数的函数对象
    cout <<average(3, 2, 3);           //等价于 cout <<average.operator(3, 2, 3);
    return 0;
}
```

程序运行结果如图 11-9 所示。

程序说明:

- ()是参数数目不限的运算符,因此重载为成员函数时,有多少个参数都可以。

- average 是一个对象,average(3,2,3)实际上就是 average.operator(3,2,3),average 为函数对象。

图 11-9　exe11_8.cpp 运行结果图

11.3.2　for_each 算法

for_each 算法是 STL 提供的一种遍历算法,可以用来遍历 STL 容器中的元素,包含在 <algorithm> 头文件中,其调用格式如下:

```
for_each(iterator,iterator,callback);
```

其中,前两个参数列表是遍历容器的迭代器,第三个参数对应的是回调函数,回调函数的原理是将参数传递至相应的函数体,再进行操作。

【例 11-9】 编写程序,结合向量 vector,运用 for_each 算法对基本数据类型和自定义数据类型进行遍历,掌握 for_each 算法的使用方法。

```
/*程序名:exe11_9*/
#include<iostream>
```

```cpp
#include<algorithm>
#include<vector>
using namespace std;
void Print(int val)
{
    cout <<val <<" ";
}
//基本数据类型遍历算法
void test1()
{
    vector<int>v;
    v.push_back(1);
    v.push_back(2);
    v.push_back(3);
    v.push_back(4);
    v.push_back(5);
    for_each(v.begin(),v.end(),Print);
}
//自定义数据类型 for_each 遍历
class Person{
  public:
      Person(int a,int b):index(a),age(b){}
  public:
      int age;
      int index;
};
void Print2(Person &p)
{
    cout <<"index:" <<p.index <<" " <<"age:" <<p.age <<endl;
}
void test2()
{
    vector<Person>vp;
    Person p1(1,4),p2(2,5),p3(3,6);
    vp.push_back(p1);
    vp.push_back(p2);
    vp.push_back(p3);
    for_each(vp.begin(),vp.end(),Print2);
}
int main()
{   test1();                //或 test2();
    return 0;
}
```

程序运行结果如图 11-10 和图 11-11 所示。

图 11-10　exe11_9.cpp test1()运行结果图 1　　　图 11-11　exe11_9.cpp test2()运行结果 2

11.3.3　find 算法

　　find 算法用于查找等于某值的元素。它在迭代器区间[beg, end)(闭开区间)上查找等于 value 值的元素,如果迭代器 i 所指的元素满足 * i=value,则返回迭代器 i;未找到满足条件的元素,则返回 end。

　　具体格式如下:

```
find (InputIterator beg,InputIterator end, const T& value)
    //返回区间中第一个"元素值等于 value"的元素位置
find_if (InputIterator beg,InputIterator end, Predicate op)
    //返回区间中第一个"使 op 结果为 true"的元素位置,如果没有找到匹配元素,返回 end
```

说明:

- find 算法为在输入迭代器所定义的范围内查找单个对象的算法,它可以在前两个参数指定的范围内查找和第三个参数相等的第一个对象。find 算法会返回一个指向被找到对象的迭代器,如果没有找到对象,会返回这个序列的结束迭代器。
- find_if 算法是利用返回布尔值的谓词判断 op,检查迭代器区间[beg, end)(闭开区间)上的每一个元素,如果迭代器 i 满足 op(* i)=true,表示找到元素并返回迭代值 i(找到的第一个符合条件的元素);未找到元素,返回末位置 end。

　　【例 11-10】　编写程序,反复调用 find 函数来找出这个序列中所有给定元素的匹配项,并计数。

```
/ * 程序名:exe11_10 * /
#include<vector>
#include<iostream>
#include<iterator>
#include<algorithm>
using namespace std;
int main()
{   int count=0;
    int five=5;
    int a[10]={5, 46, -5, -6, 23, 17, 5, 9, 6, 5};
    vector<int>numbers(a,a+10);
    vector<int>::iterator start_iter = numbers.begin();
    vector<int>::iterator end_iter = numbers.end();
    while((start_iter = find(start_iter, end_iter, five)) != end_iter)
```

```
    {
        ++count;
        ++start_iter;
    }
    cout <<five <<" was found " <<count <<" times." <<endl;     //3 times
}
```

程序运行结果如图 11-12 所示。

程序说明：

图 11-12　exe11_10.cpp 运行结果图

- 在 while 循环中，count 变量会通过自增来记录 five 在 vector 容器 numbers 中的被发现次数。循环表达式调用 find 函数，在 start_iter 和 end_iter 定义的范围内查找 five。

- find 函数返回的迭代器被保存在 start_iter 中，它会覆盖这个变量先前的值。最初，find 函数会搜索 numbers 中的所有元素，因此 find 函数会返回指向 five 的第一个匹配项的迭代器。

- 每次找到 five，循环体中的 start_iter 都会自增，因此它会指向被找到元素的后一个元素。所以，下一次遍历搜索的范围是从这个位置到序列末尾。

11.3.4　merge 算法

merge 算法可以将两个有序的序列合并为一个有序的序列。

具体格式如下：

```
merge(first1,last1,first2,last2,result,compare);
```

说明：

- first1 为第一个容器的首迭代器，last1 为第一个容器的末迭代器，first2 为第二个容器的首迭代器，last2 为容器的末迭代器。

- result 为存放结果的容器，compare 为比较函数（可略写，默认合并为一个升序序列）。

【例 11-11】 编写程序，利用 merge 算法合并两个整型 vector 向量，具体代码如下。

```
/*程序名:exe11_11*/
#include <iostream>
#include <algorithm>
#include <vector>
using namespace std;
int main()
{   vector<int >x;
    x.push_back(1);
    x.push_back(6);
    x.push_back(9);
    x.push_back(10);
    vector<int >y;
    y.push_back(2);
    y.push_back(7);
```

```
        y.push_back(8);
        y.push_back(12);
        y.push_back(13);
        vector< int >resx;
        resx.resize(10);
        cout<<"start to"<<endl;
        merge(x.begin(),x.end(),y.begin(),y.end(),resx.begin());
        cout<<"start ..."<<endl;
        for (int i=0; i<resx.size(); i++)
        {         cout<<resx[i]<<" ";         }
        cout<<"end to"<<endl;
        cout<<endl;
}
```

程序运行结果如图 11-13 所示。

图 11-13   exe11_11.cpp 运行结果图

11.3.5   sort 算法

sort 算法只能对提供随机访问迭代器的容器区间内的所有元素进行排序。
具体格式如下：

```
sort(beg, end)
sort(beg, end, op)
```

说明：
- 不带 op 参数的版本使用<（"小于"运算符）对区间[beg，end)内的所有元素排序。
- 带 op 参数的版本使用 op(elem1,elem2)为准则对区间[beg，end)内的所有元素排序。

上述例子中，系统自己为 sort 提供了 less 函数对象。在 STL 中还提供了其他函数对象，
参考表 11-15。

表 11-15   sort 比较规则函数对象列表

名　　称	功 能 描 述	名　　称	功 能 描 述
equal_to	相等	greater	大于
not_equal_to	不相等	less_equal	小于或等于
less	小于	greater_equal	大于或等于

【例 11-12】 编写程序,建立 vector 对象,利用 sort 算法对容器中的元素进行升序和降序
排序。

```
/*程序名:exe11_12*/
#include<iostream>
#include<vector>
#include<algorithm>
#include<functional>
using namespace std;
int main()
{
    vector<int>ve;
    ve.push_back(4);
    ve.push_back(78);
    ve.push_back(33);
    ve.push_back(5);
    unsigned i;
    cout<<endl<<"排序前:"<<endl;
    for(i=0;i<ve.size();i++)
    {   cout<<ve[i]<<" ";
    }
    cout<<endl<<"升序排序:"<<endl;
    sort(ve.begin(),ve.end(),less<int>());        //与上等价
    for(i=0;i<ve.size();i++)
    {   cout<<ve[i]<<" ";
    }
    cout<<endl<<"降序排序:"<<endl;
    sort(ve.begin(),ve.end(),greater<int>());     //与上等价
    for(i=0;i<ve.size();i++)
    {   cout<<ve[i]<<" "<<endl;
    }
    return 0;
}
```

程序运行结果如图 11-14 所示。

图 11-14   exe11_12.cpp 运行结果图

11.4　STL 迭代器

11.4.1　迭代器的定义和种类

1. 迭代器的定义

迭代器也称为迭代子或游标,是一种泛型指针。迭代器在 STL 中用来将算法和容器联系起来,几乎 STL 提供的所有算法都是通过迭代器存取元素序列来进行工作。程序员通过迭代器以相同的方式处理不同的数据结构(容器)。

每一个容器都定义了其本身所专有的迭代器,用于存取容器中的元素。迭代器部分主要由头文件<utility>、<iterator>和<memory>组成,用于指向顺序容器和关联容器中的元素。

定义一个容器类的迭代器的方法有 const 和非 const 两种。迭代器用法和指针类似,通过 const 迭代器可以读取它指向的元素,但不能修改;通过非 const 迭代器能修改其指向的元素。

具体格式如下:

```
容器类名::iterator 变量名;
容器类名::const_iterator 变量名;
```

例如:

```
vector<int>::iterator iter;
```

该语句定义了一个名为 iter 的变量,它的数据类型是 vector<int>定义的 iterator 类型。

> **注意:**
> - Iterator:以"读/写"模式遍历元素。
> - const_iterator:以"只读"模式遍历元素。

2. 迭代器的种类

(1) 输入迭代器。输入迭代器可用于读取容器中的元素,但是不能保证支持容器的写入操作。输入迭代器只用于顺序访问。对于一个输入迭代器来说,＊it＋＋保证是有效的,但递增它可能导致所有其他指向流的迭代器失效。其结果是,不能保证输入迭代器的状态可以保存下来并用来访问元素。因此,输入迭代器只能用于单遍扫描算法。算法 find 和 accumulate 要求输入迭代器。istream_iterator 是一种输入迭代器。

(2) 输出迭代器。输出迭代器可以视为与输入迭代器功能互补的迭代器;输出迭代器可用于向容器写入元素,但是不能保证支持读取容器内容。输出迭代器可以要求每个迭代器的值必须正好写入一次。使用输出迭代器时,对于指定的迭代器值应该使用一次 ＊ 运算,而且只能用一次。类似输入迭代器,输出迭代器只能用于单遍扫描算法,一般用作算法的第三个实参,标记起始写入的位置。

(3) 前向迭代器。前向迭代器用于读写指定的容器。这类迭代器只会以一个方向遍历序列。

前向迭代器支持输入迭代器和输出迭代器提供的所有操作,除此之外,还支持对同一个元素的多次读写。可复制前向迭代器来记录序列中的一个位置,以便将来返回此处。需要前向迭代器的泛型算法包括 replace。

（4）双向迭代器。双向迭代器从两个方向读写容器。除了提供前向迭代器的全部操作外,双向迭代器还提供前置和后置的自减运算（－－）。需要使用双向迭代器的泛型算法包括 reverse。所有标准库容器提供的迭代器都至少达到双向迭代器的要求。

（5）随机访问迭代器。随机访问迭代器提供在常量时间内访问容器任意位置的功能。

该五种迭代器之间的关系图如图 11-15 所示。

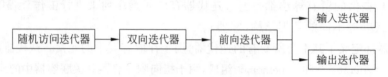

图 11-15　五种迭代器之间的关系图

箭头表示左边的迭代器一定满足右边的迭代器需要的条件。比如,某个算法需要一个双向迭代器,则可以把一个随机存取迭代器（random access iterator）作为参数;但反之不行。每种迭代器均可进行箭头右边的迭代器能进行的操作。

除了输出迭代器,其他类别的迭代器形成了一个层次结构:需要低级类别迭代器的地方,可使用任意一种更高级的迭代器。对于需要输入迭代器的算法,可传递前向、双向或随机访问迭代器调用该算法。调用需要随机访问迭代器的算法时,必须传递随机访问迭代器（见表 11-16）。

表 11-16　迭代器类型及相关功能

迭代器类型	功　　能
input iterator（输入迭代器）	读,不能写;只支持自增运算
output iterator（输出迭代器）	写,不能读;只支持自增运算
forward iterator（前向迭代器）	读和写;只支持自增运算
bidirectional iterator（双向迭代器）	读和写;支持自增和自减运算
random access iterator（随机访问迭代器）	读和写;支持完整的迭代器算术运算

只有顺序容器和关联容器支持迭代器遍历,各容器支持的迭代器的类别如表 11-17 所示。

表 11-17　各容器支持的迭代器的类别

容　　器	支持的迭代器的类别
vector	随机访问
deque	随机访问
list	双向
set	双向
multiset	双向
map	双向
multimap	双向

续表

容　　　器	支持的迭代器的类别
stack	不支持
queue	不支持
priority_queu	不支持

11.4.2　迭代器的用法

1. begin 和 end 操作

每种容器都定义了一对命名为 begin 和 end 的函数,用于返回迭代器。

begin：返回一个迭代器,指向第一个元素。

end：返回一个迭代器,指向最后一个元素之后。

半开区间[beg, end)的好处：

- 为遍历元素时,循环的结束时机提供了简单的判断依据(只要未到达 end,循环就可以继续)。

- 不必对空区间采取特殊处理(空区间的 begin 就等于 end)。

```
vector<int>::iterator iter = ivec.begin();
```

2. vector 迭代器的自增和解引用运算

迭代器类型定义了一些操作来获取迭代器所指向的元素,并允许程序员将迭代器从一个元素移动到另一个元素。

迭代器类型可使用解引用操作符 * 来访问迭代器所指向的元素：

```
* iter = 0;
```

说明：

- 解引用操作符返回迭代器当前所指向的元素。

- 假设 iter 指向 vector 对象 ivec 的第一元素,那么 * iter 和 ivec[0] 就是指向同一个元素。上面这个语句的效果就是把这个元素的值赋为 0。

迭代器使用自增操作符向前移动迭代器指向容器中的下一个元素。从逻辑上说,迭代器的自增操作和 int 型对象的自增操作类似。对 int 来说,操作结果就是把 int 型值"加 1",而对迭代器对象则是把容器中的迭代器"向前移动一个位置"。因此,如果 iter 指向第一个元素,则 ++iter 指向第二个元素。

3. 迭代器的比较操作

用 == 或 != 操作符来比较两个迭代器,如果两个迭代器对象指向同一个元素,则它们相等,否则就不相等。

例如,假设已声明了一个 vector<int> 型的 ivec 变量,要把它所有元素值重置为 0。

方法一：用下标操作来完成。for 循环定义了一个索引 ix,每循环迭代一次 ix 就自增 1。for 循环体将 ivec 的每个元素赋值为 0。

```
for (vector<int>::size_type ix = 0; ix != ivec.size(); ++ix)
          ivec[ix] = 0;
```

方法二：用迭代器来编写循环体。

```
for (vector<int>::iterator iter = ivec.begin();iter != ivec.end(); ++iter)
        * iter = 0;
```

4. 迭代器的算术操作

除了迭代器增量操作符外，随机迭代器或 vector 迭代器也支持其他算术操作。例如：

```
iter +n
iter -n
```

- 可以对迭代器对象加上或减去一个整型值。
- 这样做将产生一个新的迭代器，其位置在 iter 所指元素之前（加）或之后（减）n 个元素的位置。加或减之后的结果必须指向 iter 所指 vector 中的某个元素，或者是 vector 末端的后一个元素。
- 加上或减去的值的类型应该是 vector 的 size_type 或 difference_type 类型。

11.4.3　流迭代器

流迭代器的思想是将输入/输出流当作序列，用迭代器去遍历。可以是一个读出流（如果它是一个输入流迭代器），或写入流（如果它是输出流迭代器）。

流迭代器只能将给定类型的数据传送到流中，或者从流中读取给定类型的数据。如果想用流迭代器来传送一系列不同类型的数据项，就必须将这些数据项打包到一个单一类型的对象中，并保证这种类型存在流插入或流提取运算符。

流迭代器主要有以下四类。

- ostream_iterator：输出流迭代器，用于向 ostream 流写入数据。
- istream_iterator：输入流迭代器，用于向 istream 流读取数据。
- ostreambuf_iterator：输出流缓冲区迭代器，用于向流缓冲区写入数据。
- istreambuf_iterator：输入流缓冲区迭代器，用于向流缓冲区读取数据。

由于 ostream_iterator 和 istream_iterator 这两类迭代器比较常用，所以下面详细讲解一下这两个迭代器。

1. 输入流迭代器

定义在 iterator 头文件中的 istream_iterator 模板会用提取运算符>>从流中读入 T 类型的值。对于这些工作，必须有一个从 istream 对象读取 T 类型值的 operator>>() 函数的重载版本。因为输入流迭代器 istream_iterator 是一个输入迭代器，它支持输入迭代器的所有操作。

其构造函数如下：

```
istream_iterator(istream &in);
```

说明：

- 参数 in 是要从中读取数据的流。

- istream_iterator 对象有复制构造函数,可以通过传入一个输入流对象到构造函数来生成一个对象。

一般用两个流迭代器来从流中读取全部的值:指向要读入的第一个值的开始迭代器,以及指向流的末尾的结束迭代器。在输入流的文件结束状态(End-Of-File,EOF)被识别时,就可以结束迭代器。

例如,下面是一个生成输入流迭代器的示例。

```
istream_iterator<string>in {cin};        //Reads strings from cin
istream_iterator<string>end_in;           //End-of-stream iterator
//默认构造函数会生成一个代表流结束的对象,也就是当 EOF 被识别时的对象
```

2. 输出流迭代器

输出流迭代器用于向流中写入数据,是由 ostream_iterator 模板定义的。ostream_iterator 能够将任意 T 类型对象写入文本模式输出流的输出迭代器上,只要 T 类型的对象实现了将 T 类型对象写入流中的 operator<<()。

构造函数有以下两种形式:

```
ostream_iterator(ostream& out);
ostream_iterator(ostream& out,const char * delimiter);
```

说明:

- 第一个构造函数可省略第二个参数,它会生成一个写对象时后面不跟分隔符的迭代器。
- 第二个构造函数会作为第一个参数的 ostream 对象的输出流,生成一个开始迭代器,第二个参数是分隔符字符串。输出流对象会在每个被它写入流中的对象的后面写分隔符字符串。

【例 11-13】 编写程序,结合输入/输出迭代器读取及写入字符串代码。

```
/ * 程序名:exe11_13 * /
#include<vector>
#include<iostream>
#include<iterator>
#include<string>
using namespace std;
int main(void)                          //用输入迭代器把输入值添加到容器
{
    cout <<"Enter one or more words. Enter ! to end:"<<endl;
    istream_iterator<string>in(cin);    //Reads strings from cin
    vector<string>words;
    while(true)
    {
        string word = * in;
        if(word == "!") break;
        words.push_back(word);
```

```
    ++in;
    }
    cout <<"You entered " <<words.size() <<"words." <<endl;
                                    //用输出流迭代器把容器中的数据输出
    copy(words.begin(),words.end(),ostream_iterator<string>(cout," "));
    system("pause");
    return 0;
}
```

程序运行结果如图 11-16 所示。

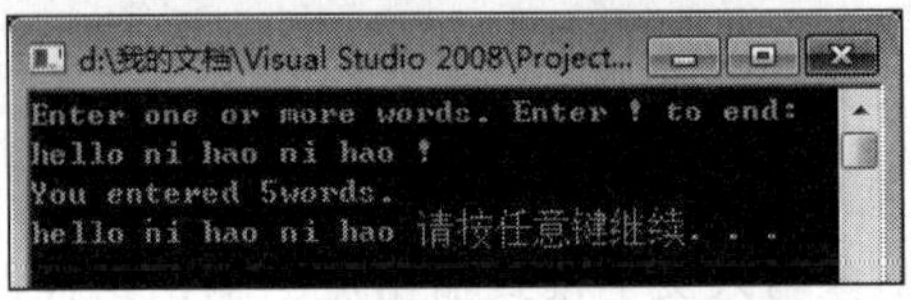

图 11-16 exe11_13 运行结果图

程序说明：

- 循环从标准输入流中读取单词，并把它们添加到 vector 容器中，直到按下回车键。表达式 *in 的值是从底层流读到的当前 string 对象。++in 会导致从流中读取下一个 string 对象，并保存到这个迭代器中。

- copy 的第三个参数是创建输出 string 类型数据的输出迭代器，它将数据输出到流中，作为分隔符，整个作用是将[words.begin()，words. end ())区间的数据用输出流输出到屏幕。

11.5 应用实例

案例 11-1：vector 应用

1. 案例要求

循环输入学生的原始成绩，当输入－1 时结束输入，并将其转换为标准分进行输出。

案例 11-1 实现

2. 案例分析

学生的成绩一般是原始成绩，要将学生的成绩转换为标准分，必须首先比较所有学生的成绩，取得最高分，将学生原始成绩除以最高分，然后乘以 100。

由于程序没有给出学生人数，所以采用向量作为数据存储结构，因为向量的元素个数可以自动地动态增长。

案例 11-2：STL 算法综合应用

1. 案例要求

员工的月总工资主要由基本工资、项目提成两部分组成。月总工资由基本工资(发 80%)、项目提成(发 60%)这两部分之和组成。计算员工总工资并排序

案例 11-2 实现

后输出。

2. 案例分析

将员工的基本工资、项目提成均放置在 vector 向量中,月总工资通过 transform 及函数对象 plus<double>按比例相加计算,并利用 sort()算法进行排序,for_each 算法进行输出。

第 11 章小结　　　　　　第 11 章自测题自由练习　　　第 11 章简答题及参考答案

第 ⑫ 章

异 常 处 理

大型程序和十分复杂的程序在运行过程中往往会产生一些很难查找,甚至是无法避免的错误,如被除零、指针指向不明确、请求的文件不存在等。当出现运行错误时,应保证程序能够继续运行并找出错误来源,而不是简单地结束运行程序。为此,C++引入了异常处理(exception handling)机制,可以发现预期的与非预期的问题,使开发人员能识别、捕捉和定位错误(bug)。面向对象的异常处理机制主要包含抛出异常、捕获异常,以及对异常进行处理。该处理机制增强了系统的健壮性和可靠性,保证程序的高容错性。

本章首先讲解 C++异常处理的概念,让读者对异常处理有一个基本的认识,了解异常处理的运行过程。接着讲解常用的异常类及如何自定义异常类,理解多重异常的捕获及重抛出,并通过大量的实例解释异常处理的过程。

学习目标:
- 了解异常处理的概念及特点。
- 掌握 throw、try、catch 的用法。
- 了解常用的异常类。
- 理解自定义异常类。
- 理解多重异常的捕获。
- 理解异常的传播。
- 掌握重抛出异常。

12.1 异常处理的概述

12.1.1 异常的概念

异常(exception)是指程序可能检测到的,运行时不正常的情况,如存储空间耗尽、数组越界、被 0 除、打不开文件等。当程序出现异常情况时,应立即处理,否则会造成程序错误甚至出现系统崩溃的现象。下面的程序将会产生异常。

```
#include<iostream>
using namespace std;
void main()
{
    int num[4] = {2, 3, 6, 8};
    int c = 0;
    int d = num[2] / c;
```

```
        cout <<d;
    }
```

对于这些异常,如果程序不进行适当的处理,将会对程序造成严重后果。C++ 提供了一些内置的语言特性来产生(raise)或抛出(throw)异常,用以通知"异常已经发生",然后由预先安排的程序段来捕获(catch)异常,并对它进行处理。C++ 异常可分为以下两类:一类是可预知异常,另一类是不可预知异常。对于可预知异常,在编写程序时应编写相应的预防代码,以防异常发生时对程序造成不良后果;对于不可预知异常,也应该利用 C++ 语言特性作出合理响应。

12.1.2　异常的分类

在进行异常处理之前,首先应该明白异常主要分为哪些类型。常见异常情况分为以下两种。

(1) 语法错误(编译错误)。例如变量未定义、括号不匹配、关键字拼写错误等,即编译器在编译时能发现,而且可以及时知道出错的位置及原因、方便改正的错误。

(2) 运行时错误。例如数组下标越界、系统内存不足等。这类错误不易被程序员发现,它能通过编译且能进入运行,但运行时会出错,导致程序崩溃。

为了有效地处理程序运行时的错误,C++ 引入异常处理机制来解决此问题。

12.2　异常处理机制

12.2.1　异常处理的基本概念

异常处理的基本思想是:若在执行一个函数的过程中发现异常,可以不用在本函数内立即进行处理,而是抛出该异常,让函数的调用者直接或间接处理这个问题。C++ 异常处理机制由三个模块组成:try(检查)、throw(抛出)、catch(捕获)。

> **注意**:try、catch 和 throw 关键字在 C 程序中是不被允许的。

1. 抛出异常

如果程序发生异常情况,而在当前程序块的上下文环境中无法获取该异常的处理的完整信息,程序将创建一个包含错误信息的对象,并将该对象抛出当前环境,即将错误信息发送到更大的上下文环境中,这称为抛出异常,是通过使用 throw 关键字来完成的。

2. 捕获异常

对于一个抛出的异常,如果某个模块能够处理,那么这个处理过程则称为捕捉异常。catch 关键字用于捕获异常。

3. 检查异常

try 模块包含了可能出现异常的语句,如果在程序运行的过程中出现错误,该模块就会通过 throw 语句抛出异常。try 模块后面可以跟随一个或多个 catch 语句,用于捕捉不同类型的异常。

4. C++ 异常处理机制过程

C++ 异常处理机制就是利用 try、throw、catch 模块进行异常的处理,异常处理机制过程如下。

(1) 将可能抛出异常的程序段嵌在 try 块中。程序控制通过正常的顺序执行到达 try 语句,然后执行 try 块内的保护段。

(2) 如果在保护段执行期间没有引起异常,那么跟在 try 块后的 catch 语句块就不执行。程序从 try 块后跟随的最后一个 catch 子句后面的语句继续执行下去。

(3) 如果程序遇到错误,就会通过 throw 语句抛出一个异常。异常抛出后,查找与该异常匹配的 catch 语句块。

(4) catch 语句块按其在 try 语句块后出现的顺序检查。如果存在合适的 catch 块,程序转到 catch 块进行异常处理;如果未找到合适的 catch 块,则沿着函数调用向上层继续查找;如果一直向上查找直到 main 函数,还未捕捉到该异常,则该异常称为"未捕获异常"。对于未捕获异常的处理详见 12.2.2 小节。

(5) 如果匹配的处理器未找到,则运行函数 terminate 将被自动调用,其缺省功能是调用 abort 终止程序。

12.2.2 异常处理语句

1. 异常声明格式

异常声明的格式如下:

```
try
{
    //保护代码
}
catch( ExceptionName e1 )          //捕获特定类型的异常
{
    //catch 块
}
...
catch( ExceptionName eN )
{
    //catch 块
}
```

2. 检测异常(try 语句块)

如果在函数内(或在函数调用时)抛出一个异常,程序将在异常抛出时退出函数。如果不想在异常抛出时退出函数,可在函数内创建一个特殊块用于解决实际程序中的问题。由于可通过这个特殊块测试各种函数的调用,所以它被称为测试块。测试块为普通作用域,由关键字 try 引导,格式如下:

```
try {
    //可能产生异常的语句块
  }
```

3. 异常处理(catch 语句块)

```
try {
    //可能产生异常的语句块
}
catch(异常类型 1)
{
    类型 1 的异常处理
}
catch(异常类型 2)
{
    类型 2 的异常处理
}
...
```

一个函数中可以有多个 try catch 结构块,用于捕捉不同类型的异常。catch 语句块由三部分组成:关键字 catch、圆括号中的异常声明及复合语句中的一组语句。

- catch 语句块不是函数,所以圆括号中不是形参,而是一个异常类型声明,可以是基本类型也可以是对象,如 int、double,还可以是 char * 、int * 这样的指针类型,另外,还有数组类型的异常对象,以及所有自定义的抽象数据类型。
- catch 语句块的使用:它只有一个子句,没有定义和调用之分。使用时由系统按规则自动在 catch 子句列表中匹配。
- catch 语句块既可以包含返回语句(return),也可以不包含返回语句。包含返回语句,则整个程序结束。而不包含返回语句,则执行 catch 列表之后的下一条语句。

当 try 块中的语句抛出异常时,系统通过查看跟在其后的 catch 语句块列表,来查找可处理该异常的 catch 语句块。每个 catch 语句块匹配一种类型的异常错误对象的处理,多个 catch 语句块就可以针对不同的异常错误类型分别处理。异常处理部分必须直接放在测试块之后,一个 catch 块相当于以类型为单一参数的函数。如果一个异常信号被抛出,则异常类型与异常抛出对象相匹配的函数将捕获该异常信号,然后进入相应的 catch 语句,执行异常处理程序。catch 语句与 switch 语句不同,它不需要在每个 catch 语句后加入 break 用于中断后面程序的执行。

注意:在测试块中不同的函数的调用可能会产生相同的异常情况,但是,这时只需要一个异常处理器。

4. 抛出异常(throw 语句)

如果程序发生异常,而在当前上下文环境无法处理该情况,则可以创建一个包含错误信息的对象,并将该对象抛出当前上下文环境,异常处理的格式如下:

```
throw 表达式;
```

throw 表达式抛出异常为异常处理的第一步。表达式表示异常的类型,异常并非总是类对象,也可以是任何类型的对象,如枚举、整数等,但最常见的是类对象。

【例 12-1】 除数为零的异常处理。

```cpp
/ * 程序名:exe12_1 * /
#include<iostream>
using namespace std;
double div(double x, int y)              //定义两数相除的函数
{
    if (y == 0)
        throw y;                         //如果被除数为 0,抛出类型为整数的异常
    return x / y;
}
int main()
{
    try
    {
        cout <<"10.0/5=" <<div(10.0,5) <<endl;
        cout <<"5.0/0=" <<div(5.0,0) <<endl;
        cout <<"8.0/3=" <<div(8.0,4) <<endl;
    }
    catch (int)                          //捕捉类型为整数的异常
    {
        cout <<"except of deviding zero.\n";
    }
    cout <<"程序继续执行!";
    return 0;
}
```

程序运行结果如图 12-1 所示。

程序说明:

- div 函数中抛出 int 类型异常,直接跳转到 catch 处理块。

图 12-1 exe12_1.cpp 程序运行结果

- 异常处理结束后,跳出语句块继续执行 catch 块后面紧跟的语句。

5.异常匹配

异常匹配符合函数参数匹配的原则,但是函数匹配可能存在类型转换,而异常匹配则不会做类型转换。当一个异常抛出时,异常处理系统会根据所写的异常处理器顺序找到"最近"的异常处理器,而非搜寻更多的异常处理器。寻找匹配的 catch 子句有固定的过程。

(1) 先在抛出异常的 try catch 块中检查与 try 块相关联的 catch 子句列表,按顺序先与第一个 catch 块匹配。如果抛出的异常对象的数据类型与 catch 块中传入的异常对象的临时变量(即 catch 语句后面参数)数据类型完全相同,或是它的子类型对象,则匹配成功,进入 catch 块中执行异常处理;否则到第(2)步。

(2) 如果有两个或更多的 catch 块,则继续查找匹配第二个、第三个,直至最后一个 catch 块。如匹配成功,则进入对应的 catch 块中执行;否则到第(3)步。

(3) 返回上一级的 try catch 块中,按规则继续查找对应的 catch 语句块。如果找到合适

的 catch 块,进入对应的 catch 语句块中执行异常处理;否则到第(4)步。

(4) 如此不断递归,直到匹配到最顶端的 try catch 块中的最后一个 catch 语句块。如果找到合适的 catch 块,进入对应的 catch 语句块中执行;否则程序将会执行 terminate 函数退出。

12.2.3 未捕获的异常

由异常匹配可知,如果抛出的异常在 catch 块列表中没有找到合适的匹配,那么内层异常匹配失败,则向更高层的上下文环境进行匹配;如果任意层的处理器都不能够捕捉该异常,则该异常会抛给 main 函数;如果 main 函数中也没有合适的异常处理器,则该异常称为"未捕获异常"。如果异常未被捕获,就会调用函数 std::terminate,默认情况是调用 abort,终止程序运行。

【例 12-2】 未捕捉的异常。g 函数抛出的异常未被捕捉,造成程序终止。

```
/* 程序名:exe12_2 */
#include<iostream>
using namespace std;
void g()
{
    //可能出现异常的代码段
    throw 'a';
}
void main()
{
    try {
        g();
    }
    catch (int)
    {
        //对异常处理
        cout <<"对异常进行了处理!";
    }
}
```

程序运行时出现异常。程序执行到 try 语句调用 g 函数,函数 g 抛出了 char 类型的异常,在 g 中未捕获到该异常,所以沿函数调用关系该异常向上层抛出,最后抛给 main 函数。在 main 函数中未捕获到该异常,所以程序终止,main 函数中的 catch 语句未执行。

如果在函数之外的程序语句出现异常,如全局变量的构造和析构的异常,定义由对应的异常处理器捕捉异常,则异常处理之后,程序正常执行 main 函数。如果没有相应的异常处理器捕捉到该异常,则程序终止。

如同 switch 语句中,case 语句并不能包含所有的情况,C++ 提供了 default 语句来处理其他情况。如果发生未捕获异常时,C++ 也提供了类似的机制以保证捕捉一切的异常,语法格式如下:

（344）

```
catch (...)
{
    //异常处理
}
```

其中括号中"..."三个点是"通配符"，表示捕捉所有异常，使用省略号表示可接收各种类型的异常。catch(...)可以单独使用，也可以和多个 catch 语句一起使用。由于 catch 语句块是按照其在 try 语句后的顺序执行，即一旦找到合适的处理器，程序不会继续查找其他的 catch 语句，所以 catch(...)语句一般放在 catch 语句列表最后。

【例 12-3】 使用 catch(...)语句处理所有异常。对例 12-2 进行改进。

```
/*程序名:exe12_3*/
#include<iostream>
using namespace std;
void g()
{
    //可能出现异常的代码段
    throw 'a';
}
void main()
{
    try {
        g();
    }
    catch (...)
    {
        //对异常处理
        cout <<"对异常进行了处理!\n";
    }
    cout <<"程序运行结束!\n";
}
```

程序运行结果如图 12-2 所示。

程序中无论抛出何种类型的异常，main 函数的 catch(...)都能对该异常进行处理。

图 12-2　exe12_3.cpp 程序运行结果

12.2.4　重抛出异常

在异常处理的过程中，有可能单个 catch 不能完全处理一个异常，此时在进行了一些处理工作之后，需要将异常重新抛出，由函数调用链中更上层的函数来处理，这个过程称为重新抛出（rethrow）。重新抛出的语法格式如下：

```
throw;
```

throw 后不跟表达式或类型，它只能出现在 catch 或 catch 调用的函数中，如果出现在其他地方，会导致调用 terminate 函数。

  被重新抛出的异常仍是原来的异常对象,不是 catch 形参。该异常类型取决于异常对象的动态类型,而不是 catch 形参的静态类型。只有当异常说明符是引用时,在 catch 中对形参的改变才会影响到重新抛出的异常对象中。

  对于重抛出异常应该注意以下几点。

  (1) throw 语句出现的位置,只能是 catch 子句中或者是 catch 子句调用的函数中。

  (2) 重新抛出的是原来的异常对象,即上面提到的"临时变量",不是 catch 形参。

  (3) 如果希望在重新抛出之前修改异常对象,那么应该在 catch 中使用引用参数。如果使用对象接收,则修改异常对象之后,不能通过"重新抛出"来传播修改的异常对象,因为重新抛出的不是 catch 形参,应该使用 throw e;,这里 e 为 catch 语句中接收的对象参数。

  【例 12-4】 重抛出异常的捕捉。

```
/*程序名:exe12_4*/
#include<iostream>
using namespace std;
void fun(int i)
{
    //可能异常的语句
        throw i;
}
void fun2(int i)
{
    try
    {
        fun(i);
    }
    catch (int i)
    {
        if (i < 0)
        {
            //对异常处理
        }
        else
        {
            cout <<"重新抛出异常\n";
            throw ;          //重新抛出
        }
    }
}
int main()
{
    try
    {
        fun2(2);
    }
    catch (int i)
```

```
    {
        cout <<"处理 int 型异常" <<endl;
    }
    system("pause");
    return 0;
}
```

程序运行结果如图 12-3 所示。

例 12-4 中,程序进入 main 函数调用 fun2 时,又嵌套调用 fun,
抛出 int 类型的异常。fun2 中的 catch 语句块捕捉到该异常,但不能
够对异常进行处理,因此又将该异常重新抛出。main 函数中的
catch 语句块捕捉到该异常并对异常进行处理。

图 12-3 exe12_4.cpp
程序运行结果

12.3 异 常 类

C++ 库中提供了异常类的基类 exception 和其派生的子类,C++ 语言本身或者标准库抛
出的异常都是 exception 的子类,称为标准异常(standard exception)。通过下面的语句可捕
获所有的标准异常:

```
try {
    //可能抛出异常的语句
}
catch (exception &e) {
    //处理异常的语句
}
```

标准库异常类定义在以下四个头文件中。

(1) exception 头文件:定义了最常见的标准异常类,其类名为 exception。只通知异常的
产生,但不会提供更多的信息。

(2) stdexcept 头文件:定义了以下几种常见异常类,主要分为逻辑错误和运行时错误两
大类。

逻辑错误主要包括 invalid_argument、out_of_range、length_error、domain_error。当函数
接收到无效的实参,会抛出 invaild_argument 异常,如果函数接收到超出期望范围的实参,会
抛出 out_of_range 异常等。

运行时错误由程序域之外的事件引发,只有在运行时才能检测,主要包括 range_error、
overflow_error、underflow_error。函数可以通过抛出 range_error 报告算术运算中的范围错
误,通过抛出 overflow_error 报告溢出错误。

(3) new 头文件:定义了 bad_alloc 异常类型,提供因无法分配内存而由 new 抛出的
异常。

(4) type_info 头文件:定义了 bad_cast 异常类型(要使用 type_info 必须包含 typeinfo 头
文件)。

其中,exception 类位于 <exception> 头文件中,它被声明为:

```
class exception{
  public:
    exception () throw();                               //构造函数
    exception (const exception&) throw();               //复制构造函数
    exception& operator= (const exception&) throw();    //运算符重载
    virtual ~exception() throw();                       //虚析构函数
    virtual const char * what() const throw();          //虚函数
}
```

what 函数返回一个能识别异常的字符串,正如函数名字 what 一样,返回值可大致描述异常的类型。但 C++ 标准并没有规定字符串的格式,各个编译器的实现也不同,所以 what 函数的返回值仅供参考。

标准 C++ 库提供的异常类构成了一个类层次结构,除报告程序执行期间遇到的不正常情况外,程序员也可直接使用这些类来派生自定义的异常类。图 12-4 描述了标准 exception 类层次结构。

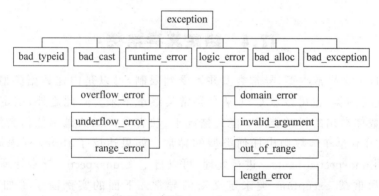

图 12-4 标准 exception 类层次

表 12-1 是对标准异常类的说明,程序员可根据需求派生特殊的异常类型,参见表 12-2 和表 12-3。

表 12-1 标准异常类

异 常 类	解 释
exception	所有标准 C++ 库异常的基类
logic_error	由 exception 派生,报告程序逻辑错误,这些错误在程序执行前可以被检测到
runtime_error	由 exception 派生,只有在运行时才能检测出的问题
bad_cast	在运行时,类型识别中有一个无效的 dynamic_cast 表达式
bad_alloc	使用 new 或 new[]分配内存失败时抛出的异常
bad_exception	这是个特殊的异常,如果函数的异常列表里声明了 bad_exception 异常,那么当函数内部抛出了异常列表中没有的异常时,不论什么类型,调用的 unexpected()函数中所抛出的异常都会被替换为 bad_exception 类型
bad_typeid	使用 typeid 操作一个 NULL 指针,而且该指针是带有虚函数的类,这时抛出 bad_typeid 异常

表 12-2　由 logic_error 派生的异常类

异　常　类	解　　释
domain_error	逻辑错误：参数对应的结果值不存在
invalid_argument	逻辑错误：参数无效
length_error	逻辑错误：试图创建一个超过该类型最大长度的对象
out_of_range	逻辑错误：使用一个超出有效范围的值

表 12-3　runtime_error 派生的异常类

异　常　类	解　　释
range_error	运行时错误：生成的结果超出了有意义的值域范围
overflow_error	运行时错误：计算上溢
underflow_error	运行时错误：计算下溢

12.4　自定义异常类

用户可以自定义异常类型，异常类型并不受到限制，可以是内建数据类型如 int、double 等，可以是自定义的类，也可以从 C++ 某个异常类继承下来。除此之外，在定义函数时，可以显式指定函数体抛出的异常类型。隐式情况下，缺省允许函数抛出任何类型的异常。特别地，throw 表示不允许函数抛出任何类型的异常。如果违反了 throw 列表规定的异常类型，系统将调用 unexpected hanlder 进行处理，可以自定义 unexpected 异常处理方法。

通过继承和重载 exception 类来定义新的异常。下面的实例演示了如何使用 std::exception 类来实现自定义的异常。

【例 12-5】　自定义异常类。

```
/*程序名:exe12_5*/
#include <iostream>
#include <exception>
using namespace std;
class MyException : public exception
{
  public:
    const char * what() const throw ()
    {   return "C++Exception";
    }
};
int main()
{
    try
    {   throw MyException();
    }
```

```
catch (MyException& e)
{    std::cout <<"MyException caught" <<std::endl;
     std::cout <<e.what() <<std::endl;
}
catch (std::exception& e)
{    //其他的错误
}
}
```

程序运行结果如图 12-5 所示。

在这里,what()是异常类提供的一个公共方法,它已被所有子
异常类重载,这将返回异常产生的原因。

图 12-5　exe12_5.cpp
程序运行结果

12.5　多重异常类捕获

有时候,程序员会在一个带异常处理的函数中调用另一个函数,而在另一个函数中,也可
能产生异常。这样通过函数嵌套调用形成了异常处理嵌套。

在这种情况下,最底层函数所抛出的异常首先在内层 catch 语句序列中依次查找与之匹
配的处理,如果内层不能捕获,则内层函数抛出的异常逐层向外传递,最后回到主程序中。所
以,不论调用了几层函数,只要在 try 语句块中调用,这些函数抛出的异常都可以被捕获,并可
以集中在主程序中处理。

当处理第一个异常时,可能会触发第二种异常情况,从而要求抛出第二个异常。遗憾的
是,当抛出第二个异常时,正在处理的第一个异常的所有信息都会丢失。C++ 用嵌套异常
(nested exception)的概念提供了解决这一问题的方案:嵌套异常允许将捕获的异常嵌套到新
的异常环境中。使用 std::throw_nested 可以抛出嵌套了异常的异常。第二个异常的 catch
处理程序可以使用 dynamic_cast 访问代表第一个异常的 nested_exception。

语法格式如下:

```
try
{
    //这里嵌套的是 trycatch 结构块
    try
    {
        cout <<"在 try block 中,准备抛出一个 int 数据类型的异常。" <<endl;
        throw 1;
    }
    catch (int& value)
    {
        cout <<"在 catch block 中,int 数据类型处理异常错误。"<<endl;
    }
    cout <<"在 try block 中,准备抛出一个 double 数据类型的异常。" <<endl;
    throw 0.5;
}
```

```
catch (double& d_value)
{
    cout <<"在 catch block 中，double 数据类型处理异常错误。"<<endl;
}
```

下面的示例演示了嵌套异常的用法。这个示例定义了一个从 exception 派生的 MyExcepion 类，其构造函数接收一个字符串。

【例 12-6】 多重异常捕获。

```
/* 程序名:exe12_6 */
#include<exception>
#include<iostream>
#include<string>
using namespace std;
class MyException :public exception
{
  public:
    MyException(const char * msg) :mMsg(msg) {}
    virtual ~MyException()noexcept     {}
    virtual const char * what() const noexcept override
    {
        return mMsg.c_str();
    }
  private:
    string mMsg;
};
void doSomething()
{
    try {
        throw runtime_error("Throwing a runtime_error exception");
    }
    catch (const runtime_error&e) {
        cout << __func__ <<" caught a runtime_error" <<std::endl;
        cout << __func__ <<" throwing MyException" <<endl;
        throw_with_nested(MyException("MyException with nested runtimeerror)"));
    }
}
int main()
{
    try {
        doSomething();
    }
    catch (const MyException&e)
    {
        cout << __func__ <<" caught MyException: " <<e.what() <<endl;
```

```
        const nested_exception * pNested = dynamic_cast<const nested_exception *
>(&e);

        if (pNested)
        {
            try
            {
                pNested->rethrow_nested();
            }
            catch (const std::runtime_error& e)
            {
                //handle nested exception
                cout <<" Nested exception: " <<e.what() <<endl;
            }
        }
    }
    return 0;
}
```

程序运行结果如图 12-6 所示。

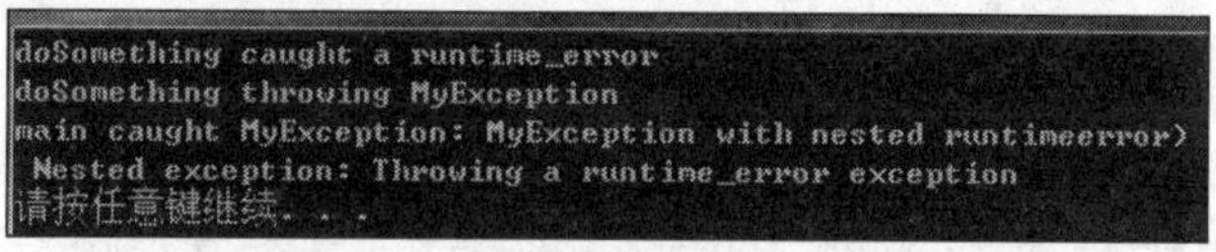

图 12-6　exe12_6.cpp 程序运行结果

当处理第一个异常，且需要抛出嵌套了第一个异常的第二个异常时，需要使用 std::throw_with_nested 函数。下面的 doSomething 函数排除了一个 runtime_error 异常，这个异常立即被处理程序捕获。捕获处理程序编写了一条消息，然后使用 throw_with_nested 函数抛出第二个异常，第一个异常嵌套在其中。注意嵌套异常是自动实现的。

12.6　异常对象的传递

前面介绍过异常处理的类型可以是基本数据类型，也可以是对象。在前面讲解的实例中都是使用数据变量作为传递参数。但是，在实际应用中，根据需要通常使用类对象作为异常对象传递。这样做有以下优点。

(1) 在 C++ 中，使用对象传递异常信息可以更好地实现类型匹配。

(2) 由于对象具有构造、析构、复制等特点，可以实现异常信息的传递、修改和销毁。

之前说过，一个 catch 语句块类似于带单一参数的函数。C++ 程序中函数的调用是通过"栈"来实现的，其中参数的传递也保存到栈中，以实现两个函数间的数据共享。异常信息的传递和参数传递类似，也是通过栈把异常信息从 throw 语句传到 catch 语句块。因为异常对象本身是局部变量，所以也是被保存在栈中。但是，异常对象的传递却远比函数参数传递要复杂得多，因为异常信息传递是逆序的，属于局部变量的异常对象可能存在于同一函数的不同作用域，也可能要把异常信息从当前函数往上层（或更上层）函数传递，这个过程是跳跃式的。

这种复杂的传递过程不需要程序员完成,C++ 提供了很好的实现机制。函数的参数传递一般有传值、引用和指针三种方式,同样,在 C++ 中处理异常时也有三种传递异常的方式:按值、按引用和按指针。这三种方式与传递参数的三种方式有相似之处,但也有很大区别。无论按哪种方式传递,异常对象都是在 throw 语句处创建。

12.6.1 传值方式传递异常对象

按传值的方式传递异常对象时,被抛出的异常都是局部变量,而且是临时的局部变量。

当 catch 语句块捕获到一个异常后,控制流准备转移到 catch 语句块之前,异常对象必须要通过一定的方式传递过来。假如是按传值传递(根据 catch 关键字后面定义的异常对象的数据类型),无论构造的对象是什么类型的变量,此时都会发生一次异常对象的复制构造过程。示例如下。

【例 12-7】 传值方式传递异常对象。

```
/*程序名:exe12_7*/
#include<iostream>
#include<string>
using namespace std;
class MyException
{
  public:
    MyException(string name = "none") : m_name(name)
    {   cout <<"构造一个 MyException 异常对象,名称为:" <<m_name <<endl;
    }
    MyException(const MyException& old_e)
    {   m_name = old_e.m_name;
        cout <<"复制一个 MyException 异常对象,名称为:" <<m_name <<endl;
    }
    virtual ~MyException()
    {   cout <<"销毁一个 MyException 异常对象,名称为:" <<m_name <<endl;
    }
    string GetName() { return m_name; }
  protected:
    string m_name;
};
void main()
{
    try
    {
        {   //构造一个异常对象,这是局部变量,obj 对象离开这个作用域时析构将会被执行
            MyException obj1("obj1");
            //这里抛出异常对象
            //注意这时 VC 编译器会复制一份新的异常对象,临时变量
            throw obj1;
        }
```

```
    }
    catch (...)
    {  cout <<"catch unknow exception" <<endl;
    }
}
```

程序运行结果如图 12-7 所示。

由运行结果可知,异常对象确实是被复制了一
份,而且其他几种抛出异常的方式也会有同样的结
果,都会构造一份临时局部变量。感兴趣的读者可以
课后练习。

图 12-7   exe12_7.cpp 程序运行结果

为什么要再复制一份临时变量呢?抛出异常后,
如果异常对象是局部变量,那么 C++ 标准规定了无论在何种情况下,只要局部变量离开其生
存作用域,局部变量就必须要被销毁,可现在如果作为局部变量的异常对象在控制进入 catch
语句块之前,就已经被析构销毁了。因此这里就复制了一份临时变量,它可以在 catch 语句块
内的异常处理完毕以后再销毁这个临时的变量。

通过上面的程序运行结果还可以获知,每个被复制出来的异常对象都有可能被销毁。而
且销毁都是在 catch 语句块执行之后,包括被抛出的属于临时局部变量的异常对象。

那么创建的对象何时消除? 总结如下。

(1) 如果局部对象是类对象,那么通过调用它的析构函数进行销毁。

(2) 但是对于通过动态分配得到的对象,编译器不会自动删除,必须手动显式删除。

(3) 析构函数从不抛出异常。如果析构函数中需要执行可能会抛出异常的代码,那么就
应该在析构函数内部将这个异常处理掉,而不是将异常抛出去。因为在为某个异常进行栈展
开时,析构函数如果又抛出自己的未经处理的另一个异常,将会导致调用标准库 terminate 函
数。而默认的 terminate 函数将调用 abort 函数,强制从整个程序非正常退出。

(4) 构造函数中可以抛出异常。但是要注意到:如果构造函数因为异常而退出,那么该
类的析构函数就得不到执行。所以要手动销毁在异常抛出前已经构造的部分。

12.6.2   引用方式传递异常对象

引用本质上是一个指针,通过这个特殊的隐性指针来引用其他地方的一个变量。因此引
用比指针有很多相似之处,但是引用用起来比指针更为安全、直观和方便,主要体现在函数参
数的定义上,以及 catch 的异常对象的定义。

异常对象按引用方式传递,是不会发生对象的复制过程。这就导致引用方式要比传值方
式效率高,此时从抛出异常、捕获异常再到异常错误处理结束过程中,总共只会发生两次对象
的构造过程(一次是异常对象的初始化构造过程,另一次就是当执行 throw 语句时所发生的临
时异常对象的复制的构造过程),而按值传递的方式总共是发生三次。

对例 12-7 进行如下修改:

```
void main()
{
    try
```

```
    {    MyException obj1("obj1");
         throw obj1;
    }
    //注意,这里是定义了引用的方式
    catch (MyException& e)
    {    cout <<"捕获到一个 MyException 类型的异常,名称为:" <<e.GetName() <<endl;
    }
}
```

程序运行结果如图 12-8 所示。

由程序的运行结果可知异常对象确实是只发生两次构造过程。并且在执行 catch block 之前,局部变量的异常对象已经被析构销毁了,而属于临时变量的异常对象则是在 catch block 执行错误处理完毕后才被销毁的。

12.6.3　指针方式传递异常对象

与按值和按引用传递异常的方式相比,按指针传递异常的构造方法有很大不同。按指针传递的异常必须是在堆中动态构造异常对象,或者是全局性 static 变量,不能是局部变量。如对例 12-7 修改如下:

```
void main()
{
    try
    {    //动态地在堆中创建对象
         throw new MyException("obj2");
    }
    //注意,这里是定义了指针的方式
    catch (MyException * e)
    {    cout <<"捕获到一个 MyException 类型的异常,名称为:" <<e->GetName() <<endl;
         delete e;
    }
}
```

程序运行结果如图 12-9 所示。

图 12-8　程序运行结果　　　　　图 12-9　程序运行结果

注意:通过指针传递的异常对象不能是局部变量,否则会造成错误。

异常对象按指针方式传递不会发生对象的复制过程,所以用这种方式传递异常对象是高效率的。从抛出异常、捕获异常到异常的处理结束,总共发生一次异常对象的构造过程,即异常对象在堆中动态创建时初始化构造过程。

12.6.4　三种传递方式的比较

三种传递异常方式的区别如下。

按值传递异常,会生成两个对象复制(函数参数传递只生成一个复制),按引用传递会生成一个临时对象,即按引用相对按值传递少一份对象的复制。如果不生成临时对象,被抛出的异常对象可能是一个局部变量,当异常抛出后,程序转到异常捕获处,被抛出的局部对象可能已经被释放,如此,被捕获到的对象就是一个无效的对象。所以,为了避免这种问题的发生,就要求按引用传递时也要生成临时对象,这是与函数参数的传递不同的地方(按引用传递参数不会生成临时对象)。按指针传递不会生成临时对象,只产生指针的一个复制,按指针传递容易导致类型不匹配,而且也容易造成被传递的异常对象指针是无效指针的问题。所以,从效率和安全性两个方面考虑,按引用传递异常是最好的方法。三种异常对象传递方式的比较见表 12-4。

表 12-4　异常对象传递方式的比较

比较项	按 值 传 递	引 用 传 递	指 针 传 递
异常对象的构造次数	三次	二次	一次
效率	低	中	高
异常对象什么时候被销毁	① 局部变量离开作用域时销毁 ② 临时变量在 catch block 执行完毕后被销毁 ③ catch 后面的异常对象也是在 catch block 执行完毕后被销毁	① 局部变量离开作用域时被销毁 ② 临时变量在 catch block 执行完毕后被销毁	异常对象动态地在堆上被创建,同时它也要动态地被销毁,catch block 块中处理完毕后进行销毁
安全性	较低,可能会发生对象切片	很好	低,依赖于程序员的能力,可能会发生内存泄漏或导致程序崩溃

第 12 章小结

第 12 章自测题自由练习

第 12 章简答题编程题及参考答案

应用案例——学生信息管理系统

随着现代社会的信息量不断增加,学生的信息也越来越多,如何管理巨大的学生信息成为学校管理工作中的一大难题。在计算机信息技术高速发展的今天,人们意识到原有的人工管理方式已经不能适应社会,而使用计算机信息系统来管理已是最有效率的一种手段。

学习目标:

- 了解软件整体设计。
- 掌握类的实际应用。
- 掌握文件存储数据。

13.1 项目设计

13.1.1 功能描述

对于学生信息管理系统,必须要满足使用方便、操作灵活和安全性好等设计需求。设计本系统时应该完成以下几个目标。

- 学生信息的录入使用交互方式。
- 能够浏览文件中存储的全部学生信息。
- 学生信息在屏幕上的输出要有固定格式。
- 系统最大限度地实现易维护性和易操作性。
- 系统运行稳定、安全可靠。

13.1.2 系统结构

系统功能结构如图 13-1 所示。

图 13-1　系统功能结构

- 添加学生信息模块:该模块主要供学校管理者使用。学生信息管理者应用该模块将学生信息录入系统中,系统将学生信息保存到文件中。
- 浏览学生信息模块:该模块供学生管理者使用。学生管理者可以通过该模块查看学生信息是否存在,以及获取学生的学号,方便日后操作。
- 删除学生信息模块:该模块主要供学生管理者使用。学生管理者可以通过该模块删除管理系统中已经毕业的学生信息。
- 修改学生信息模块:该模块供学生管理者使用。学生管理者可以通过该模块修改学生信息,如班级、成绩、电话等,方便对学生信息维护。

- 保存学生信息模块:在添加学生信息或修改学生信息之后可调用该模块保存学生信息。

13.2 项目实现

13.2.1 公共类设计

学生信息管理系统需要创建两个类:StudentInfo 类和 StudentInfoManage 类,通过
StudentInfo 类可以获取和显示学生信息,StudentInfoManage 类可以浏览、查找、删除、保存学
生信息。StudentInfo 类中包含 name、grades、no、gender、Student、phonenumber、code、E_mail
八个成员变量。在设计类时,可以将成员变量看作属性,类中还需要有获取属性的成员函数,
获取属性的函数以 get 开头。

StudentInfo 类和 StudentInfoManage 类定义在源文件 StudentInfo.cpp 中,代码如下:

```cpp
class StudentInfo
{
  private:
    string name;                                            //姓名
    string grades;                                          //班级
    string no;                                              //学号
    string gender;                                          //性别
    string Student;                                         //宿舍号
    string phonenumber;                                     //电话号码
    string code;                                            //邮编
    string E_mail;                                          //邮箱地址
  public:
    StudentInfo() {}                                        //无参构造函数
     StudentInfo (string name, string grades, string no, string gender, string
Student,
        string phonenumber, string code, string E_mail)     //有参构造函数
    {  this->name = name;          this->grades = grades;     this->no = no;
        this->gender = gender;      this->Student = Student;
        this->phonenumber = phonenumber;
        this->code = code;          this->E_mail = E_mail;
    }
    string getName() { return this->name; }                 //获得姓名
    string getgrades() { return this->grades; }             //获得班级
    string getNo() { return this->no; }                     //获得学号
    string getgender() { return this->gender; }             //获得性别
    string getStudent() { return this->Student; }           //获得宿舍号
    string getphonenumber() { return this->phonenumber; }   //获得电话号码
    string getcode() { return this->code; }                 //获得邮编
    string getE_mail() { return this->E_mail; }             //获得邮箱地址
    void print()                                            //信息输出
```

```
        {   cout <<setw(14) <<name <<setw(10) <<grades <<setw(5) <<no
                <<setw(5) <<gender <<setw(7) <<Student <<setw(12) <<phonenumber
                <<setw(7) <<code <<setw(18) <<E_mail <<endl;
        }
};
StudentInfo Arb[M];                                    //全局变量,存放学生信息
//******************定义学生信息管理类****************
class StudentInfoManage
{
    public:
        void input(int N);         //录入学生信息的方法,其中 N 表示实际录入的人数
        void show();               //显示学生信息的方法
        int seek();                //查找学生信息的方法
        void sorting();            //排序学生信息的方法
        void del();                //删除学生信息的方法
        void del(int S);
        void save(int N);          //保存到文件的方法,其中 N 表示实际写入的记录数
        int read();                //从文件中的读出数据的方法,返回值为读出的记录数
        void add();                //添加学生信息的方法
        void compile();            //编辑学生信息的方法
        void amend();              //修改学生信息的方法
};
```

13.2.2 学生信息管理模块实现

1. 编辑学生信息

此模块提供四种方式编辑学生信息:"1.添加;2.删除;3.修改;0.清空后输入"。用户可以通过不同的选项进入相应的编辑模块。具体实现代码如下:

```
void StudentInfoManage::compile()
{
    system("cls");    int select;  StudentInfoManage m1;
    cout <<"\n\t\t1.添加\t2.删除\t3.修改\t0.清空后输入!!";
    cout <<"\t 请选择:";  cin >>select;
    switch (select)
    {
        case 1:    system("color 1e"); m1.add(); break;
        case 2:    system("color 0c"); m1.del(); break;
        case 3:    m1.amend(); break;
        case 0:
        system("color 1d");    char y;
        cout <<"\n\t 是否删除全部记录后录入信息(y/n?): ";  cin >>y;
        if (y != 'y') cout <<"\t\t\t 操作取消! ";      //使程序暂停的方法
        else
        {   cout <<"\t\t 输入学生人数" <<M <<":";
```

```
        int n;    cin >>n;
        if (n>0 && n <= M)
        {  m1.input(n); m1.save(n);
        }
      }break;
    }
}
```

2. 添加学生信息模块代码

进入编辑模块,输入 1,可添加学生信息,具体实现代码如下:

```
void StudentInfoManage::add()
{   system("cls");                    //清屏方法
    int N = read(), k = 0; StudentInfoManage ad;
    cout <<"\n\t\t\t 学生人数:" <<N <<"\n\t\t 输入第" <<N +1 <<"个学生的信息:\n";
    string name, grades, no, gender, Student, phonenumber, code, E_mail;
    cout <<"\t\t 姓名:";         cin >>name;
    cout <<"\t\t 班级:";         cin >>grades;
    cout <<"\t\t 学号:";         cin >>no;
    cout <<"\t\t 性别:";         cin >>gender;
    cout <<"\t\t 宿舍号:";       cin >>Student;
    cout <<"\t\t 电话号码:";     cin >>phonenumber;
    cout <<"\t\t 邮编:";         cin >>code;
    cout <<"\t\t 邮箱地址:";     cin >>E_mail;
    if (N>1)
    {
        for (int j = 0; j<N; j++)
        {
            if (Arb[j].getNo() == no || Arb[j].getphonenumber() == phonenumber
                || Arb[j].getE_mail() == E_mail)
            {  print1(); Arb[j].print(); cout <<"\t\t 信息已存在!请重新输入";
               k++; break;
            }
        }
    }
    if (!k)
    {  Arb[N] = StudentInfo(name, grades, no, gender, Student, phonenumber, code,
E_mail);
        N++; ad.save(N);
    }
}
```

3. 删除学生信息

进入编辑模块,输入 2,可删除学生信息。这里提供两种删除方式:一是删除文件中指定某一条的学生信息,通过函数 del(int S)实现;二是通过已知的学生姓名、电话号码等信息删除学生记录,由函数 del 实现。具体实现代码如下:

```
void StudentInfoManage::del()
{   int choose, k = 0, N = read();
    StudentInfoManage d;
    do
    {   system("cls");
        N = read();   cout <<"\n\t\t 学生人数:" <<N <<endl;
        if (!N) { k++; break; }
        cout <<"\t\t1.删除前已知姓名\t3.删除前已知电话号码\n\t\t2.删除前已知学号"
<<"\t4.删除前已知邮箱地址\n\t\t\t 否则返回主菜单。请选择:";
        cin >>choose;
        if (choose<1 || choose>4)
        {   cout <<"\n\t\t 返回主菜单!";
            system("pause");
            main();
        }
    } while (choose<1 || choose>4);
    if (k) cout <<"\t\t 请先输入学生信息!";
    else
    {   int k = 0;   string dl;
        switch (choose)
        {case 1:
        {   cout <<"\n\t 请输入姓名:"; cin >>dl;
            for (int i = 0; i<N; i++)
            {
                if (Arb[i].getName() == dl)
                {   k++; d.del(i);
                }
            }
        }break;
        case 2:
        {   cout <<"\n\t 请输入学号:"; cin >>dl;
            for (int i = 0; i<N; i++)
            {
                if (Arb[i].getNo() == dl)
                {   k++; d.del(i);
                }
            }
        }break;
        case 3:
        {   cout <<"\n\t 请输入电话号码:"; cin >>dl;
            for (int i = 0; i<N; i++)
            {
                if (Arb[i].getphonenumber() == dl)
                {   k++; d.del(i);
                }
```

```
                }
            }break;
        case 4:
        {   cout <<"\n\t请输入邮箱地址:"; cin >>dl;
            for (int i = 0; i<N; i++)
            {
                if (Arb[i].getE_mail() == dl)
                {   k++; d.del(i);
                }
            }
        }break;
        }
        if (!k)
        {   cout <<"\n\t\t信息不存在！请重新输入。";
            system("pause"); d.compile();
        }
    }
}
void StudentInfoManage::del(int S)
{   StudentInfoManage ds;
    int N = read();    print1();    Arb[S].print();
    cout <<"\n\t是否真的删除该记录(y/n?):  ";
    char y;    cin >>y;
    if (y == 'y')
    {
        for (int j = S; j<N -1; j++)
            Arb[j] = Arb[j +1];
        cout <<"\t\t\t\t删除成功!\n";
        N--; save(N);
    }
    else
        cout <<"\t\t\t操作取消! \n";
}
```

4. 修改学生信息

进入编辑模块，输入 3，可修改学生信息，具体实现代码如下：

```
void StudentInfoManage::amend()
{   system("cls");                       //清屏方法
    int N = read();  StudentInfoManage m5;
    cout <<"\n\t\t学生人数:" <<N <<endl;
    int i = m5.seek();
    if (!i)  m5.compile();
    else
    {   system("color 0c"); i = i -1;
        string name, grades, no, gender, Student, phonenumber, code, E_mail;
```

```
            cout <<"\t\t 姓名:";              cin >>name;
            cout <<"\t\t 班级:";              cin >>grades;
            cout <<"\t\t 学号:";              cin >>no;
            cout <<"\t\t 性别:";              cin >>gender;
            cout <<"\t\t 宿舍号:";            cin >>Student;
            cout <<"\t\t 电话号码:";          cin >>phonenumber;
            cout <<"\t\t 邮编:";              cin >>code;
            cout <<"\t\t 邮箱地址:";          cin >>E_mail;
            Arb[i] = StudentInfo(name, grades, no, gender, Student, phonenumber, code,
    E_mail);
            save(N);
        }
    }
```

5. 输入多个学生信息

进入编辑模块,输入 0,系统提示是否清楚输入记录 y/n,如果选择 y 则重新输入 m 个学生信息。具体实现代码如下:

```
    void StudentInfoManage::input(int N)
    {   StudentInfoManage ip;              system("cls");          //清屏方法
        string name, grades, no, gender, Student, phonenumber, code, E_mail;
        for (int i = 0; i<N; i++)
        {   cout <<"\n\t\t 输入第" <<i +1 <<"个学生的信息:\n";
            cout <<"\t\t 姓名:";              cin >>name;
            cout <<"\t\t 班级:";              cin >>grades;
            cout <<"\t\t 学号:";              cin >>no;
            cout <<"\t\t 性别:";              cin >>gender;
            cout <<"\t\t 宿舍号:";            cin >>Student;
            cout <<"\t\t 电话号码:";          cin >>phonenumber;
            cout <<"\t\t 邮编:";              cin >>code;
            cout <<"\t\t 邮箱地址:";          cin >>E_mail;
            Arb[i] = StudentInfo(name, grades, no, gender, Student, phonenumber, code,
    E_mail);
        }
    }
```

6. 查找学生信息

这里提供三种查找方式:"1.按姓名查询;2.按电话号码查询;3.按学号查询"。具体实现代码如下:

```
    int StudentInfoManage::seek()
    {   int N, choose, k = 0;
        do
        {   system("cls");
            N = read();
            cout <<"\n\t\t\t\t 学生人数:" <<N <<endl;
```

```
        if (!N) { k++; break; }
        cout <<"\t\t1.按姓名查询\t2.按电话号码查询\n\t\t3.按学号查询"
<<"\t4.按邮箱地址查询\n\t\t\t 否则返回主菜单。请选择:";
        cin >>choose;
        if (choose<1 || choose>4)
        {   cout <<"\n\t\t 返回主菜单!";
            system("pause"); main();
        }
    } while (choose<1 && choose>4);
    if (k) cout <<"\t\t 请先输入学生信息!";
    else
    {   int j; string sk;
        switch (choose)
        {
        case 1:
        {   cout <<"\t\t\t 请输入要查询的姓名: \b"; cin >>sk;
        for (int i = 0; i<N; i++)
        {
            if (Arb[i].getName() == sk)
            {   if (!k)print1();
                Arb[i].print();
                j = i; k++;
            }
        }
        }break;
        case 2:
        {   cout <<"\t\t\t 请输入要查询的学号: \b";     cin >>sk;
            for (int i = 0; i<N; i++)
            {   if (Arb[i].getNo() == sk)
                {   if (!k)print1();
                    Arb[i].print();
                    j = i; k++;
                }
            }
        }break;
        case 3:
        {   cout <<"\t\t\t 请输入要查询的电话号码: \b";     cin >>sk;
            for (int i = 0; i<N; i++)
            {
                if (Arb[i].getphonenumber() == sk)
                {   if (!k)print1();
                    Arb[i].print();
                    j = i; k++;
                }
```

```
            }
        }break;
        case 4:
        {   cout <<"\t\t\t 请输入要查询的邮箱地址：\b";     cin >>sk;
            for (int i = 0; i<N; i++)
            {
                if (Arb[i].getE_mail() == sk)
                {   if (!k)print1();
                    Arb[i].print();
                    j = i; k++;
                }
            }
        }break;
        }
        if (!k)
            cout <<"\n\t\t 信息不存在！请重新输入。";
        return j +1;
    }
}
```

7. 读文件模块

该模块主要用于读取文件中的学生记录个数，返回当前文件中有多少学生。具体实现代码如下：

```
int StudentInfoManage::read()
{   string name, grades, no, gender, Student, phonenumber, code, E_mail;
    const char * file = "H:\\c++\\Infor\\StudentInfo.txt";
    ifstream fin(file, ios::in | ios::_Nocreate); //in ********* 只读打开
    if (!fin)
    {   cerr <<"\n\n\t 无法打开" <<file <<endl;
        exit(EXIT_FAILURE);
    }
    int i = 0;
    while (!fin.eof())                                   //从文件中读出数据，直到文件末尾
    {   fin >>name >>grades >>no >>gender >>Student >>phonenumber >>code >>E_
mail;
        //读出数据暂存到相应的变量中
        Arb[i] = StudentInfo(name, grades, no, gender, Student, phonenumber, code,
E_mail); i++;
        //用读出的数据重新去设置对象数组元素的值
    }
    fin.close();
    return i - 1;                                        //返回从文件读出的记录条数
}
```

8. 显示学生信息

该模块通过判断文件中的学生人数,如果人数不为 0,则输出学生信息,否则要求先输入学生信息。具体实现代码如下:

```cpp
void StudentInfoManage::show()
{   system("cls");                              //清屏方法
    int N; N = read();
    cout <<"\n\t\t\t\t 学生人数:" <<N <<endl;
    if (!N) cout <<"\t\t 请先输入学生信息!";
    else {
        print1();
        for (int i = 0; i <= N; i++)
            Arb[i].print();
    }
}
```

9. 保存学生信息

在对学生信息进行修改、增加、删除等操作后,通常调用保存模块将修改后的学生信息保存到文件中。具体实现代码如下:

```cpp
void StudentInfoManage::save(int N)
{
    const char * file = "H:\\c++\\Infor\\StudentInfo.txt";
    ofstream fout(file, ios_base::out);              //fout ***** 写打开
    if (!fout.is_open())
    {   cerr <<"\n\n\t 无法打开" <<file <<endl;
        exit(EXIT_FAILURE);
    }
    for (int i = 0; i<N; i++)                        //用循环将 N 条记录写到文件中
        fout <<setw(16) <<Arb[i].getName() <<setw(12) <<Arb[i].getgrades()
        <<setw(9) <<Arb[i].getNo() <<setw(9) <<Arb[i].getgender() <<setw(11)
        <<Arb[i].getStudent() <<setw(15) <<Arb[i].getphonenumber()
        <<setw(10) <<Arb[i].getcode() <<setw(20) <<Arb[i].getE_mail() <<endl;
    cout <<"\t\t 保存数据成功!";
    fout.flush();
    fout.close();
}
```

10. 学生信息排序

该模块提供三种排序方式:"1.按姓名排序;2.按学号排序;3.按性别排序",用户可根据需要对学生信息进行排序。具体实现代码如下:

```cpp
void StudentInfoManage::sorting()
{   int N, choose, i, j, k = 0;  StudentInfo q;
    do
    {   system("cls");                              //清屏方法
```

```
        N = read();
        cout <<"\n\t\t\t\t 学生人数:" <<N <<endl;
        if (!N) { k++;   break; }
        cout <<"\t1.按姓名排序\t2.按学号排序\t3.按性别排序\t 请选择:";
        cin >>choose;
        if (choose<1 || choose>3)
        {   cout <<"\n\t 输入有误,重新选择!"; system("pause");
        }
    } while (choose<1 || choose>3);
    if (k) cout <<"\t\t 请先输入学生信息!";
    else
    {
        for (j = 0; j<N - 1; j++)
            for (i = 0; i<N - j - 1; i++)
            {
                switch (choose)
                {
                case 1:    if (Arb[i].getName()<Arb[i +1].getName())
                { q = Arb[i]; Arb[i] = Arb[i +1]; Arb[i +1] = q;
                }break;
                case 2:    if (Arb[i].getNo()<Arb[i +1].getNo())
                { q = Arb[i]; Arb[i] = Arb[i +1];  Arb[i +1] = q;
                }break;
                case 3:    if (Arb[i].getgender()<Arb[i +1].getgender())
                { q = Arb[i]; Arb[i] = Arb[i +1];   Arb[i +1] = q;
                }break;
                }
            }
        for (i = 0; i<N; i++)
        {   if (!i) print1();
            Arb[i].print();
        } save(N);
    }
}
```

13.2.3　主窗体模块实现

要实现图书管理系统的功能,需要对引用库函数添加头文件引用。头文件引用和宏定义的代码如下:

```
#include<iostream>                           //标准的 C++头文件
#include<windows.h>                          //Windows 程序头文件
#include<fstream>                            //进行文件的 I/O 处理
#include<iomanip>                            //I/O 流控制头文件
#include<string>                             //字符串数据类型
```

```
#include<conio.h>                          //系统相关功能
#define userNameLen 10
#define LEN 20                             //用户名最大字符数
#define passwordLen 10                     //用户口令最大字符数
const int M = 16;                          //M 最多人数
using namespace std;
```

除主函数外,系统自定义了许多函数。主要函数及功能如下:

```
bool Login();  :系统登录模块
void inputPSW(char * password); :输入口令模块
void Start(); :启动函数
void sysQuit();  :主系统退出模块
void print1(); :打印学生信息模块
void help():帮助模块
```

具体实现代码如下。

1. 系统退出模块

```
void sysQuit()                             //sysQuit 函数定义开始
{   system("color 09");   system("cls");   fflush(stdin);
    StudentInfoManage m3; int N = m3.read(); cout <<"\a\t\t\t\t 学生人数:" <<N <<
endl;
    cout <<" ┌──────────────────────┐ ";
    cout <<" │◇◇◇◇◇       学生信息管理系统       ◇◇◇◇◇│ ";
    cout <<" ├──────────────────────┤ ";
    cout <<" │  →→→→→   ><(((:>          <:)))>< ←←←←←   │ ";
    cout <<" │                感 谢 您  使 用 !                │ ";
    cout <<" ├──────────────────────┤ ";
    cout.flush();
    cout <<"\n\t 正 "; Sleep(600);
    cout <<"在 "; Sleep(600);
    cout <<"安 "; Sleep(600);
    cout <<"全 ";Sleep(600);
    cout <<"退 "; Sleep(600);
    cout <<"出 "; Sleep(600);
    Sleep(100);                            //转页间隔
}
```

2. 打印学生信息模块

```
void print1()
{   cout <<setw(14) <<"姓名" <<setw(10) <<"班级" <<setw(5) <<"学号"
<<setw(5) <<"性别" <<setw(7) <<"宿舍号" <<setw(12) <<"电话号码"
<<setw(7) <<"邮编" <<setw(18) <<"邮箱地址" <<endl;
}
```

3. 帮助模块

```cpp
void help()
{   system("cls");                                      //清屏命令
    system("color 1a");    fflush(stdin);
    StudentInfoManage m4;
    int N = m4.read();
    cout <<"\n\t\t\t\t 学生人数:" <<N <<endl;
    cout <<" ┌──────────────────────┐ ";
    cout <<" │                      │ ";
    cout <<" │◇◇◇    如果您不清楚如何使用   ◇◇◇│ ";
    cout <<" │◇◇◇ 请联系：C++程序设计出版组◇◇◇│ ";
    cout <<" └──────────────────────┘ ";
    cout <<"\n "; Sleep(600);
    cout.flush();
}
```

4. 主函数设计

```cpp
int main()
{   int select;
    StudentInfoManage m;
    while (true)
    {
        do
        {   system("cls");    system("color 1f");
            cout <<"\t\t***********学生信息管理系统****************" <<endl;
            cout <<"\t\t *      1.编辑        4.排序        * " <<endl;
            cout <<"\t\t *      2.浏览        5.帮助        * " <<endl;
            cout <<"\t\t *      3.查找        0.退出        * " <<endl;
            cout <<"\t\t**********************************************" <<endl;
            cout <<"\t\t 请选择:";  cin >>select;
            if (select<0 || select>7)
            {   cout <<"输入有误,请重新选择!" <<endl;
                system("pause");
            }
        } while (select<0 || select>7);
        if (select == 0) { sysQuit();  break; }
        switch (select)
        {
        case 1:    system("color 1a");m.compile(); system("pause"); break;
        case 2:    system("color 1e");m.show(); system("pause"); break;
        case 3:    system("color 0"); m.seek(); system("pause"); break;
        case 4:    system("color 1d");m.sorting(); system("pause"); break;
        case 5:    help(); system("pause");break;
        }
```

```
    }return 0;
}
```

13.2.4 效果展示

首先运行该系统,出现如图 13-2 所示的系统界面。

图 13-2　系统界面

根据提示,用户可输入想要执行的操作,如果输入 1,系统进入编辑界面,如图 13-3 所示。用户可以选择添加、修改或删除学生信息。如果输入 1,进入添加学生信息界面,根据提示输入学生信息,如图 13-4 所示,学生信息录入完成之后保存到本地文件中。

图 13-3　编辑界面　　　　　　　　　　图 13-4　添加学生信息

按任意键进入主界面(图 13-2),此时可输入 2 浏览上面输入的学生信息,如图 13-5 所示。

图 13-5　浏览学生信息图

进入编辑界面,输入 3 修改学生信息。当前文件中有一个学生信息,用户可根据姓名、电话号码、学号、邮箱地址查询要修改的学生信息,如图 13-6 所示。如果查找到该学生则重新输入学生信息,否则提示信息不存在。

继续进入编辑界面,输入 2 删除学生信息。当前文件中有一个学生,根据选项,用户可通过学生姓名、学号、电话号码、邮箱删除学生信息。输入 1,按学生姓名删除学生信息,如果输入的学生信息不存在,系统会提示"信息不存在!请重新输入。"如图 13-7 所示。如果输入已经存在的学生姓名"王磊",系统将删除该学生信息,如图 13-8 所示。

进入主界面,输入 4 可对文件中的学生信息进行排序。排序方式有以下三种:按姓名、按学号、按性别。用户可根据需要进行排序,如图 13-9 所示。

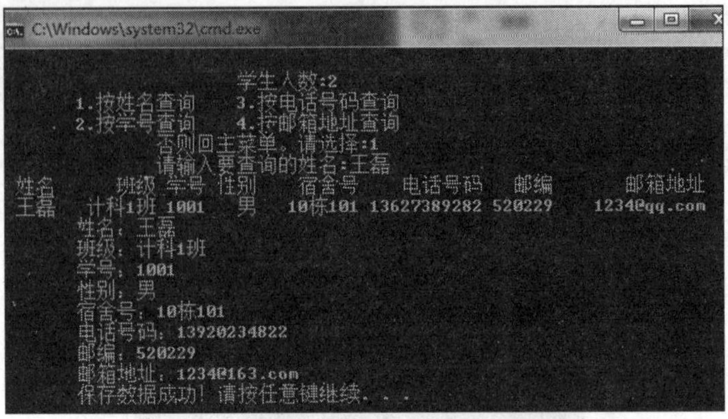

图 13-6　修改学生信息

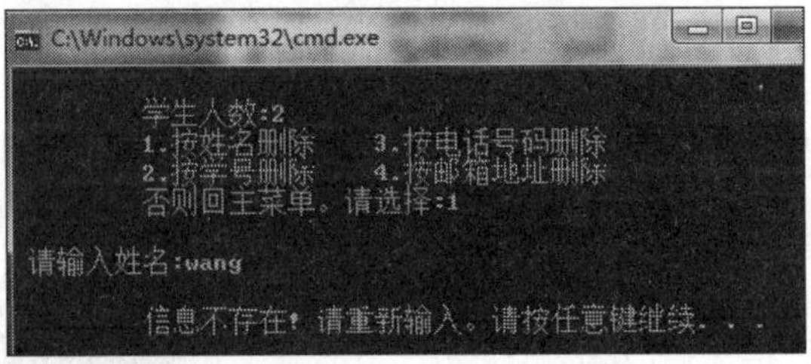

图 13-7　删除学生信息

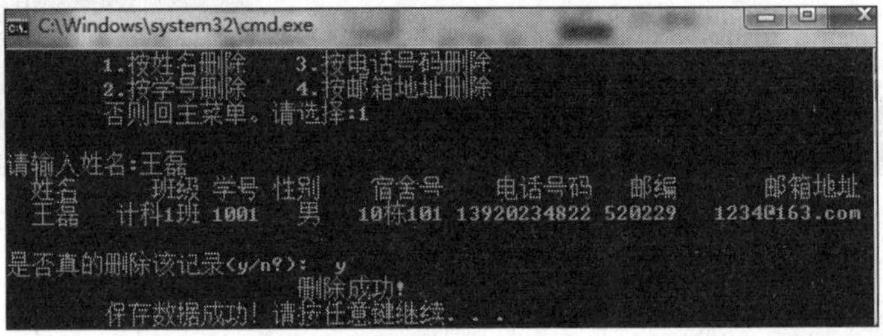

图 13-8　删除学生信息

图 13-9　学生信息排序

如果用户想关闭该系统,可输入 0 退出该系统。

第 13 章小结

参考文献

[1] 杨明莉,刘磊,成桂玲,等. C/C++ 程序设计基础与实践教程[M]. 2 版. 北京:清华大学出版社,2020.

[2] 许华,张静. C++ 程序设计项目教程[M]. 2 版. 北京:北京邮电大学出版社,2016.

[3] 王更生. C++ 语言基础教程[M]. 北京:北京邮电大学出版社,2015.

[4] 朱红,赵琦,王庆宝. C++ 程序设计教程[M]. 3 版. 北京:清华大学出版社,2019.

[5] 朱林. C++ 程序设计案例实践教程[M]. 北京:清华大学出版社,2018.

[6] 朱立华. 面向对象程序设计及 C++(附微课视频)[M]. 3 版. 北京:人民邮电出版社,2020.

[7] 黑马程序员. C 语言开发基础教程(Dev-C++)[M]. 2 版. 北京:人民邮电出版社,2019.

[8] 张晓如,华伟. C++ 程序设计基础教程[M]. 北京:人民邮电出版社,2018.

[9] 邵荣. C++ 程序设计[M]. 2 版. 北京:清华大学出版社,2018.

[10] 张正明,卢晶琦,王丽娟,孟庆元. C/C++ 程序设计[M]. 2 版. 北京:清华大学出版社,2017.

[11] 翁惠玉,俞勇. C++ 程序设计——思想与方法 慕课版[M]. 3 版. 北京:人民邮电出版社,2016.

[12] 王晓帆,李薇. 面向对象程序设计教程——C++[M]. 北京:电子工业出版社,2020.

[13] 汪菊琴,侯正昌. C++ 程序设计[M]. 5 版. 北京:电子工业出版社,2020.

[14] 孙鑫. VC++ 深入详解(基于 Visual Studio 2017)[M]. 3 版. 北京:电子工业出版社,2019.

[15] 郑秋生. C/C++ 程序设计教程——面向对象分册[M]. 3 版. 北京:电子工业出版社,2018.

[16] 丁展,梁颖红,李广水. C/C++ 程序设计实用案例教程[M]. 北京:电子工业出版社,2018.

[17] 吕凤翥. C++ 语言程序设计[M]. 4 版. 北京:电子工业出版社,2018.

[18] 李刚. C++ 编程——面向问题的设计方法[M]. 上海:复旦大学出版社,2013.